数控编程与操作

（第二版）

›› 主　编　黄丽　刘虎

›› 副主编　常虹

›› 参　编　贺磊

华中科技大学出版社
http://www.hustp.com
中国·武汉

图书在版编目(CIP)数据

数控编程与操作/黄丽，刘虎主编. —2版. —武汉：华中科技大学出版社，2022.1(2023.8重印)
ISBN 978-7-5680-7738-5

Ⅰ.①数… Ⅱ.①黄… ②刘… Ⅲ.①数控机床-程序设计-高等学校-教材 ②数控机床-操作-高等学校-教材 Ⅳ.①TG659

中国版本图书馆CIP数据核字(2022)第012291号

数控编程与操作(第二版)
Shukong Biancheng yu Caozuo(Di-er Ban)

黄丽 刘虎 主编

策划编辑：袁 冲
责任编辑：史永霞
责任监印：朱 玢
出版发行：华中科技大学出版社(中国·武汉) 电话：(027)81321913
武汉市东湖新技术开发区华工科技园 邮编：430223
录 排：武汉创易图文工作室
印 刷：武汉市籍缘印刷厂
开 本：787mm×1092mm 1/16
印 张：13.25
字 数：356千字
版 次：2023年8月第2版第2次印刷
定 价：39.00元

前言

随着《中国制造2025》的贯彻实施，我国制造业进入了关键时期和新的历史阶段。实现制造强国的战略目标，关键在人才，因此必须不断提升劳动者的职业技能和素养。数控技术及数控机床在当今机械制造业中有着广泛应用，故我国迫切需要大量的数控技术人员。

本书自2017年第一版投入使用以来，得到许多高校师生的认可和采用，他们提出了许多宝贵的建议。为了将这些建议诉诸本书，也为了满足我国制造业发展和企业对应用型人才的要求，我们对本书进行了修订。本书仍然采用任务方式引导学生掌握基础知识，但在具体内容上进行了优化：由原来以FANUC 0i系统为主升级成以FANUC 0i、华中数控系统为主，这样理论教学与实践操作可以更匹配；因受学时限制，删除了项目三中的缩放指令编程应用和极坐标指令编程应用；对项目三中的部分程序进行了更新。

全书共分为五个项目，主要包括数控加工技术基础、数控车削加工编程、数控铣削加工编程、数控加工中心编程和数控机床的操作。本书精选了大量的典型案例，取材适当、内容丰富，将理论和仿真软件操作相结合，以日本的FANUC 0i和中国的华中数控系统为例，通过实例将两个系统的指令区别体现出来。本书对所有程序段都进行了详细、清晰的注释说明，直观明了。

本书可作为应用型本科机械设计制造及其自动化、机械工程、机器人工程等专业"数控机床与编程"课程的教材，也可作为高职高专数控专业和机电一体化专业的专业课教材，还可作为数控加工技术人员的参考书。

本书由武昌工学院黄丽和刘虎进行修订。首先感谢第一版主编常虹和贺磊，其次在修订过程中参考了许多公开和未公开的资料，采纳了许多读者的意见，在此一并表示感谢。

由于编者的水平有限，书中难免存在欠妥之处，望广大读者谅解，并提出宝贵意见。

编　者

2021年11月

目录

项目一　数控加工技术基础

任务一　数控加工技术概述

一、学习目标

(1) 掌握数控技术的基本概念。

(2) 了解数控机床的工作过程,数控机床的组成、分类及特点。

二、任务引入

凸轮零件图如图 1-1 所示,小批量生产,试选择合适的加工设备。

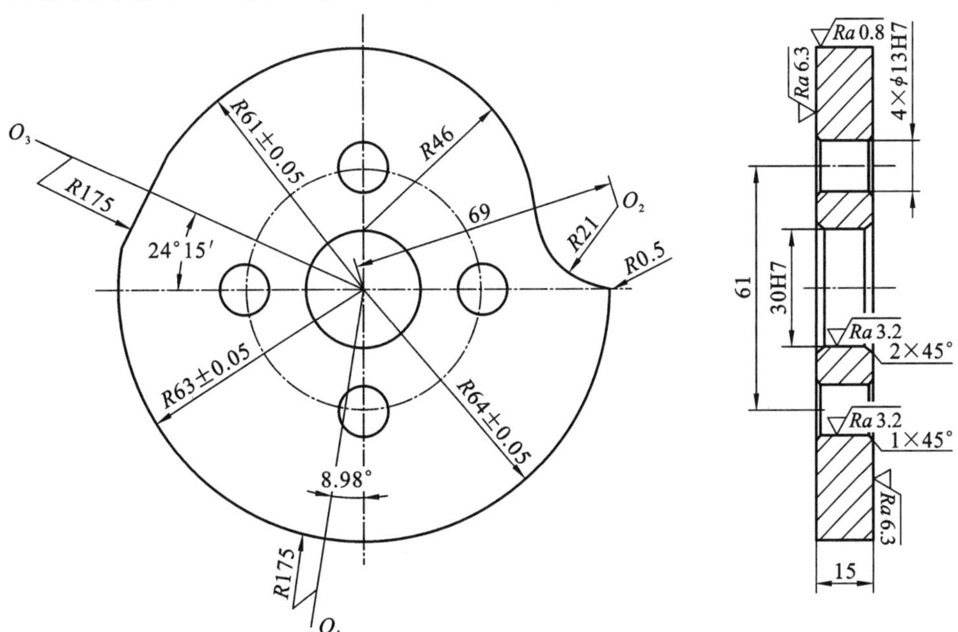

图 1-1　凸轮零件图

三、相关知识

1. 基本概念

数字控制,简称数控(NC),是一种借助数字、字符或其他符号对某一工作过程(如加工、测量、装配等)进行可编程控制的自动化方法。

数控技术是指利用数字化信息对机床各部件的运动及加工过程进行控制的一种技术。

数控机床是采用数控技术对机床加工过程进行自动控制的机床。数控机床是信息技术与机械制造技术相结合的产物,是典型的数控设备,它的产生和发展是数控技术应用的重要标志。

2. 数控机床的工作过程

数控机床与普通机床一样,都是依靠机床各个部件的相对运动实现零件的加工,但在实现加工的过程和控制的方法上有很大的区别。

在普通机床上加工零件,一般先要对零件图样进行工艺分析,制定零件加工工艺规程(工序卡)。在工艺规程中规定加工工序、使用的机床、刀具、夹具等内容,机床操作者根据工序卡的要求,操作机床,自行选定切削用量、进给路线和工序内的工步安排等,不断地改变刀具与工件的相对运动轨迹和运动参数(位置、速度等),使刀具对工件进行切削加工,从而得到所需要的合格零件。

在数控机床上,传统加工过程中的人工操作均被数控系统所取代。其工作过程如下:首先要将被加工零件图样上的几何信息和工艺信息用规定的代码和格式编写成加工程序,然后将加工程序输入数控装置,数控系统按照程序的要求,进行相应运算、处理,发出控制命令,使各坐标轴、主轴以及辅助动作相互协调运动,实现刀具与工件的相对运动,自动完成零件的加工。

3. 数控机床的组成

数控机床是典型的机电一体化产品,是集现代机械制造技术、自动控制技术、检测技术、计算机信息技术于一体的高效率、高精度、高柔性和高自动化的现代机械加工设备。数控机床一般主要由输入输出装置、数控装置(CNC 装置)、伺服驱动装置、检测反馈装置、机床本体和其他辅助装置组成,如图 1-2 所示。

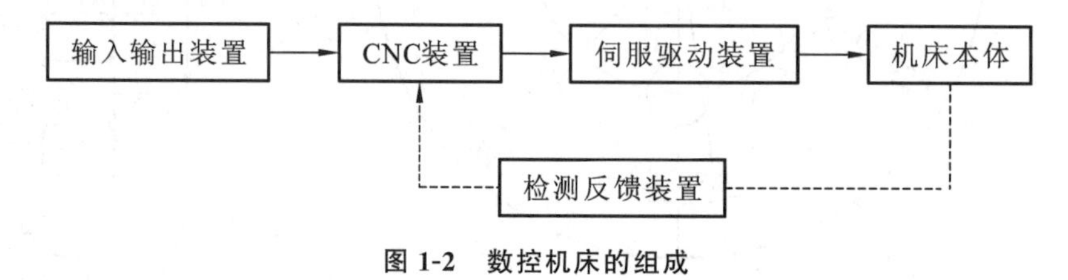

图 1-2 数控机床的组成

1) 输入输出装置

输入输出装置的作用是进行数控加工或运动控制程序、加工与控制数据、机床参数以及

坐标轴位置、检测开关的状态等数据的输入、输出。键盘和显示器是任何数控设备都必备的最基本的输入输出装置。此外，根据数控系统的不同，还可以配光电阅读机、磁带机或软盘驱动器等。作为外围设备，计算机是目前常用的输入输出装置之一。

2）数控装置

数控装置是数控系统的核心，它由输入输出接口线路、控制器、运算器和存储器等部分组成。数控装置的作用是将输入装置输入的数据，通过内部的逻辑电路或控制软件进行编译、运算和处理，并输出各种信息和指令，以控制机床的各部分进行规定的动作。

3）伺服驱动装置

伺服驱动装置是数控装置和机床的连接环节，数控装置发出的位移、速度指令信息通过伺服驱动装置的变换和放大，由电动机和机械传动机构驱动机床执行部件，使刀具相对工件产生相对运动，最后加工出图纸所要求的零件。

4）机床本体

数控机床的机床本体与传统机床的相似，由主轴传动装置、进给传动装置、床身、工作台，以及辅助运动装置、液压气动系统、润滑系统、冷却装置等组成。但由于数控机床切削用量大、连续加工发热量大等因素对加工精度有一定影响，加之在加工中是自动控制的，不能像在普通机床上那样由人工进行调整、补偿，所以其设计要求比普通机床更严格，制造要求更精密，采用了许多新的加强刚性、减小热变形、提高精度等方面的措施。

5）检测反馈装置

检测反馈装置由测量部件和相应的测量电路组成，其功能是将数控机床各坐标轴的实际位移量检测出来，经反馈系统输入到机床的数控装置中。数控装置将反馈的实际位移量与设定值进行比较，控制驱动装置按指令设定值运动。

4. 数控机床的分类

数控机床的品种规格很多，分类方法也各不相同。一般可根据功能和结构，按下面四种原则进行分类。

1）按控制运动轨迹分类

（1）点位控制数控机床。

点位控制数控机床只要求控制机床的移动部件从一点移动到另一点的准确定位，对于点与点之间的运动轨迹要求并不严格，在移动过程中不进行加工。为了实现既快又精确的定位，两点间位移的移动一般先快速移动，然后慢速趋近定位点，从而保证定位精度。图 1-3(a)所示为点位控制的加工轨迹。具有点位控制功能的机床主要有数控钻床、数控镗床和数控冲床等。

（2）直线控制数控机床。

直线控制数控机床也称为平行控制数控机床，其特点是除了控制点与点之间的准确定位外，还要控制两相关点之间的移动速度和移动轨迹，但其运动路线只与机床坐标轴平行，也就是说，同时控制的坐标轴只有一个，在移位的过程中刀具能以指定的进给速度进行切削。图 1-3(b)所示为直线控制的加工轨迹。具有直线控制功能的机床主要有简易数控车床和简易数控铣床等，它们一般具有两到三个可控制轴，但同时可控制轴数只有一个。

（3）轮廓控制数控机床。

轮廓控制数控机床也称连续控制数控机床，其控制特点是能够对两个或两个以上的运动坐标方向的位移和速度同时进行控制。为了满足刀具沿工件轮廓的相对运动轨迹符合工件加工轮廓的要求,必须将各坐标方向运动的位移控制和速度控制按照规定的比例关系精确地协调起来。因此,在这类控制方式中,就要求数控装置具有插补运算功能,通过数控系统内插补运算器的处理,把直线或圆弧的形状描述出来,也就是一边计算,一边根据计算结果向各坐标轴控制器分配脉冲量,从而控制各坐标轴的联动位移量与要求的轮廓相符合,在运动过程中刀具对工件表面连续进行切削,可以进行各种直线、圆弧、曲线的加工。轮廓控制的加工轨迹如图 1-3(c)所示。

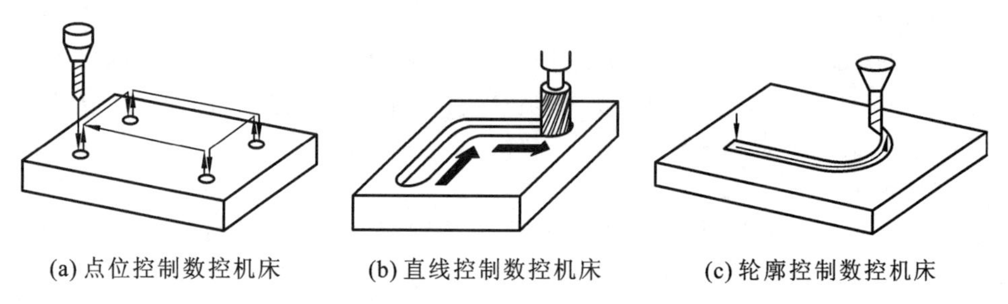

(a) 点位控制数控机床　　(b) 直线控制数控机床　　(c) 轮廓控制数控机床

图 1-3　按控制运动轨迹分类的各种机床

这类机床主要有数控车床、数控铣床、数控线切割机床和加工中心等,其相应的数控装置称为轮廓控制数控系统。根据它所控制的联动坐标轴数不同,其联动可以分为下面几种形式。

① 两轴联动:主要用于数控车床加工旋转曲面或数控铣床加工曲线柱面。

② 两轴半联动:主要用于三轴以上机床的控制,其中两根轴可以联动,而另外一根轴可以作周期性进给。图 1-4 所示就是采用这种方式加工三维空间曲面的。

③ 三轴联动:一般分为两类,一类就是 X、Y、Z 三个直线坐标轴联动,比较多地用于数控铣床和加工中心等,图 1-5 所示为用球头铣刀铣削三维空间曲面;另一类是除了同时控制 X、Y、Z 其中两个直线坐标轴外,还同时控制围绕其中某一直线坐标轴旋转的旋转坐标轴,如车削加工中心,它除了纵向(Z 轴)、横向(X 轴)两个直线坐标轴联动外,还要同时控制围绕 Z 轴旋转的主轴(C 轴)联动。

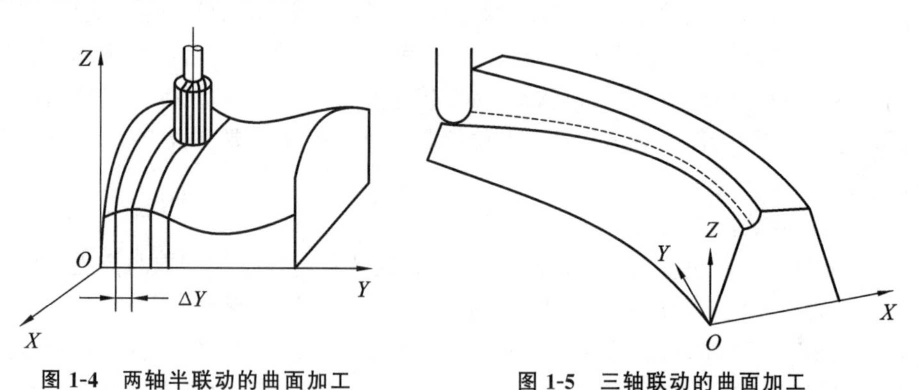

图 1-4　两轴半联动的曲面加工　　**图 1-5　三轴联动的曲面加工**

④ 四轴联动:同时控制 X、Y、Z 三个直线坐标轴与某一旋转坐标轴联动。图 1-6 所示为同时控制 X、Y、Z 三个直线坐标轴与一个工作台回转轴联动的数控机床。

⑤ 五轴联动:除同时控制 X、Y、Z 三个直线坐标轴联动外,还同时控制围绕这些直线坐

标轴旋转的 A、B、C 坐标轴中的两个坐标轴，形成同时控制五个轴联动。这时刀具可以被定在空间的任意方向，如图 1-7 所示。比如控制刀具同时绕 X 轴和 Y 轴两个方向摆动，使得刀具在其切削点上始终保持与被加工的轮廓曲面成法线方向，以保证被加工曲面的光滑性，提高其加工精度和加工效率，减小被加工表面的粗糙度。

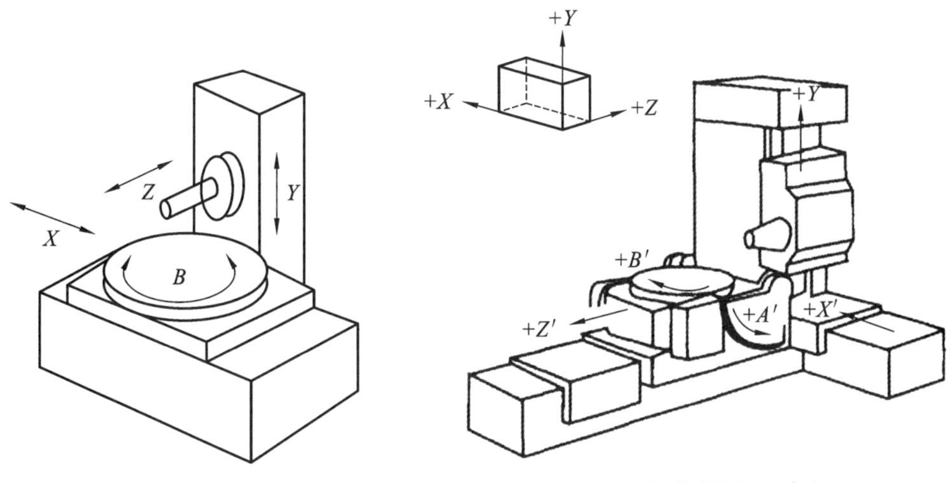

图 1-6　四轴联动的数控机床　　**图 1-7　五轴联动的加工中心**

2）按伺服系统控制的方式进行分类

（1）开环控制数控机床。

开环控制数控机床的进给伺服驱动是开环的，即没有检测反馈装置，一般它的电动机为步进电动机。步进电动机的主要特征是控制电路每变换一次指令脉冲信号，电动机就转动一个步距角，并且电动机本身就有自锁能力。

其控制系统的框图如图 1-8 所示，数控系统输出的进给指令信号通过脉冲分配器来控制驱动电路，它以变换脉冲的个数来控制坐标位移量，以变换脉冲的频率来控制位移速度，以变换脉冲的分配顺序来控制位移的方向。因此，这种控制方式的最大特点是控制方便、结构简单、价格便宜。因为数控系统发出的指令信号流是单向的，所以不存在控制系统的稳定性问题，但由于机械传动的误差不经过反馈校正，因而位移精度不高，主要用于加工精度要求不高的中小型数控机床，特别是简易经济型数控机床。

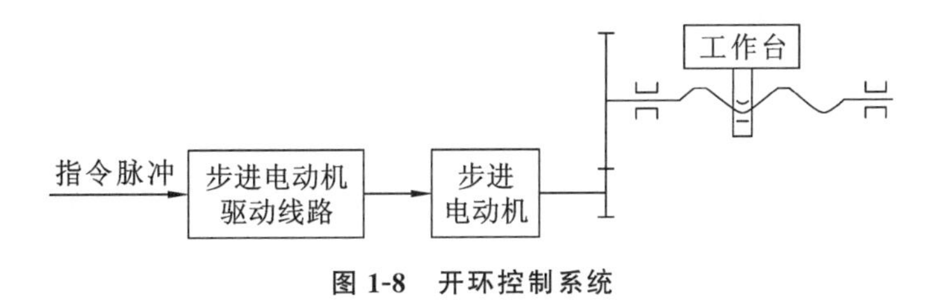

图 1-8　开环控制系统

（2）闭环控制数控机床。

闭环控制数控机床的进给伺服驱动是按闭环反馈控制方式工作的，其电动机可采用直流或交流两种伺服电动机，并需要具有位置反馈和速度反馈，在加工中随时检测移动部件的实际位移量，并及时反馈给数控系统中的比较器。它与插补运算所得到的指令信号进行比较,其差值又作为伺服驱动的控制信号,进而带动位移部件以消除位移误差。

按位置反馈检测元件的安装部位和所使用的反馈装置的不同,它又分为全闭环控制和半闭环控制两种控制方式。

① 全闭环控制 如图1-9所示,其位置反馈装置采用直线位移检测元件,安装在机床的工作台侧面,即直接检测机床工作台坐标的直线位移,并通过反馈消除从电动机到机床工作台的整个机械传动链中的传动误差,从而得到机床工作台的准确位置。这种全闭环控制方式的数控机床定位精度高,但调试和维修都比较困难,系统复杂,成本高,主要用于精度要求很高的数控坐标镗床和数控精密磨床等。

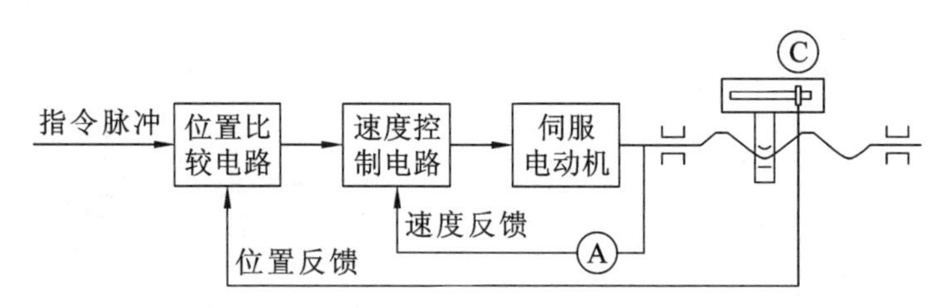

图1-9 全闭环控制系统

② 半闭环控制 如图1-10所示,其位置反馈采用转角检测元件直接安装在伺服电动机或丝杠端部,通过检测丝杠的转角来间接地检测移动部件的实际位移,然后反馈到数控装置中,并对误差进行修正。由于这类控制系统的控制环内不包括机械传动环节,因此可获得较稳定的控制特性。目前,大多数数控机床都采用这种控制方式。

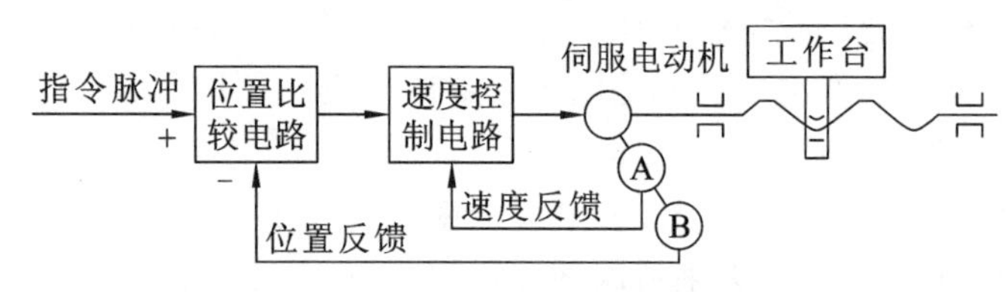

图1-10 半闭环控制系统

(3) 混合控制数控机床。

将上述控制方式的特点结合起来,就形成了混合控制数控机床。混合控制系统特别适用于大型或重型数控机床,因为此类数控机床需要较高的进给速度与相当高的精度,其传动链惯量与力矩比较大,如果只采用全闭环控制,则机床传动链和工作台将全部置于控制闭环中,调试会比较复杂。混合控制系统又分为以下两种形式。

① 开环补偿型 图1-11所示为开环补偿型控制方式,它的基本控制选用步进电机的开环伺服机构,另外还附加一个校正电路,用装在工作台的直线位移测量元件的反馈信号校正机械系统的误差。

② 半闭环补偿型 图1-12所示为半闭环补偿型控制方式,它是用半闭环控制方式取得高精度控制,再用装在工作台上的直线位移测量元件实现全闭环修正,以获得高速度与高精度的统一。图1-12中A是速度测量元件,B是角度测量元件,C是直线位移测量元件。

3) 按加工工艺及机床用途分类

(1) 金属切削类。

金属切削类数控机床是指采用车、铣、铰、钻、磨、刨等各种切削工艺的数控机床。它又

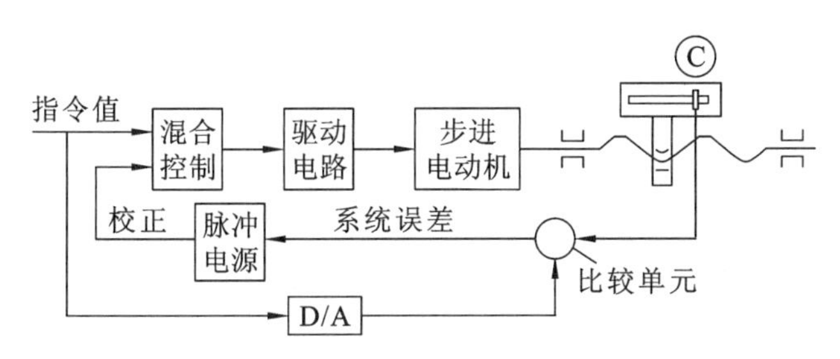

图 1-11　开环补偿型控制方式

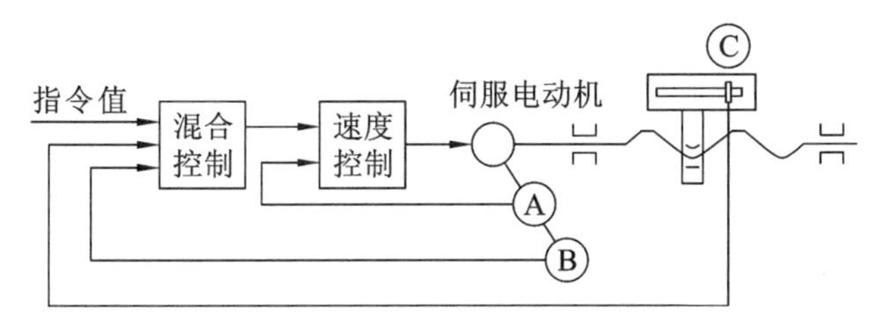

图 1-12　半闭环补偿型控制方式

可分为以下两类。

① 普通型数控机床　如数控车床、数控铣床、数控磨床等。

② 加工中心　其主要特点是具有自动换刀装置和刀具库，工件经一次装夹后，通过自动更换各种刀具，在同一台机床上对工件各加工面连续进行车、铣、铰、钻、攻螺纹等多种工序的加工，如（镗/铣类）加工中心、车削中心、钻削中心等。

（2）金属成形类。

金属成形类数控机床是指采用挤、冲、压、拉等成形工艺的数控机床，常用的有数控压力机、数控折弯机、数控弯管机、数控旋压机等。

（3）特种加工类。

特种加工类数控机床主要有数控电火花线切割机、数控电火花成形机、数控火焰切割机、数控激光加工机等。

4）按数控系统的功能水平分类

按数控系统的配置和功能不同，数控机床可以分为高级型、普通型和经济型。其功能水平主要由主控机性能、分辨率、进给速度、伺服电机性能、联动轴数量和自动化程度等指标体现。在不同时期，划分标准也会不同。

5. 数控机床的特点

数控机床利用二进制数字方式输入，加工过程可任意编程，主轴及进给速度可按加工工艺需要变化，且能实现多坐标联动，易加工复杂曲面。对于加工对象具有“易变、多变、善变”的特点，换批调整方便，可实现复杂零件的多品种中小批柔性生产，适应社会对产品多样化的需求。但其价格较昂贵，需要正确分析其使用的经济合理性。

与普通加工设备相比，数控机床的特点可大致归纳为以下几点。

1）加工精度高，产品质量稳定

数控机床按照预先编制的程序自动加工，加工过程不需要人工干预，加工零件的重复精度高，零件的一致性好。而且数控机床本身的精度高，刚度好，精度的保持性好，能长期保持加工精度。同时，数控机床有硬件和软件的误差补偿能力，有利于保证零件的加工精度要求。

2）对加工对象的适应性强

数控机床上改变加工零件时，只需重新编制程序，输入新的程序就能实现对新零件的加工，这就为复杂结构的单件、小批量生产以及试制新产品提供了极大的便利。对那些普通机床很难加工或无法加工的精密复杂零件，数控机床能实现自动加工。

3）自动化程度高，劳动强度低

操作者除了操作键盘、装卸工件、刀具、夹具和对关键工序的中间检测，以及观察机床运行之外，其余全部加工过程都可由数控机床自动完成。数控加工减轻了操作者的劳动强度，改善了劳动条件，省去了画线、多次装夹定位等工序及其辅助操作。数控机床一般有较好的安全防护、自动排屑、自动冷却和自动润滑装置，操作者的劳动条件大为改善。

4）生产效率高

零件加工所需的时间主要包括机动时间和辅助时间两部分。数控机床主轴的转速和进给量的变化范围比普通机床大，每一道工序都可选用最有利的切削用量。由于数控机床的结构刚性好，因此允许进行大切削量的强力切削，有利于提高切削效率，节省了机动时间。而且数控机床移动部件的空行程运动速度快，工件的装夹时间、辅助时间比一般机床少。

数控机床更换被加工零件时几乎不需要重新调整机床，故节省了零件安装调整时间，而且加工质量稳定，一般只做首件检验和工序间关键尺寸的抽样检验，节省了停机检验时间。当在加工中心上进行加工时一台机床实现了多道工序的连续加工，生产效率的提高更为明显。

5）经济效益良好

数控机床虽然价值昂贵，加工时分到每个零件上的设备折旧费高，但是在单件、小批量生产的情况下使用数控机床加工，可节省画线工时，减少调整、加工和检验时间，节省了直接生产费用；使用数控机床加工零件一般不需要制作专用夹具，节省了工艺装备费用；数控加工精度稳定，减少了废品率，使生产成本进一步下降；数控机床可实现一机多用，节省厂房面积，节省建厂投资。因此，使用数控机床仍可获得良好的经济效益。

四、任务实施

该零件为小批量生产，轮廓包含多段相切圆弧，加工精度要求较高，采用普通机床难以完成，而且包含多孔加工，适合采用数控铣床或加工中心进行加工。

任务二　数控机床的坐标系

一、学习目标

（1）熟悉数控机床坐标系统，掌握数控车床和数控铣床坐标系的方向设置。

(2) 理解机床原点、机床参考点和工件原点的概念。

二、任务引入

加工图 1-13 所示零件，如何控制刀具沿零件轮廓 $ABCD$ 顺序走刀？

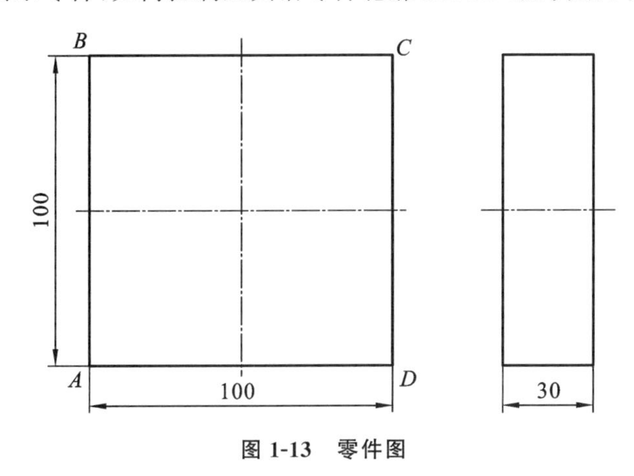

图 1-13　零件图

三、相关知识

1. 标准坐标系与运动方向

数控加工必须准确描述进给运动，在加工过程中，刀具相对工件运动的轨迹和位置决定了零件加工的尺寸、形状。在数控机床上加工零件时，刀具达到的位置信息必须传递给 CNC 系统，然后由 CNC 系统发出信号并使刀具移动到这个位置，这个位置通常以坐标值的形式给出。

为了确定机床的运动方向和移动距离，就要在机床上建立一个坐标系，这个坐标系就是机床坐标系，也称为机械坐标系。

简化程序编制的方法及保证记录数据的互换性，数控机床的坐标系和运动方向均已标准化。在标准中规定采用右手直角笛卡儿坐标系对机床坐标系进行命名。用 X、Y、Z 表示直线进给坐标轴，X、Y、Z 坐标轴的相互关系由右手法则确定，如图 1-14 所示，大拇指指向 X 轴正方向，食指指向 Y 轴正方向，中指指向 Z 轴正方向。

围绕 X、Y、Z 轴旋转的圆周进给坐标轴分别用 A、B、C 表示，根据右手螺旋定则，如图 1-14 所示，以大拇指分别指向 $+X$、$+Y$、$+Z$ 方向，则食指、中指等弯曲指向分别就是圆周进给运动的 $+A$、$+B$、$+C$ 方向。

数控机床的进给运动，有的由主轴带动刀具运动来实现，有的由工作台带着工件运动来实现。通常在编程时，不论机床在加工中是刀具移动，还是被加工工件移动，都一律假定被加工工件相对静止不动，刀具移动，并规定刀具远离工件的方向作为坐标的正方向。在确定机床各直线运动的坐标轴时，一般先确定机床 Z 轴，再确定 X 轴，最后根据右手直角笛卡儿坐标系确定 Y 轴。

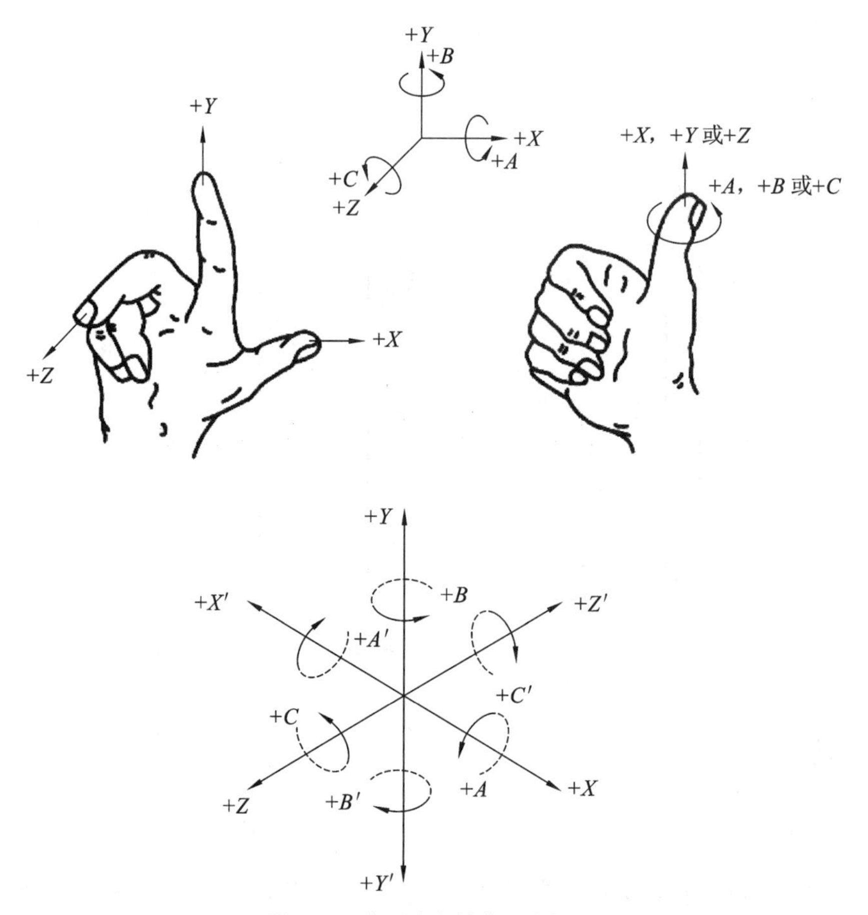

图 1-14 右手直角笛卡儿坐标系

1) Z 坐标的运动

Z 坐标的运动由传递切削力的主轴所决定，与主轴轴线平行的标准坐标轴即为 Z 坐标，如图 1-15(a)所示的卧式车床，图 1-15(b)所示的立式铣床和图 1-15(c)所示的卧式铣床。

Z 坐标的正方向是增加刀具和工件之间距离的方向。如在钻镗加工中，钻入或镗入工件的方向是 Z 的负方向。

2) X 坐标的运动

X 坐标运动是水平的，它平行于工件装夹面，是刀具或工件定位平面内运动的主要坐标。

对工件做回转切削运动的车床，X 坐标方向为工件的直径方向且平行于横向导轨，如图 1-15(a)所示。

对刀具做回转切削运动的机床，如铣床、镗床，有下列两种情形：

(1) 当 Z 轴竖直(立式)时，从刀具主轴向机床立柱看时，X 运动的正方向指向右方，如图 1-15(b)所示；

(2) 当 Z 轴水平(卧式)时，从刀具主轴向工件看时，X 运动的正方向指向右方，如图 1-15(c)所示。

3）Y 坐标的运动

当 X、Z 的运动正方向确定后，可根据已知的 X 和 Z 坐标运动的正方向，按照右手直角笛卡儿坐标系规定的 X、Y、Z 三者的关系，确定 Y 坐标运动的正方向，如图 1-15 所示。

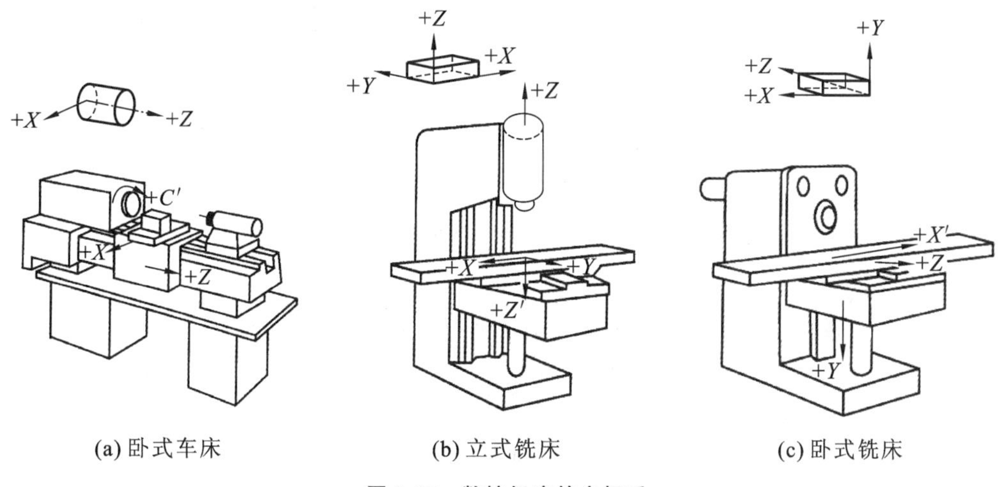

(a) 卧式车床　(b) 立式铣床　(c) 卧式铣床

图 1-15　数控机床的坐标系

4）旋转运动

在图 1-14 中，A、B、C 相应地表示其轴线平行于 X、Y、Z 的旋转运动。A、B、C 正向为 X、Y 和 Z 方向上右旋螺纹前进的方向。

5）机床的附加坐标系

若在机床上除 X、Y、Z 坐标的直线进给运动之外，另有第二组平行或不平行于它们的坐标运动，指定为 U、V、W，如还有第三组运动，指定为 P、Q、R。

2. 机床坐标系与工件坐标系

1）机床原点

机床坐标系的原点是指机床上设置的一个固定的点，即机床坐标系的原点，也称为机床原点或零点，常用“M”表示。它在机床装配、调试时就已确定下来了，是数控机床进行加工运动的基准参考点。

2）机床参考点

机床参考点（R 点）的位置在每个轴上都是通过减速行程开关粗定位，然后由编码器零位电脉冲（或称栅格零点）精定位，与机床原点的相对位置是固定的。该点至机床原点在其进给坐标轴方向上的距离在机床出厂时已准确确定，使用时可通过回参考点方式进行确认。当已知机床参考点位置时，可以根据机床参考点在机床坐标系中的坐标值间接确定机床原点的位置。

数控机床在接通电源后，通常都要做回参考点操作，利用机床操作面板上的有关按钮，控制机床测量目标定位到机床参考点。在返回参考点的工作完成后，显示器即显示出机床参考点在机床坐标系中的坐标值，表明机床坐标系已自动建立。

通常数控机床参考点和机床原点设置为同一点，即机床参考点在机床坐标系中的各坐标均为 0。图 1-16(a)和图 1-16(b)分别是数控车床和数控铣床的机床原点和机床参考点的位置，图中机床零点均取在直线坐标轴正方向的极限位置上。

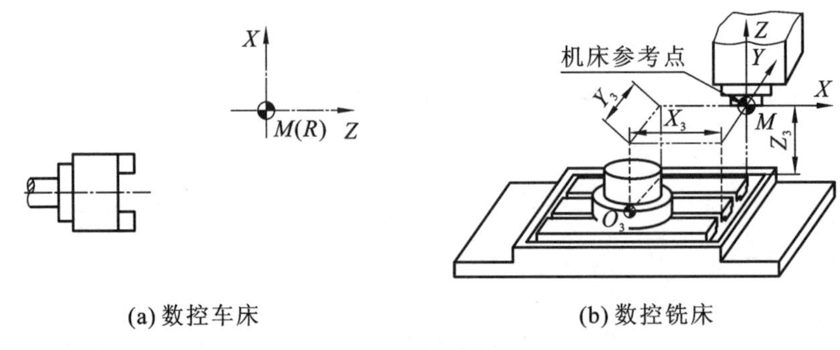

(a) 数控车床　　(b) 数控铣床

图 1-16　数控机床的机床原点与机床参考点

3）工件原点

数控机床只能控制刀具在机床坐标系中运动以达到加工工件的目的,但由于工件形状、尺寸不相同,工件在机床中的安装位置也不一致,而机床坐标系是一个固定的坐标系,如果都以机床原点作为工件程序编制的原点,则非常不方便。所以,为简化编程过程,降低数值计算的难度,在工件上选择一点作为坐标系原点而建立的坐标系称为工件坐标系。工件坐标系的各个坐标轴必须与机床坐标系相应的坐标轴相平行,因此,工件坐标系相当于机床坐标系的平移。工件坐标系的原点称为工件原点,选择工件原点时要遵循以下几个原则:

(1) 应使工件原点与工件的尺寸基准重合。

(2) 当工件图中的尺寸容易换算成坐标值时,尽量直接使用图纸尺寸作为坐标值。

(3) 工件原点应该选在容易找正、在加工过程中容易测量的位置。

(4) 工件原点的选择要尽量满足编程简单、尺寸换算少、引起的加工误差小等条件。

车削加工零件,工件原点一般选在工件轴线与工件的前端面或后端面的交点上;铣削加工零件,工件原点一般选在长方体零件上表面的左下角或中心处,或者圆柱体零件轴线与上平面的交点处。

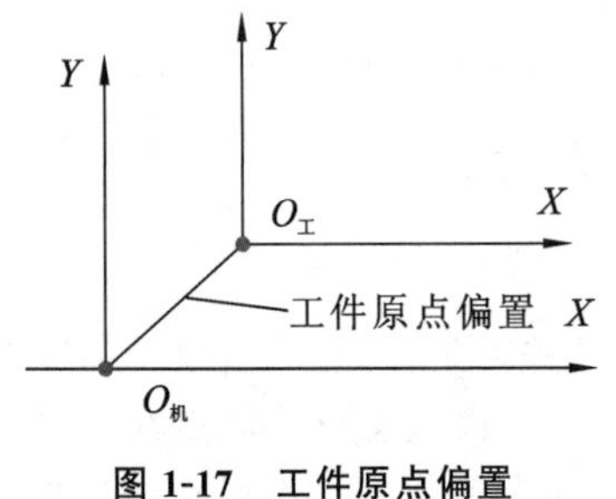

图 1-17　工件原点偏置

数控机床在加工工件之前必须知道工件原点在机床坐标系中的具体位置,才能将工件坐标系中任意点的坐标值转换成机床坐标系中的坐标值,也就是要进行对刀操作,把工件原点在机床坐标系中的坐标值(称为原点偏置,如图 1-17 所示)输入到数控系统中,数控系统则会自动将原点偏置加入到刀位点坐标中,将刀位点在编程坐标系下的坐标值转化为机床坐标系下的坐标值,从而使刀具运动到正确的位置。

3. 公制和英制单位指令——G21、G20

工程图纸中的尺寸标注有公制和英制两种形式,数控系统可根据所设定的状态,利用代码把所有的几何值转换为公制尺寸或英制尺寸。

格式:G21(G20)

G20 表示英制输入,G21 表示公制(米制)输入。G20 和 G21 是两个可以相互取代的代码,但不能在一个程序中同时使用 G20 和 G21。机床通电后默认的状态为 G21 状态。

四、任务实施

零件编程采用工件坐标系下的坐标，因此必须先确定工件坐标系零点的位置，该零件编程零点取在零件上表面的中心点。根据零件的装置方式确定工件坐标系如图 1-18 所示，由此可以确定 A、B、C、D 四点的 X、Y 坐标分别为（－50，－50）、（－50，50）、（50，50）、（50，－50）。要控制刀具沿零件轮廓走刀，即控制刀具运动到 A、B、C、D 四点对应坐标的位置。

在零件加工前按工件装夹的位置，测量工件原点相对机床原点的偏置，并输入到数控系统中，即可控制刀具运动到正确的位置。

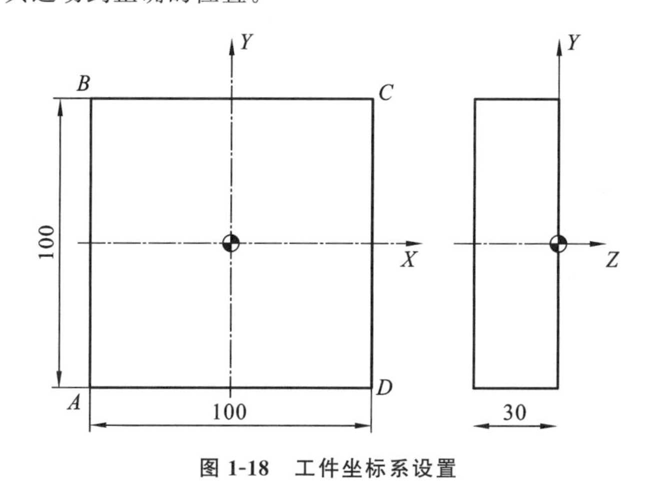

图 1-18　工件坐标系设置

任务三　数控加工编程基础

一、学习目标

（1）掌握数控编程的基本概念、编程的步骤和数控程序的构成。

（2）了解手工编程和自动编程的特点及步骤。

（3）了解主程序、子程序和宏程序的概念。

二、任务引入

如下所示的数控加工程序有哪几部分构成？

```
O1301；
N10 T0101；
N20 G00 X50. Z5.；
N30 M03 S800；
```

```
N40 G01 Z-80. F200;
N50 X52.;
N60 G00 X100. Z100.;
N70 M30;
```

三、相关知识

1. 数控编程的概念

在普通机床上加工零件时,一般是由工艺人员按照设计图样事先制定好零件的加工工艺规程。在工艺规程中制定出零件的加工工序、切削用量、机床的规格及刀具、夹具等内容。操作人员按工艺规程的各个步骤操作机床,加工出图样给定的零件。也就是说,零件的加工过程是由人来完成的。例如开车、停车、改变主轴转速、改变进给速度和方向、切削液开和关等都是由人工手工操纵的。

数控加工是指在数控机床上进行零件加工的一种工艺方法,它是按照事先编制好的加工程序对被加工零件进行加工。在数控机床上加工零件时,首先根据零件图,将零件的加工工艺路线、工艺参数、刀具的运动轨迹、位移量、切削参数(主轴转数、进给量、背吃刀量等)以及辅助功能(换刀,主轴正转、反转,切削液开、关等),按照数控机床规定的指令代码及程序格式编写成加工程序单,再把这一程序单中的内容记录在控制介质上,然后输入到数控机床的数控装置。数控装置再将输入的信息进行运算处理后,转换成驱动伺服机构的指令信号,最后由伺服机构控制机床的各种动作,自动地加工出零件来。这种从零件图的分析到制成控制介质的全部过程叫数控程序的编制,简称数控编程。

2. 数控编程的步骤

数控机床都是按照事先编制好的数控加工程序自动地对零件进行加工的设备。理想的加工程序不仅应保证加工出符合图样要求的合格零件,同时应能使数控机床的功能得到合理的应用与充分的发挥,以使数控机床能安全可靠及高效地工作。

数控编程的步骤主要包括零件图样分析、加工工艺分析、数值计算、编写程序单、制作控制介质、程序校验等,如图 1-19 所示。

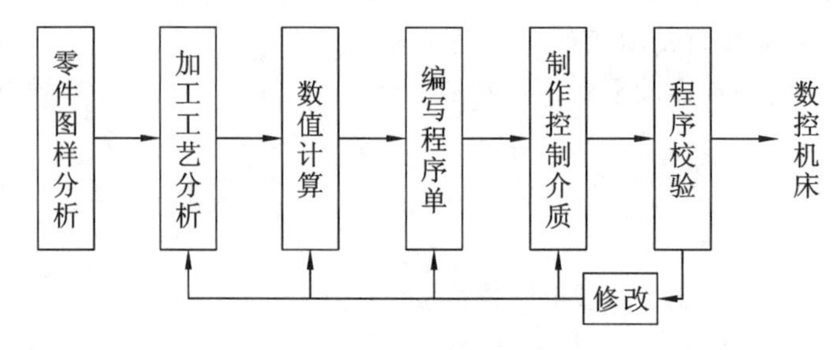

图 1-19　数控编程的步骤

1) 零件图样分析

根据零件的材料、形状、尺寸、精度及毛坯形状和热处理要求等,确定该零件是否适合在

数控机床上加工，或者适合在哪类数控机床上加工。有时还要确定在某台数控机床上加工该零件的哪些工序或哪几个表面。

2）加工工艺分析

确定加工方案，选择合适的数控机床，设计夹具，选择刀具，确定合理的进给路线及选择合理的切削用量等。工艺处理涉及的问题很多，编程人员需要注意以下几点。

（1）确定加工方案，此时应考虑数控机床的合理性及经济性，并充分发挥数控机床的功能。

（2）工件夹具的设计和选择，应特别注意要迅速地将工件定位并夹紧，以减少辅助时间。使用组合加工，生产准备周期短，夹具零件可以反复使用，经济效果好。此外，所用夹具应便于安装，便于协调工件和机床坐标系的尺寸关系。

（3）正确地选择编程原点及编程坐标系，对于数控机床来说，程序编制时，正确地选择编程原点及编程坐标系是很重要的。编程坐标系是指在数控编程时，在工件上确定的基准坐标系，其原点也是数控加工的对刀点。编程原点及编程坐标系的选择原则如下：

① 所选的编程原点及编程坐标系应使程序编制简单。

② 编程原点应选在容易找正并在加工过程中便于检查的位置。

③ 引起的加工误差小。

（4）选择合理的进给路线，合理地选择进给路线对于数控加工是很重要的。进给路线的选择应从以下几个方面考虑：

① 尽量缩短进给路线，减少空进给行程，提高生产效率。

② 合理选取起刀点、切入点和切入方式，保证切入过程平稳，没有冲击。

③ 保证加工零件的精度和表面粗糙度值的要求。

④ 保证加工过程的安全性，避免刀具与非加工面的干涉。

⑤ 有利于简化数值计算，减少程序段数目和编制程序工作量。

（5）选择合理的刀具，根据工件材料的性能、机床的加工能力、加工工序的类型、切削用量以及其他与加工有关的因素来选择刀具。

（6）确定合理的切削用量，在工艺处理中必须正确确定切削用量。

3）数值计算

数值计算就是刀具运动轨迹的计算，完成数控加工工艺的工作之后，要根据零件图的几何尺寸、确定的工艺路线及设定的坐标系，计算零件粗、精加工运动的轨迹，得到刀位数据。对于形状比较简单的零件（如由直线和圆弧组成的零件）的轮廓加工，要计算出几何元素的起点、终点、圆弧的圆心、两几何元素的交点或切点的坐标值。对于形状比较复杂的零件（如由非圆曲线、曲面组成的零件），需要用直线段或圆弧段逼近，根据加工精度的要求计算出节点坐标值，这种数值计算一般要用计算机来完成。

4）编写程序单

根据加工路线计算出的数据和已确定的加工用量，编程人员结合所使用的数控系统的指令、程序段格式，逐段编写零件加工程序。编程人员要了解数控机床的性能、程序指令代码及数控机床加工零件的过程，才能编写正确的加工程序。此外，还应编写有关的工艺文件，如数控加工工序卡片、数控刀具卡片、工件安装和零点设定卡片等。

5）制作控制介质

按程序单将程序内容记录在控制介质上作为数控装置的输入信息。早期所用的控制介质为穿孔纸带,现在已被磁盘所代替。应根据所用机床能识别的控制介质类型制备相应的控制介质。

6) 程序校验

编制好的数控加工程序,必须经过程序检验和试切后才能用于正式加工,程序检验的方法是直接将控制介质上的内容输入到数控装置中,让机床孔运转,以检查机床的运动轨迹是否正确。在有 CRT 的数控机床上,用模拟刀具与工件切削过程的方法进行检验更为方便,但这些方法只能检验出运动是否正确,不能查出被加工零件的加工精度。因此,有必要进行零件的首件试切。当发现有加工误差时,应分析误差产生的原因,找出问题所在,加以修正或采取补偿措施,直到程序能正确执行可加工出合格零件为止。

3. 数控编程的方法

数控编程可分为手工编程和自动编程两种方法。

1) 手工编程

手工编程是指编制零件数控加工程序的各个步骤,即从零件图样分析、工艺处理、确定加工路线和工艺参数、几何计算、编写零件的数控加工程序单直至程序的检验,均由人工来完成。

对于点位加工和几何形状不太复杂的零件,数控编程计算比较简单,程序段不多,手工编程即可实现。但对轮廓形状不是由简单的直线、圆弧组成的复杂零件,特别是空间复杂曲面零件,以及几何元素虽不复杂但程序量很大的零件,计算及编程则相当烦琐,工作量大,容易出错,且很难校对,采用手工编程是难以完成的。因此,为了缩短生产周期,提高数控机床的利用率,有效地解决各种模具及复杂零件的加工问题,采用手工编程已不能满足要求,而必须采用自动编程方法。

2) 自动编程

自动编程是指借助数控语言编程系统或图形编程系统,由计算机来自动生成零件加工程序的过程。编程人员只需根据加工对象及工艺要求,借助数控语言编程系统规定的数控编程语言或图形编程系统提供的图形菜单功能,对加工过程与要求进行较简便的描述,而由编程系统自动计算出加工运动轨迹,并输出零件数控加工程序。由于在计算机上可自动地绘出所编程序的图形及进给轨迹,所以能及时地检查程序是否有错,并进行修改,得到正确的程序。

自动编程的优点是效率高、正确性好,可以解决许多手工编程无法完成的复杂零件的编程难题,比较适合形状复杂零件的加工程序编制,如模具加工、多轴联动加工等场合。

根据输入方式的不同,自动编程分为语言数控自动编程(如 APT 系统)和图形数控自动编程(CAD/CAM)两类。前者通过高级语言的形式表示出全部加工内容,计算机运行时采用批处理方式,一次性处理、输出加工程序;后者采用计算机人机对话的处理方式,利用 CAD/CAM 功能生成加工程序。目前,图形数控自动编程是使用最为广泛的自动编程方式,尤其以 CAD/CAM 的自动编程应用最为典型。

4. 数控程序的构成

1) 数控程序的结构

数控加工程序是数控加工中的核心部分,是一系列指令的有序集合,这些指令可使刀具

按直线、圆弧或其他曲线运动，以完成对零件的加工。一个完整的加工程序由程序号、程序主体和程序结束三部分组成。

(1) 程序号。

程序号即为程序的开始部分，为了区别存储器中的程序，每个程序都要有程序编号。程序号由程序号地址和程序编号组成。如 O2010，其中字母“O”表示程序号地址，2010 表示程序的编号，即 2010 号程序。程序号必须加在每个程序之首，用以区别各程序。其后可在括号内加程序名或注释。

不同的数控系统，其程序号地址有所差别。如：在 FANUC 系统中，采用英文字母“O”作为程序号地址；在华中数控系统中，采用“%”作为程序号地址。编程时一定要参考数控机床说明书，否则，程序可能无法执行。

(2) 程序主体。

程序主体部分是构成整个程序的核心，它由许多程序段组成，每个程序段由一个或多个指令构成，它表示数控机床要完成的某一个完整的加工工步或动作。常用顺序号表示顺序，程序中可以在程序段前任意设置顺序号，可以不写，也可以不按顺序编号，或只在重要程序段前按顺序编号，以便检索。顺序号也叫程序段号或程序段序号，顺序号位于程序段之首，它的地址符是 N，后续数字一般 2～4 位。顺序号可以用在主程序、子程序和宏程序中。

① 顺序号的作用　首先，顺序号可用于对程序的校对和检索修改。其次，在加工轨迹图的几何节点处标上相应程序段的顺序号，就可直观地检查程序。顺序号还可作为条件转移的目标。更重要的是，标注了程序段号的程序可以进行程序段的复归操作，这是指操作可以回到程序的运行中断处重新开始，或加工从程序的中途开始的操作。

② 顺序号的使用规则　数字部分应为正整数，一般最小顺序号是 N1。顺序号的数字可以不连续，也不一定按从小到大顺序排列，如第一段用 N1，第二段用 N20，第三段用 N10。对于整个程序，可以每个程序段都设顺序号，也可以只在部分程序段中设顺序号，还可在整个程序中全部设顺序号。一般都将第一程序段冠以 N10，以后以间隔 10 递增的方法设置顺序号，这样在调试程序时如需要在 N10 与 N20 之间加入两个程序段，就可以用 N11. N12。

(3) 程序结束。

程序结束是以程序结束指令 M02 或 M30 作为整个程序结束的符号来结束整个程序的。M02 与 M30 基本相同，都可使主轴、进给及切削液全部停止，但 M30 能自动返回程序起始位置，为加工下一个工件做好准备，通常使用 M30 作为程序结束指令。

2) 程序段格式

FANUC 系统中，每个程序段是由“字”(word)和“;”(按机床控制器上的 EOB 键，则出现“;”，这表示程序段结束)所构成。

每个程序字表示一个功能指令，因此又称为功能字。字又是由地址符和数值所构成的，如 X(地址符)100.(数值)。在程序中能作为指令的最小单位是字，仅用地址符或仅用数值是不能作为指令的。

所谓程序段格式，即一个程序段中字的排列、书写方式和顺序，以及每个字和整个程序段的长度限制和规定。不同的数控系统往往有不同的程序段格式，格式不符合规定，数控系统便不能接受。

现代数控系统广泛采用的程序段格式都是字地址程序段格式，程序段中每个字都以地址符开始,其后再跟符号和数字,代码字的排列顺序没有严格的要求,不需要的代码字以及与上段相同的续效字可以不写,这种格式的特点是:程序间的,可读性强,易于检查。

字地址程序段格式如下:

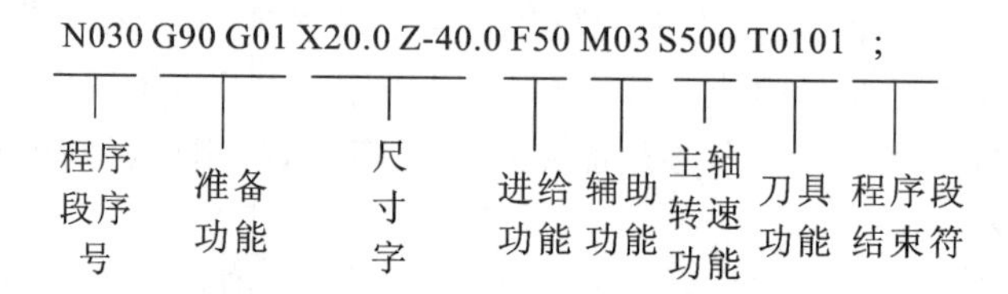

5. 主程序、子程序及宏程序

数控加工程序可分为主程序和子程序,若一组程序段在一个程序中多次出现,或者在几个程序中都要使用它,为了简化程序,可以把这组程序段抽出来,按规定的格式写成一个新的程序单独存储,以供另外的程序调用,这种程序就称为子程序。子程序的结构同主程序的结构是一样的,主程序执行过程中如果需要调用某一个子程序,可以通过一定的子程序调用指令来调用该子程序,执行完后返回到主程序,继续执行后面的程序段。

宏程序编程是指变量编程法,一般情况下,当需编程的工件的轮廓曲线为椭圆、圆、抛物线等具有一定规律的曲线时,刀具轨迹点 X、Y 之间具有一定的规律,因此,可以利用变量编程法进行程序的编制。宏指令既可以在主程序体中使用,也可以当作子程序来调用。普通加工程序直接用数值指令 G 代码加移动距离,例如:G01 X50.。用户使用宏程序时,数值可以直接指定或用变量指定。当用变量指定时,变量值可用程序或用 MDI 面板上的操作来进行改变。

四、任务实施

该程序程序号为 O1301,N10～N60 为程序主体,M30 为程序结束。

任务四　数控编程的基本指令

一、学习目标

(1) 理解模态 G 功能与非模态 G 功能的概念。

(2) 掌握常用辅助功能指令的含义和用法。

(3) 掌握进给速度功能、主轴转速功能和刀具功能的指令地址符和使用方法。

二、任务引入

解释任务三所示程序加工时所使用的刀具,设置的主轴转速和进给速度分别为多少?

三、相关知识

在数控加工程序中，主要有准备功能 G 指令和辅助功能 M 指令，以及 F、S、T 等指令。数控系统不同时，编程指令的功能也有所不同，编程时需参考机床制造厂家的编程说明书。

FANUC 0i 系统使用的功能指令主要有以下几种。

1. 准备功能

准备功能字的地址符是 G，所以又称为 G 功能、G 指令或 G 代码。它的作用是建立数控机床的工作方式，为数控系统的插补运算、刀补运算、固定循环等做好准备，它由字母 G 及后面的两位数字组成。

G 功能有模态 G 功能和非模态 G 功能之分。

非模态 G 功能是只在所规定的程序段中有效，程序段结束时被注销。

模态 G 功能是指一组可相互注销的 G 功能，其中某一 G 功能一旦被执行，则一直有效，直到被同一组的另一 G 功能注销为止。

G 代码可以在同一程序段中使用几个准备功能，只要彼此没有逻辑冲突。例如：

```
N10 G90 G00 X16. S600 T01 M03;
N20 G01 X8. Y6. F100;
N30 X0. Y0.;
```

N10 程序段中，G90、G00 都是模态代码，但它们不属于同一组，故可编在同一程序段中；N20 中出现 G01，同组中的 G00 失效，G90 不属于同一组，所以继续有效；N30 程序段的功能和 N20 程序段的相同，因为 G01 是模态代码，继续有效，不必重写。

2. 辅助功能

辅助功能字也称 M 功能、M 指令或 M 代码。M 指令是控制机床在加工时做一些辅助动作的指令，如主轴的正反转、切削液的开关等。

1) M00 程序暂停

执行 M00 功能后，机床的所有动作均被切断，机床处于暂停状态。重新启动程序起动按钮后，系统将继续执行后面的程序段。例如：

```
N10 G00 X100. Z100.;
N20 M00;
N30 X50. Z10.;
```

执行到 N20 程序段时，进入暂停状态，重新启动后将从 N30 程序段开始继续进行。如进行尺寸检验、排屑或插入必要的手工动作时，用此功能很方便。

说明：

(1) M00 须单独设一程序段。

(2) 如在 M00 状态下，按复位键，则程序将回到开始位置。

2) M01 选择停止

在机床的操作面板上有一“选择停止”开关，当该开关打到“ON”位置时，程序中如遇到

M01 代码,其执行过程与 M00 相同;当上述开关打到“OFF”位置时,数控系统对 M01 不予理睬。例如:

N10 G00 X100. Z100.;
N20 M00;
N30 X50. Z10.;

如“选择停止”开关打到断开位置,则当系统执行到 N20 程序段时,不影响原有的任何动作,而是接着往下执行 N30 程序段。

此功能通常用来进行尺寸检验,而且 M01 应作为一个程序段单独设定。

3) 主轴控制指令

(1) M03:启动主轴正转。

(2) M04:启动主轴反转。

(3) M05:主轴停止。

4) 切削液控制指令

(1) M07:开 2 号切削液。

(2) M08:开 1 号切削液。

(3) M09:切削液关闭。

5) 程序结束指令

(1) M02:程序结束。

主程序结束,切断机床所有动作,主轴停止、进给停止、切削液关闭,机床处于复位状态,机床 CRT 显示程序结束。但程序结束后,不返回到程序开头的位置。

(2) M30:复位并返回程序开始。

执行该指令后,除完成 M02 的内容外,还自动返回到程序开头的位置,为加工下一个工件做好准备,机床 CRT 显示程序开始。

说明:M02 和 M30 都必须单独作为一个程序段设定。

3. 进给速度功能

1) 进给速度

对于点位、二坐标和三坐标联动数控加工,数控程序所给的进给速度,是以每分钟进给距离或每转进给距离的形式指定刀具切削进给速度的,是各坐标的合成运动速度,用 F 字母和它后续的数值指定。

2) F 功能的分类

(1) 每分钟进给。

用 F 指令表示刀具每分钟的进给量,数值单位为 mm/min,如图 1-20(a)所示。FANUC 系统每分钟进给量在车床编程中用 G98 指令表示,在加工中心和铣床编程中用 G94 表示。

例如:数控车床编程“G98 F150;”、数控铣床编程“G94 F150;”都表示进给速度为 150 mm/min,即一分钟时间刀具沿其进给方向运动 150 mm。

(2) 每转进给。

用 F 指令表示刀具每转的进给量,数值单位为 mm/r,如图 1-20(b)所示。FANUC 系统每转进给量在车床编程中用 G99 指令表示,在加工中心和铣床编程中用 G95 表示。

例如:数控车床编程“G99 F0.2;”、数控铣床编程“G95 F0.2;”都表示进给速度

为 0.2 mm/r，即主轴每转一周刀具沿其进给方向运动 0.2 mm。

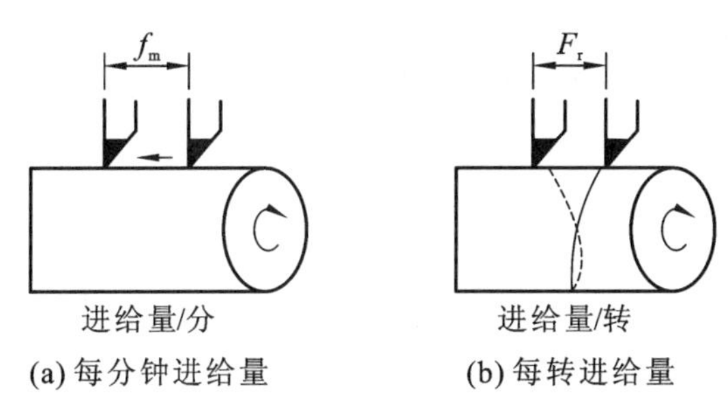

(a) 每分钟进给量　　(b) 每转进给量

图 1-20　车削进给方式

每转进给与每分钟进给的关系为：

$$f_m = F_r S$$

式中：f_m——每分钟的进给量(mm/min)；

F_r——每转的进给量(mm/r)；

S——主轴转速(r/min)。

一般在数控机床上，接通电源时便处于每分钟进给量的状态。F 功能一经设定，后面只要不变更，前面的指令仍然有效。所以，只有在变更进给时才需指定 F 功能。

3) 进给速度倍率

在操作面板上有一个专用的旋转开关来控制进给速度倍率，旋转开关标出了分度和刻度，表示程序进给速度的百分率，设置范围为 10%～150%，可以每一级 10%调整进给速度。如果把刻度调整在 100%，便按程序所设定的速度进给。这个开关一般在试切时使用，用以选取最佳的进给速度。

4. 主轴转速功能

1) 主轴转速

主轴转速用来指定主轴的转速，地址符使用 S，又称为 S 功能或 S 指令，用 S 字母和它后续的数值指定。

2) S 功能的分类

(1) 恒线速度切削。

G96 是接通恒线速度控制的功能，此时，用 S 指定的数值表示切削速度，数值单位为 m/min。数控装置根据刀架在 X 轴的位置计算出主轴的转速，自动而连续地控制主轴转速，使之始终达到由 S 功能所指定的切削速度。例如：

```
G96 S200;
```

表示切削速度为 200 m/min，在切削过程中自动改变主轴的转速，保持恒定的切削速度。

用恒线速度控制加工端面、锥面、圆弧时，容易获得内外一致的表面粗糙度值，但由于 X 坐标值不断变化，所以由公式 $v = n\pi d/1000$ 计算出的主轴转速也不断变化。当刀具逐渐移近工件旋转中心时，主轴转速就会越来越高，此时工件有可能因卡盘调整压力不足而从卡盘中飞出。为防止这种事故，必须使用 G50 S××× 指令限制主轴的最高转速。例如：

```
G50 S3000;
```

表示把主轴最高转速设定为 3000 r/min。

(2) 取消恒线速度切削。

G97 是取消恒线速度控制的功能,此时,用 S 指定的数值表示主轴每分钟的转数。例如:

G97 S800;

表示主轴以 800 r/min 的转数旋转。

5. 刀具功能

FANUC 系统采用 T 指令选刀,由地址符 T 和数字组成,有 T××和 T××××两种格式。

车床编程使用 T 和四位数字组成,前两位表示刀具号,后两位表示刀具补偿号。例如:

T0101;

前面的 01 表示使用 1 号刀,后面的 01 表示使用 1 号刀具补偿,至于刀具补偿的具体数值,应通过操作面板在 1 号刀具补偿位去查找和修改。如果后面两位数是 00,例如 T0300,表示使用 3 号刀,并取消刀具补偿。

铣床编程使用 T 和两位数字组成,数字表示刀号。例如:

T02;

表示调用 2 号刀。

6. 坐标功能字

坐标功能字,又称为尺寸字,用来设定机床各坐标的位移量。*X*、*Y*、*Z*、*U*、*V*、*W*、*P*、*Q*、*R* 用于确定终点的直线坐标尺寸,*A*、*B*、*C*、*D*、*E* 用于确定终点的角度坐标尺寸,*I*、*J*、*K* 用于确定圆弧轮廓的圆心坐标尺寸。

FANUC 数控机床坐标值的数值单位为毫米时,数值后面加小数点表示,如 *X* 坐标值为 100 mm,则应表示为 X100.。若无小数点,则机床会报错。但此功能可通过系统参数设置,修改为不加小数点的,因此编程之前需了解机床的相关设置。

四、任务实施

该零件加工使用的 1 号刀和 1 号刀具补偿,加工过程中,主轴转速为 800 r/min,进给速度为 0.1 mm/r。

练 习 题

一、填空题

1. 数控机床由________、________、________、________和________组成。
2. 数控机床的核心是________。
3. 数控机床按进给伺服系统控制方式分类有三种形式:________、________和________。
4. 数控加工机床按数控机床运动轨迹的不同分为三类:________、________和________。
5. 数控机床的坐标系是________,并规定________刀具与工件之间距离的方向为坐标正方向。

6. 数控编程一般分为________和________两种。
7. 一个完整的数控程序由________、________和________三部分组成。
8. 数控编程指令分为模态指令和非模态指令两种，如 G04 为________指令，G01 为________指令。

二、判断题

1. 数控机床编程有绝对值编程和增量值编程，使用时不能将它们放在同一程序段中。（　　）
2. 编制程序时一般以机床坐标系作为编程依据。（　　）
3. M30 不但可以完成 M02 的功能，还可以使程序自动回到开头。（　　）
4. 执行辅助功能 M00 和 M01 时，使进给运动停止，而主轴回转，切削液不停止运行。（　　）
5. 所有包含圆弧插补的 G 指令其进给速度的单位均为 mm/min。（　　）
6. F、S、T 指令都是模态指令。（　　）
7. 程序段的顺序号，根据数控系统的不同，在某些系统中可以省略。（　　）
8. 对于指令中的模态代码只有出现同组其他代码时，其功能才失效。（　　）
9. “T1001”是刀具选择机能，为选择一号刀具和一号补正。（　　）
10. 编程指令中“M”和“T”分别是主轴功能和刀具功能。（　　）

三、选择题

1. 程序校验与首件试切的作用是（　　）。
   A. 检查机床是否正常
   B. 提高加工质量
   C. 检验程序是否正确及零件的加工精度是否满足图纸要求
   D. 检验参数是否正确
2. 在下列指令中，具有非模态功能的指令是（　　）。
   A. G40　　B. G54　　C. G04　　D. G00
3. 数控机床有不同的运动形式，需要考虑工件与刀具相对运动关系及坐标方向，编写程序时，采用（　　）的原则编写程序。
   A. 刀具固定不动，工件相对移动
   B. 铣削加工刀具只做转动，工件移动；车削加工刀具移动，工件转动
   C. 分析机床运动关系后再根据实际情况
   D. 工件固定不动，刀具相对移动
4. 在程序设计时，辅助功能是选用（　　）。
   A. G　　B. M　　C. S　　D. T
5. 数控编程时，应首先设定（　　）。
   A. 机床原点　　B. 固定参考点
   C. 机床坐标系　　D. 工件坐标系
6. 相对编程是指（　　）。
   A. 相对于加工起点位置进行编程
   B. 相对于下一点的位置编程
   C. 相对于当前位置进行编程
   D. 以方向正负进行编程

项目二　数控车削加工编程

任务一　数控车床概述

一、学习目标

（1）掌握数控车床主要加工对象的特点，学会根据零件特点选择合适内容在数控车床上进行加工。

（2）了解数控车床的结构组成及分类。

（3）了解数控车床加工常用的刀具及夹具。

二、任务引入

图 2-1 所示的零件适合使用何种机床加工？

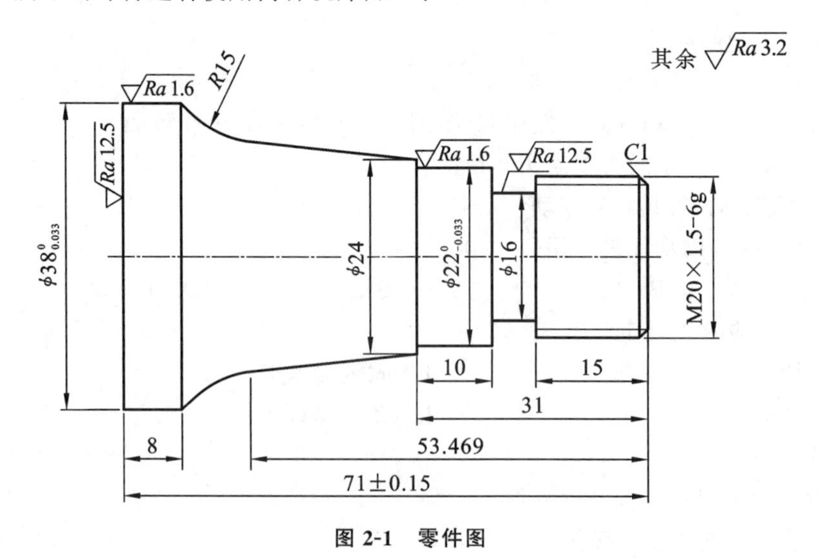

图 2-1　零件图

三、相关知识

1. 数控车床的基本结构

数控车床又称 CNC 车床，即利用计算机数字控制的车床，也是目前使用较为广泛的数控机床之一。数控车床是将编制好的加工程序输送到数控系统中，由数控系统通过 X、Z 坐标伺服电机去控制车床进给运动部件的动作顺序、移动量和进给速度，以及主轴的转速和转向，便能加工出各种形状不同的轴类或盘类回转体零件。

数控车床由数控系统和机床主体组成，数控系统由数控面板、数控柜、控制电源、伺服控制器和主轴编码器等组成，机床主体包括床身、主轴、电动回转刀架等部分。图 2-2 所示为数控车床外观图。

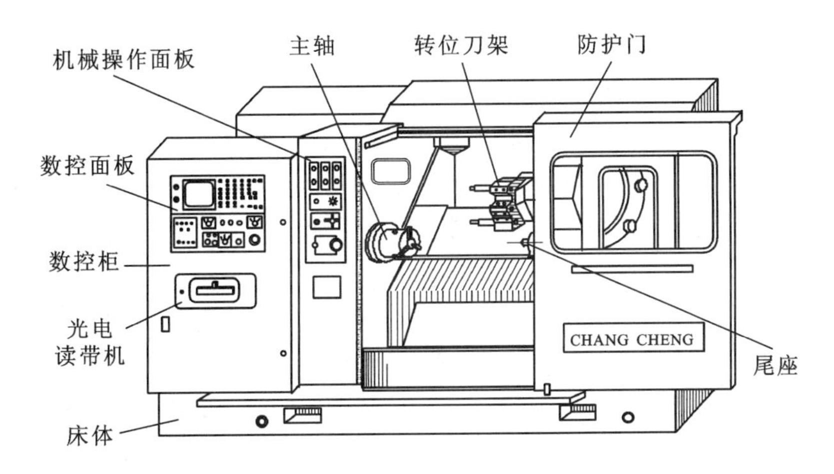

图 2-2　数控车床外观图

数控车床的外形与普通车床的相似，但进给与普通车床的相比有质的区别，传统普通车床有进给箱和交换齿轮架，而数控车床直接用伺服电机通过滚珠丝杆驱动溜板和刀架实现进给运动，因而进给系统的结构大为简化。

2. 数控车床的分类

数控车床品种繁多，规格不一，可按如下方法进行分类。

1）按车床主轴位置分类

（1）立式数控车床。

立式数控车床简称为数控立车，如图 2-3(a)所示。其车床主轴垂直于水平面，一个直径很大的圆形工作台，用来装夹工件。这类机床主要用于加工径向尺寸大、轴向尺寸相对较小的大型复杂零件。

（2）卧式数控车床。

卧式数控车床又分为数控水平导轨卧式车床和数控倾斜导轨卧式车床，如图 2-3(b)所示。其倾斜结构可以使车床具有更大的刚性，并易于排除切削。

(a) 立式数控车床

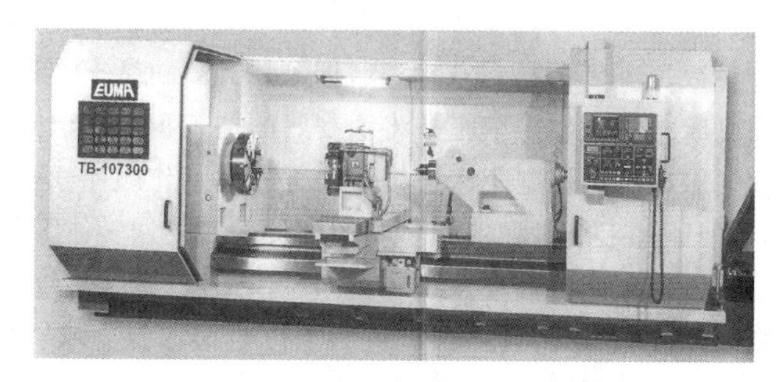

(b) 卧式数控车床

图 2-3　按车床主轴位置分类

2）按加工零件的基本类型分类

（1）卡盘式数控车床　这类车床没有尾座，如图 2-4 所示。该机床适合车削盘类和短轴类零件，夹紧方式多为电动或液压控制，卡盘结构多具有可调卡爪或不淬火卡爪(即软卡爪)。

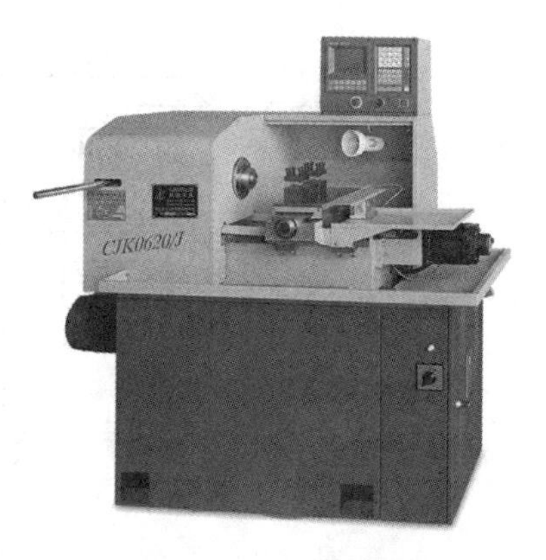

图 2-4　卡盘式数控车床

（2）顶尖式数控车床　这类机床配有普通尾座或数控尾座，适合车削较长的零件及直径不太大的盘类零件。

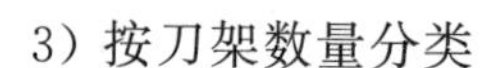

3）按刀架数量分类

（1）单刀架数控车床　数控车床一般配置有各种形式的单刀架，如四工位卧式回转刀架或多工位转塔式自动转位刀架，如图 2-5 所示。

(a) 四工位卧式回转刀架

(b) 多工位转塔式自动转位刀架

图 2-5　单刀架数控车床刀架

（2）双刀架数控车床　这类车床的双刀架配置可以平行分布，也可以相互垂直分布，如图 2-6 所示。

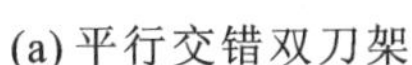
(a) 平行交错双刀架

(b) 垂直交错双刀架

图 2-6　双刀架数控车床刀架

4）按数控功能分类

(1) 经济型数控车床　采用步进电机和单片机对普通车床的进给系统进行改造后形成的简易型数控车床，成本较低，但自动化程度和功能都比较差，车削加工精度也不高，适用于要求不高的回转类零件的车削加工。

(2) 普通数控车床　根据车削加工要求在结构上进行专门设计并配备通用数控系统而形成的数控车床，数控系统功能强，自动化程度和加工精度也比较高，适用于一般回转类零件的车削加工。这种数控车床可同时控制两个坐标轴，即 X 轴和 Z 轴。

(3) 车削加工中心　在普通数控车床的基础上，增加 C 轴和动力头，更高级的数控车床带有刀库，可控制 X、Z 和 C 三个坐标轴，联动控制轴可以是(X、Z)、(X、C)或(Z、C)。由于增加了 C 轴和铣削动力头，这种数控车床的加工功能得到增强，除可以进行一般车削外，还可以进行径向和轴向铣削、曲面铣削、中心线不在零件回转中心的孔和径向孔的钻削等加工。

5）按数控车床的布局分类

数控车床床身结构和导轨有多种形式，主要有水平床身式、倾斜床身式、水平床身斜滑板式及立床身式等，其布局形式如图 2-7 所示。

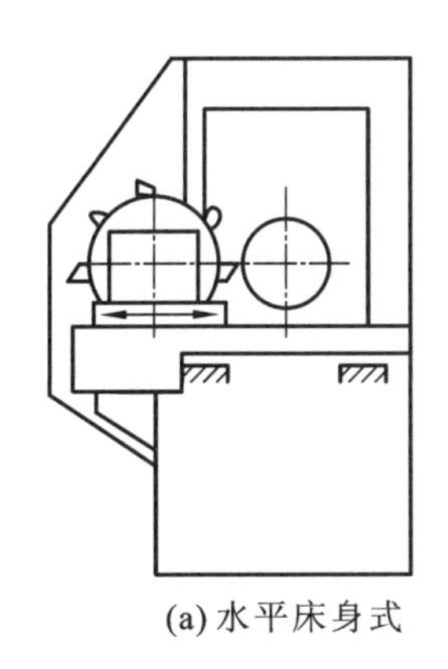
(a) 水平床身式

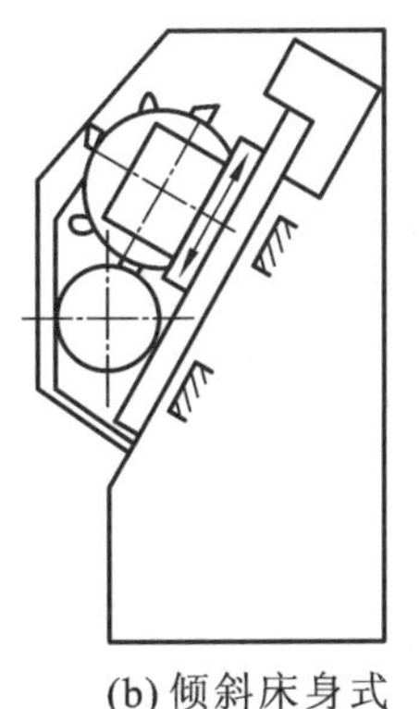
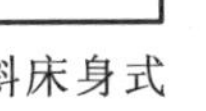
(b) 倾斜床身式

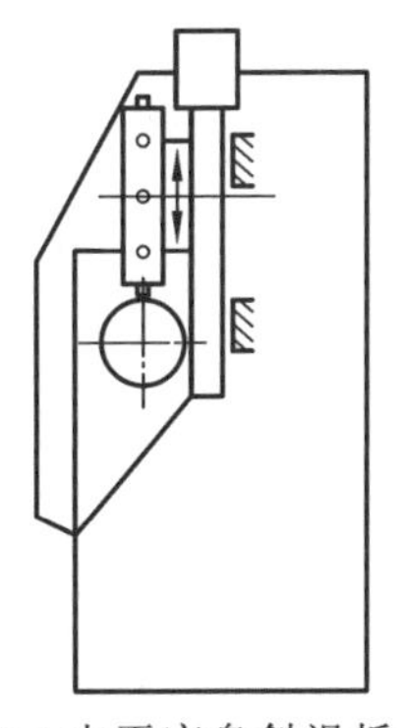

(c) 水平床身斜滑板式

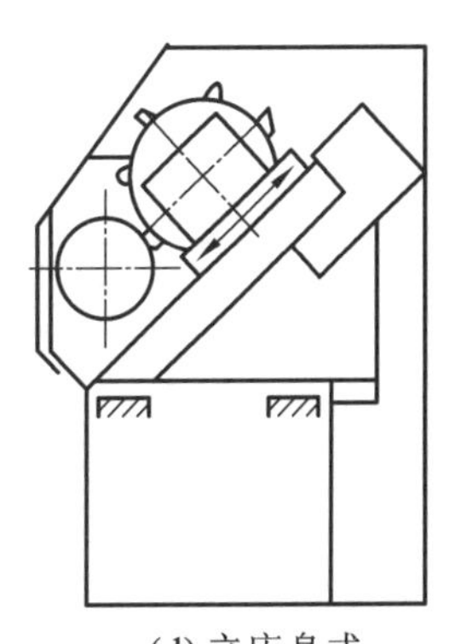
(d) 立床身式

图 2-7　数控车床的布局形式

水平床身的工艺性好，便于导轨面的加工。水平床身配上水平放置的刀架可提高刀架的运动精度,一般可用于大型数控车床或小型精密数控车床的布局。但水平床身由于下部空间小,故排屑困难。从结构尺寸上看,刀架水平放置使得滑板横向尺寸较长,从而加大了机床宽度方向的结构尺寸。

倾斜床身式数控车床的观察角度好,工件调整方便(但在大型工件和刀具装卸方面,水平床身较方便);倾斜床身的防护罩设计较为简单;排屑性能较好。倾斜床身导轨的倾斜角有 30°、45°、60°、75°和 90°(90°的称为立式床身)。倾斜角度影响导轨的导向性、受力情况、排屑及外形尺寸高度比例等。一般小型数控车床倾斜角度多为 30°、45°,中型数控车床多用 60°,大型数控车床多用 75°。

水平床身配上倾斜放置的滑板,并配置倾斜式导轨防护罩,这种布局形式一方面有水平床身工艺性好的特点,另一方面机床宽度方向的尺寸较水平配置滑板的要小,且排屑方便。由于水平床身配上倾斜放置的滑板和倾斜床身配置斜滑板布局形式排屑容易、热铁屑不会堆积在导轨上,也便于安装自动排屑器;操作方便,易于安装机械手,以实现单机自动化;机床占地面积小,外形简洁、美观,容易实现封闭式防护。因此,这两种布局形式被中、小型数控车床所普遍采用。

立床身式数控车床的排屑性能最好,但立床身机床工作重量所产生的变形方向正好沿着垂直运动方向,对精度影响最大,并且立床身结构的机床受结构限制,布置也比较困难,限制了机床的性能。

3. 数控车床的刀具

数控车床刀架种类繁多,功能互不相同。根据不同的加工条件正确选择刀具是编制程序的重要环节,因此必须对车刀的种类及特点有一个基本的了解。在数控车床上使用的刀具由外圆车刀、钻头、镗刀、切断刀、螺纹加工刀具等。常用车削刀具如图 2-8 所示。

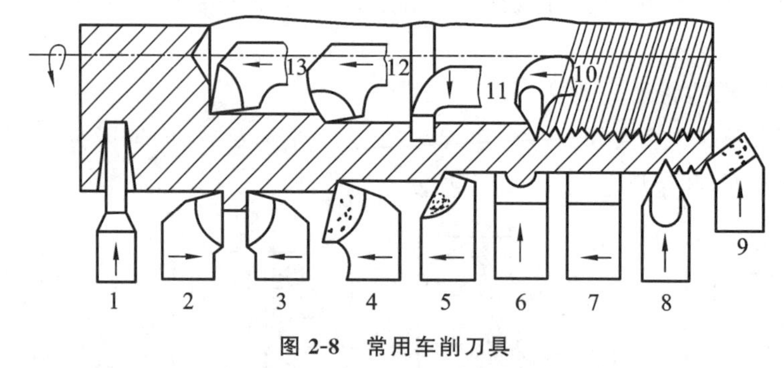

图 2-8 常用车削刀具

1—切断刀;2—90°左偏刀;4—弯头车刀;5—直头车刀;6—成形车刀;7—宽刃精车刀;8—外螺纹车刀;9—端面车刀;10—内螺纹车刀;11—内槽车刀;12—通孔车刀;13—盲孔车刀

数控车床使用的车刀、镗刀、切断刀、螺纹加工刀具均有整体式和机夹式之分,除经济型数控车床外,目前已广泛使用可转位机夹式车刀。

数控车床所采用的可转位车刀,其几何参数是通过刀片结构形状和刀体上刀片槽座的方位安装组合形成的,与通用车床相比一般无本质的区别,其基本结构、功能特点是相同的。但数控车床的加工工序是自动完成的,因此对可转位车刀的要求又有别于通用车床所使用的刀具。可转位式刀具的具体要求和特点如表 2-1 所示。

表 2-1　可转位式刀具的具体要求和特点

要　　求	特　　点	目　　的
精度高	采用 M 级或更高精度等级的刀片； 多采用精密级的刀杆； 用带微调装置的刀杆在机外预调好	保证刀片重复定位精度，方便坐标设定，保证刀尖位置精度
可靠性高	采用断屑可靠性高的断屑槽型或有断屑台和断屑器的车刀； 采用结构可靠的车刀，采用复合式夹紧结构和夹紧可靠的其他结构	断屑稳定，不能有紊乱和带状切屑；适应刀架快速移动和换位以及整个自动切削过程中夹紧不得有松动的要求
换刀迅速	采用车削工具系统； 采用快换小刀夹	迅速更换不同形式的切削部件，完成多种切削加工，提高生产效率
刀片材料	刀片较多采用涂层刀片	满足生产节拍要求，提高加工效率
刀杆截形	刀杆较多采用正方形刀杆，但因刀架系统结构差异大，有的需采用专用刀杆	刀杆与刀架系统匹配

可转位车刀的结构有以下几种形式。

1）杠杆式

杠杆式可转位车刀的结构如图 2-9(a)所示，由杠杆、螺钉、刀垫、刀垫销、刀片所组成。这种方式依靠螺钉旋紧压靠杠杆，由杠杆的力压紧刀片达到夹固的目的。其特点适合各种正、负前角的刀片；切屑可无阻碍地流过，切削热不影响螺孔和杠杆；两面槽壁给刀片有力的支撑，并确保转位精度。

2）楔块式

楔块式可转位车刀的结构如图 2-9(b)所示，由紧定螺钉、刀垫、销、楔块、刀片所组成。这种方式依靠销与楔块的挤压力将刀片紧固。其特点适合各种负前角刀片，两面无槽壁，便于仿形切削或倒转操作时留有间隙。

3）楔块夹紧式

楔块夹紧式可转位车刀的结构如图 2-9(c)所示，由紧定螺钉、刀垫、销、压紧楔块、刀片所组成。这种方式依靠销与楔块的压下力将刀片夹紧。其特点同楔块式，但切屑流畅不如楔块式。

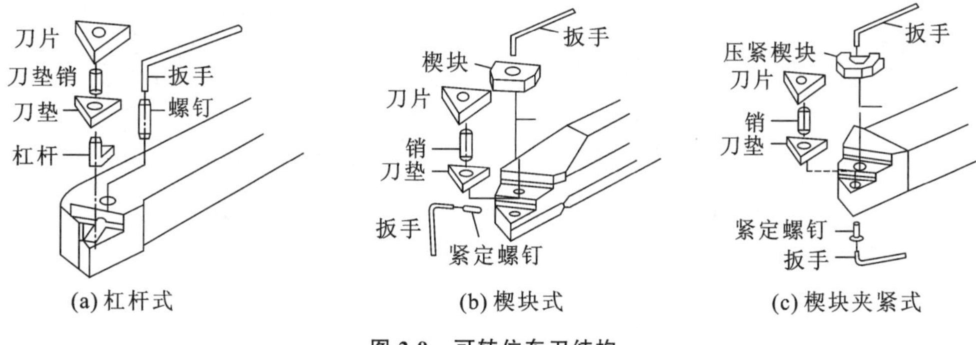

图 2-9　可转位车刀结构

此外,还有螺栓上压式、压孔式等形式。

数控车削加工应根据零件材料、硬度、毛坯余量、工件的尺寸精度和表面粗糙度及机床的自动化程度等来选择刀片的几何结构、进给量、切削速度和刀片牌号,尽量使用系列化和标准化刀具。

4. 数控车床的夹具

车床的夹具主要是指安装在车床主轴上的夹具,这类夹具和机床主轴相连接并带动工件一起随主轴旋转。数控车床的夹具与普通车床的基本相同,主要分为两大类:各种卡盘,适用于盘类零件和短轴类零件加工的夹具;中心孔、顶尖定心定位安装工件的夹具,适用于长度尺寸较大或加工工序较多的轴类零件。

1) 卡盘夹具

在数控车床加工中,大多数情况是使用工件或毛坯的外圆定位,以下几种夹具就是靠圆周来定位的夹具。

(1) 三爪卡盘　三爪卡盘是最常用的车床通用夹具,如图 2-10 所示。三爪卡盘最大的优点是可以自动定心,夹持范围大,装夹速度快;但定心精度存在误差,不适合加工同轴度要求高的工件的二次装夹。

(2) 四爪卡盘　四爪卡盘的外形如图 2-11 所示,它的四个爪通过四个螺杆独立移动,能装夹形状比较复杂的非回转体零件,而且夹紧力大。但其装夹后不能自动定心,装夹效率较低,装夹时必须用划线盘或百分表找正,使工件回转中心与车床主轴中心对齐。

(3) 高速动力卡盘　为了提高数控车床的生产效率,对其主轴提出越来越高的要求,以实现高速,甚至超高速切削。随着卡盘转速的提高,由卡爪、滑座和紧定螺钉组成的卡爪组件离心力急剧增大,卡爪对零件的夹紧力下降。通过在高速动力卡盘上增设离心力补偿装置,利用补偿装置的离心力抵消卡爪组件离心力造成的夹紧力损失。另一个方式是减轻卡爪组件质量以减小离心力。

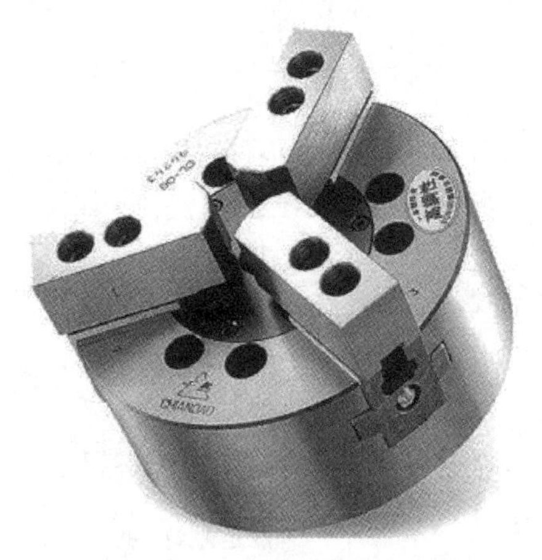

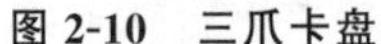

图 2-10　三爪卡盘

图 2-11　四爪卡盘

2) 轴类零件中心孔定心装夹

(1) 用顶尖装夹工件　对同轴度要求较高且需要掉头加工的轴类零件,常用双顶尖装夹,如图 2-12 所示,其前顶尖为普通顶尖,装在主轴孔内,并随主轴一起转动,后顶尖为活动

顶尖，装在尾架套筒内。工件利用中心孔被顶在前、后顶尖之间，并通过拨盘和卡箍随主轴一起转动。

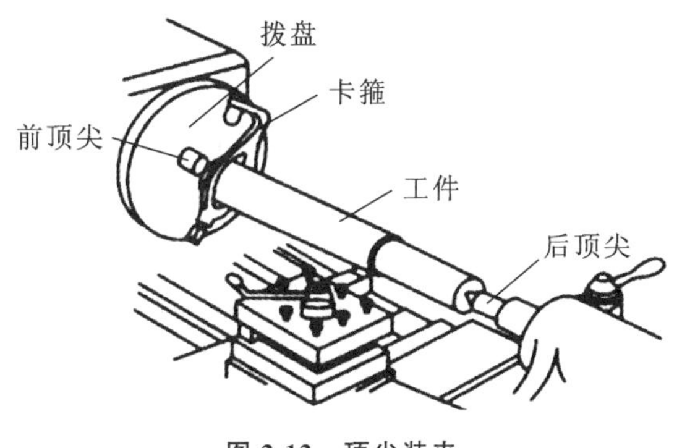

图 2-12　顶尖装夹

（2）用心轴安装工件　当以内孔为定位基准，并要保证外圆轴线和内孔轴线的同轴度要求时，可用心轴定位，如图 2-13 所示。一般工件常用圆柱心轴和锥度心轴定位，带有锥孔、螺纹孔、花键孔的工件，常用相应的锥度心轴、螺纹心轴和花键心轴定位。

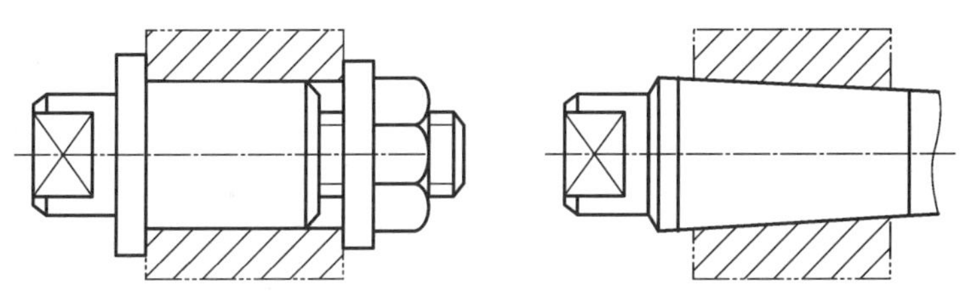

图 2-13　心轴装夹

（3）中心架和跟刀架　当工件长度与直径之比大于 25($L/d>25$)时，由于工件本身的刚度变小，在车削时，工件受切削力、自重和旋转时离心力的作用，会产生弯曲、振动，严重影响其圆柱度和表面粗糙度。同时，在切削过程中，工件受热伸长产生弯曲变形，使车削很难进行，严重时工件会在顶尖间卡住，此时需要用中心架或跟刀架来支承工件。

一般在车削细长轴时，用中心架来增加工件的刚度，当工件可以进行分段切削时，中心架支承在工件中间，如图 2-14 所示。对不适宜调头车削的细长轴，不能用中心架支承，而用跟刀架支承进行车削，以增加工件的刚度，如图 2-15 所示。

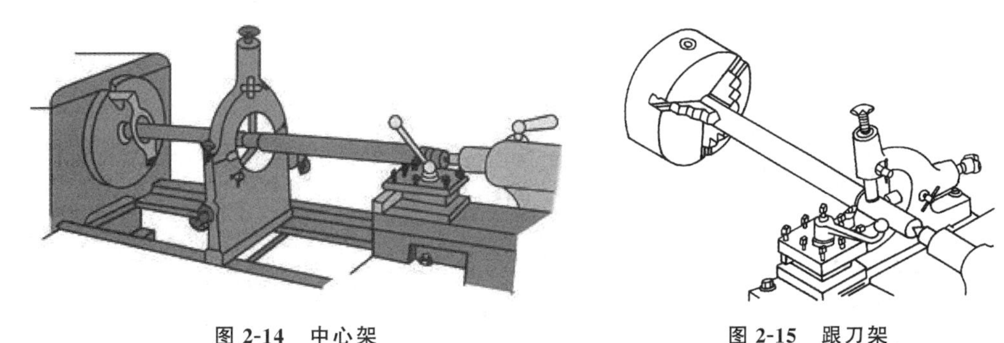

图 2-14　中心架　　　　图 2-15　跟刀架

四、任务实施

该零件由圆柱、圆锥、圆弧及螺纹等表面组成,适合采用数控车床加工,采用三爪卡盘装夹。使用的刀具有外圆车刀、3 mm 宽切槽刀和螺纹刀。

任务二　数控车床对刀

一、学习目标

(1) 掌握数控车床坐标系的建立方式,会使用机床参考点相关指令。
(2) 了解数控车床对刀的原理。
(3) 掌握数控车床对刀的操作方式。
(4) 掌握刀具位置补偿的使用方法。
(5) 了解刀尖半径补偿的编程方法。

二、任务引入

使用 1 号外圆车刀,在数控机床输入以下程序后,如何能够加工出符合图 2-16 要求的零件?

```
O2201;
N10 T0101;
N20 G00 X100. Z50. M03 S800;
N30 X46. Z2. M08;
N40 G01 Z0. F180;
N50 X50. W-2.;
N60 Z-80. F120;
N70 X52.;
N80 G00 X100. Z100.;
N90 M30;
```

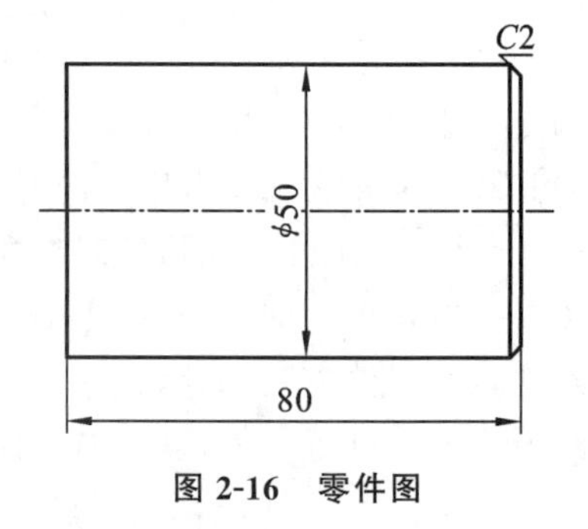

图 2-16　零件图

三、相关知识

1. 数控车床的坐标系

在数控车床上,一般来讲,通常使用的坐标系有两个:一个是机床坐标系;另外一个是工件坐标系,也称为程序坐标系。

机床坐标系是以机床原点为坐标原点建立起来的直角坐标系。它是机床安装、调整的

基础，也是工件坐标系设定的基准。机床坐标系在机床出厂前已调整好，当车床为前置刀架时，X 轴正向向前，指向操作者，如图 2-17(a)所示；当机床为后置刀架时，X 轴正向向后，背离操作者，如图 2-17(b)所示。

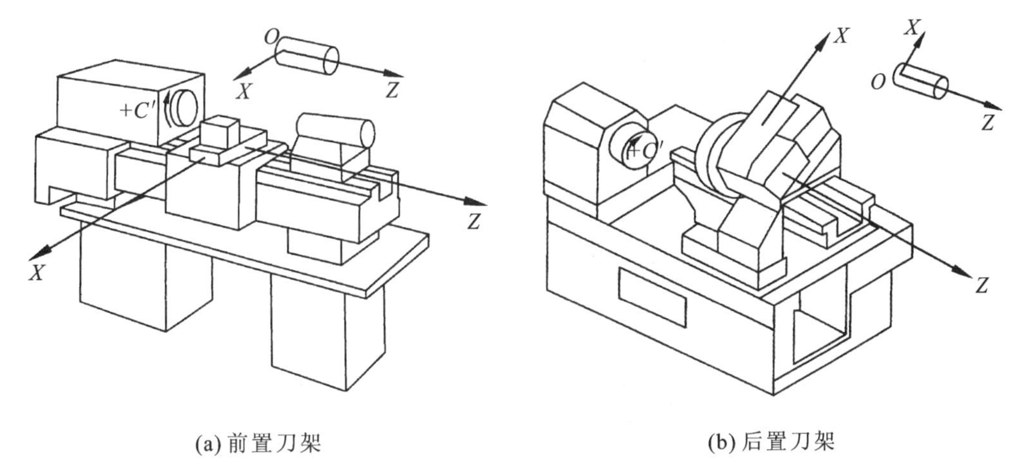

图 2-17　数控车床的坐标系

数控装置上电时，并不知道机床原点，为了在机床工作时正确地建立机床坐标系，通常在每个坐标轴的移动范围内设置一个机床参考点。机床参考点的位置是由机床制造厂家在每个进给轴上用限位开关精确调整好的，坐标值已输入数控系统中。通常数控车床的机床原点和参考点设置为同一点，即机床参考点 R 在机床坐标系中的各坐标均为 0。

数控机床开机时，必须先确定机床原点，而确定机床原点的运动就是刀架返回参考点的操作，这样通过确认参考点，就确定了机床原点。只有完成了返回参考点操作后，刀架运动到机床参考点，此时 CRT 上才会显示出刀架基准点在机床坐标系中的坐标值，即建立了机床坐标系。

2．机床参考点相关指令

1）返回参考点指令——G28

G28 指令用于刀具从当前位置返回机床参考点。返回参考点指令格式如下：

G28 X(U)_；　X 向回参考点

G28 Z(W)_；　Z 向回参考点

G28 X(U)_ Z(W)_；　刀架回参考点

其中 X(U)、Z(W)坐标设定值为返回参考点时的中间点，X、Z 为绝对坐标，U、W 为相对坐标。

系统在执行 G28 X(U)_；时，X 向快速向中间点移动，到达中间点后，再快速向参考点定位，达到参考点。X 向参考点指示灯亮，说明参考点已到达。

G28 Z(W)_；的执行过程与 X 向回参考点完全相同，只是 Z 向到达参考点时，Z 向参考点的指示灯亮。

G28 X(U)_ Z(W)_；是上面两个过程的合成，即 X、Z 同时各自回其参考点，最后以 X 向参考点与 Z 向参考点的指示灯都亮而结束。

图 2-18 所示为刀具返回参考点的过程，在执行 G28 X190. Z50.;程序段后，刀具以快速移动速度从 A 点开始移动，经过中间点 B(190,50)，移动到参考点 R。

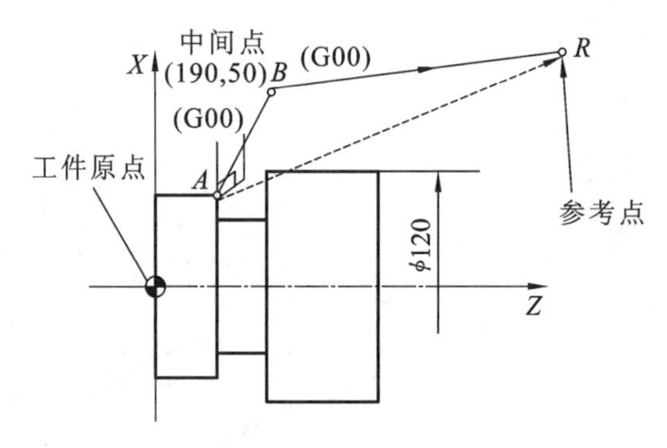

图 2-18 刀具返回参考点过程

2) 参考点返回校验指令——G27

G27 指令用于在加工过程中，检查是否准确地返回参考点，指令格式如下：

G27 X(U)_; X 向参考点校验

G27 Z(W)_; Z 向参考点校验

G27 X(U)_ Z(W)_; 参考点校验

在 G27 指令之后，X、Z 表示参考点的坐标值，U、W 表示到参考点所移动的距离。

执行 G27 指令的前提是机床通电后必须返回过一次参考点(手动返回或自动返回)。

执行 G27 指令以后，如果机床准确地返回参考点，则面板上的参考点返回指示灯亮，否则，机床将报警。

3) 从参考点返回指令——G29

G29 指令使刀具以快速移动速度，从机床参考点经过 G28 指令设定的中间点，快速移动到 G29 指令设定的返回点，其程序段格式为：

G29 X(U)_ Z(W)_;

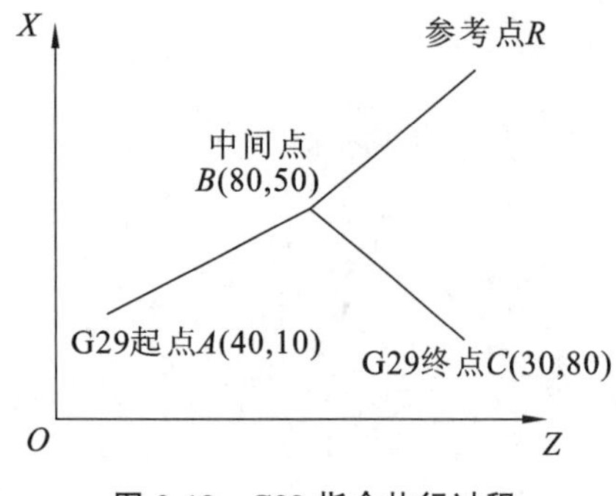

图 2-19 G29 指令执行过程

G29 后面可以跟 X、Z 中任一轴或任两轴，其中，X、Z 值为返回点在工件坐标系的绝对坐标值，U、W 为返回点相对于参考点的增量坐标值。从参考点返回时，可以不用 G29，而用 G00 或 G01，此时，不经过 G28 设置的中间点，而直接运动到返回点。

如图 2-19 所示，若刀具当前在 A 点，执行程序：

```
G28 X80. Z50.;
G29 X30. Z80.;
```

则刀具先从 A 点经过中间点 B 运动到参考点 R，然后从 R 点经过 B 点运动到 C 点。

3. 工件坐标系

工件坐标系是编程人员在编写零件加工程序时选择的坐标系，也称编程坐标系。工件

坐标系是用来确定工件几何形体上各要素的位置而设置的坐标系，程序中的坐标值均以工件坐标系为依据。工件坐标系的原点可由编程人员根据具体情况确定，一般设在图样的设计基准或工艺基准处。根据数控车床的特点，工件坐标系原点通常设在工件左、右端面的中心或卡盘前端面的中心。

同一工件，如果工件原点变了，程序段中的坐标尺寸也会随之改变。因此，数控编程时，应该首先确定编程原点，确定工件坐标系。编程原点是在工件装夹完毕后，通过对刀来确定的。

4. 数控车床对刀原理

数控车床通电后，需进行回零(参考点)操作，其目的是建立数控车床进行位置测量、控制、显示的统一基准。由于机床回零后，刀具刀尖的位置距离机床原点是固定不变的，因此，为便于对刀和加工，可将机床回零后刀尖的位置看作机床原点。

如图 2-20 所示，O 是程序原点，O'是机床回零以后刀尖位置为参照的机床原点(通常将机床原点与机床参考点设置为同一点)。编程人员按工件坐标系中的坐标数据编制刀具(刀尖)的运动轨迹，由于刀尖的初始位置(机床原点)与程序原点存在 X 向偏移距离和 Z 向偏移距离，使得实际刀尖位置与程序指令的位置有同样的偏移距离，因此，需将该距离测量出来并设置到数控系统，使系统据此调整刀尖的运动轨迹。

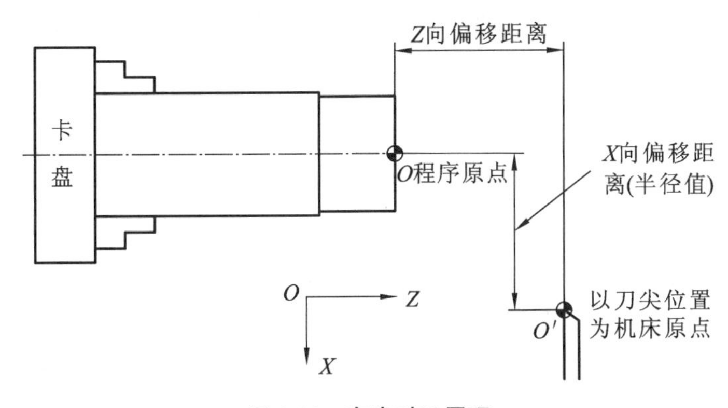

图 2-20　车床对刀原理

所谓对刀，其实质就是测量程序原点与机床原点之间的偏移距离并设置程序原点在以刀尖为参照的机床坐标系里的坐标。

对刀的方法有很多种，但无论采用哪种对刀方式，都离不开试切对刀，试切对刀是最根本的对刀方法。试切对刀的步骤如下：

(1) 在手动操作方式下，用所选刀具在加工余量范围内试切工件端面，然后将刀具沿$+X$ 方向退出到 A 点，记录此时显示屏中的 Z 坐标值，记为 Z_A。如图 2-21(a)所示，若编程原点 O 取在工件右端面中心处，则 O 点在机床坐标系中的 Z 坐标值为：$Z_O=Z_A$。

(2) 将刀具运动到工件外圆余量处一点试切工件外圆，然后将刀具沿$+Z$ 方向退出到 B 点，记下此时显示屏中的 X 坐标值，记为 X_B。需要注意数控车床显示和编程的 X 坐标一般为直径值。测量试切后的工件外圆直径，记为 ϕ，如图 2-21(b)所示，则编程原点 O 在机床坐标系中的 X 坐标值为：$X_O=X_B-\phi$。

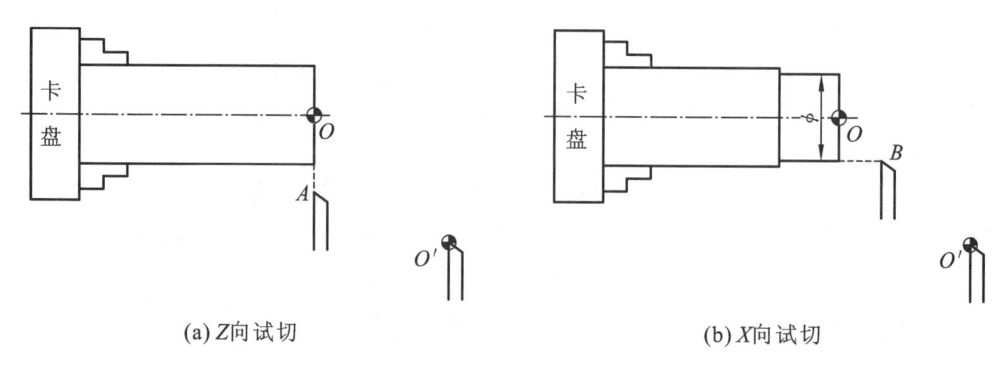

(a) Z向试切　　(b) X向试切

图 2-21　数控车床试切对刀

四、任务实施

编程人员在编制程序时,只要根据零件图样选定的编程原点建立工件坐标系,计算坐标数值,不必考虑工件毛坯装夹的实际位置。但加工人员应在装夹工件、调试程序时,确定编程原点在机床坐标系中的位置,并在数控系统中给予设定。对刀的过程实际上就是建立工件坐标系与机床坐标系之间关系的过程。

本任务中编程零点取在工件右端面中心,以 T01 刀(外圆车刀)为例采用试切法对刀步骤如下。

1. FANUC 系统数控车床对刀

(1) 选择操作面板上的手动进给方式,然后选择主轴正转,使其指示灯亮,主轴启动。

(2) 试切端面,进行 Z 轴方向对刀,过程如下:选择手动进给方式,使刀具分别沿 X、Z 轴负方向快速进给靠近工件端面,当刀具快接近工件时,取消快速,当刀具距离工件很近时,可选择增量进给或手轮进给,并通过调整倍率按钮、、、设置进给速度→沿 X 轴负方向进给切削端面(如图 2-22 所示)→刀尖过轴线后,沿 X 轴正方向退刀,Z 轴方向刀具不移动→按键进入参数设置界面→按[补正]→按[形状]→输入 Z0(即此时刀位点在工件坐标系中的 Z 坐标值,如图 2-23 所示)→按[测量],T01 刀 Z 轴对刀完毕(如图 2-24 所示)。

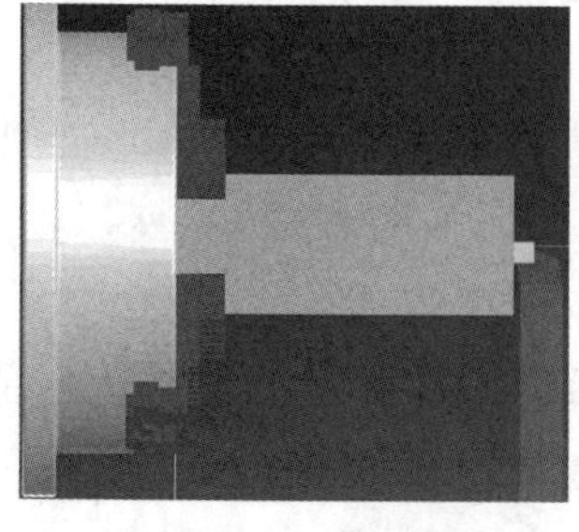

图 2-22　试切端面

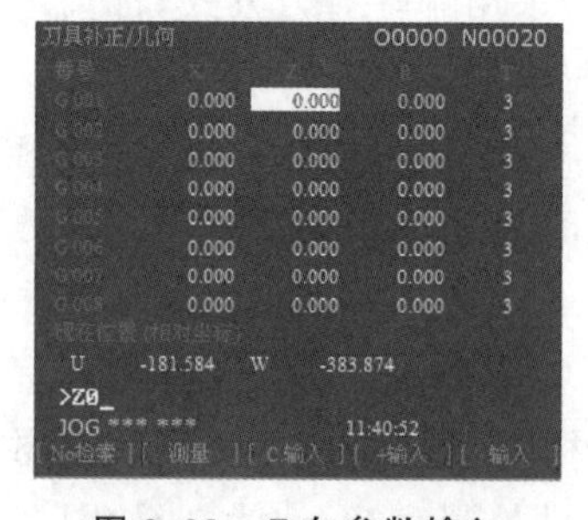

图 2-23　Z 向参数输入

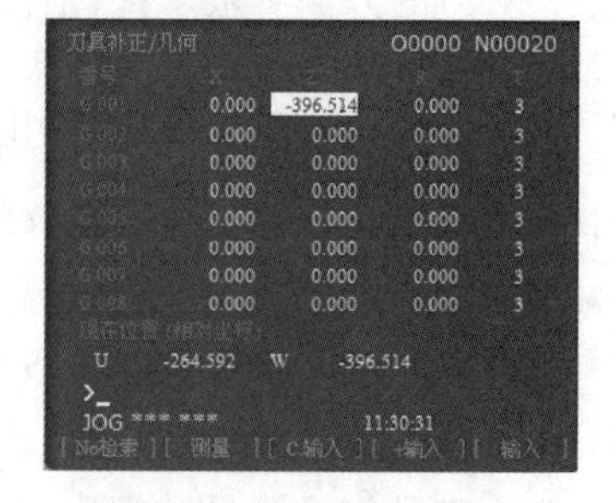

图 2-24　Z 轴对刀完毕

(3) 试切外圆,进行 X 轴方向对刀,过程如下:选择手动进给方式,使刀具沿 X、Z 轴

移动到试切外圆的初始位置→沿 Z 轴负方向进给试切外圆(如图 2-25(a)所示)→试切一段长度后,沿 Z 轴正方向退刀,X 轴方向刀具不移动→按停止主轴转动→用测量工具测量被车外圆直径(假设测量直径为 ϕ78.416 mm)→按键进入参数设置界面→按[补正]→按[形状]→输入测量得到的直径 X78.416(即此时刀位点在工件坐标系中的 X 坐标值,如图 2-25(b)所示)→按[测量],T01 刀 X 轴对刀完毕(如图 2-25(c)所示)。

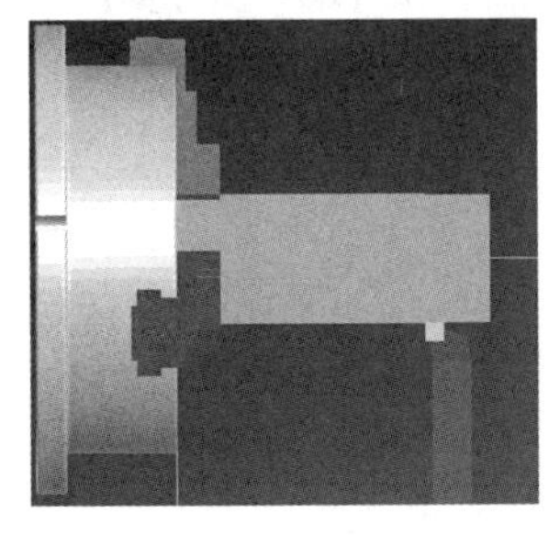

(a)试切外圆

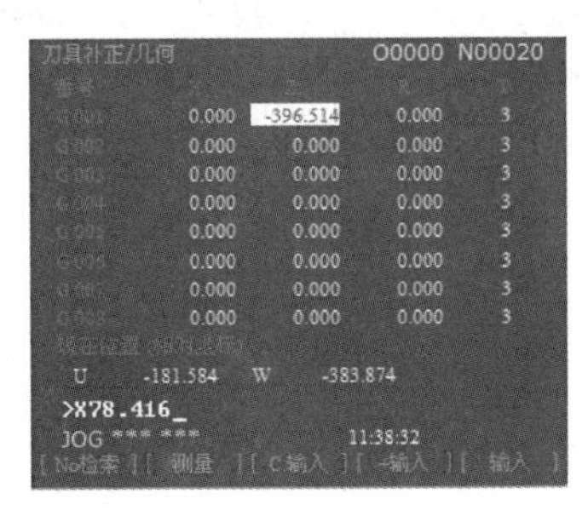

(b)X 向参数输入

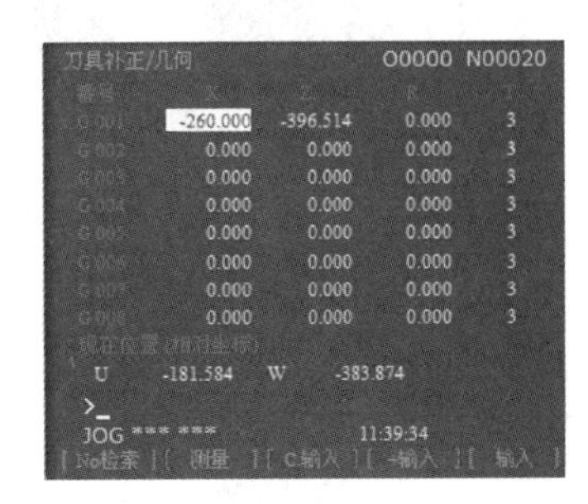

(c)X 轴对刀完毕

图 2-25　试切外圆过程(FANUC)

2. 华中系统数控车床对刀

(1)装好刀具后,点击操作面板中的,将其切换到手动方式;借助“视图”菜单中的动态旋转、动态放缩、动态平移等工具,利用操作面板上的按钮-X、+X、-Z、+Z,使刀具移动到可切削零件的大致位置。

(2)点击操作面板上的或按钮,使主轴转动;试切工件端面,点击+X按钮,将刀具沿 X 方向退出(Z 方向不动,如图 2-26(a)所示)。按 MDI F4 软键,在弹出的下级子菜单中按软键 刀偏表 F2,进入刀偏数据设置页面,将光标移至对应刀偏号的“试切长度”处,按 Enter,输入 0(如图 2-26(b)所示),按 Enter,Z 轴对刀完毕(如图 2-26(c)所示)。

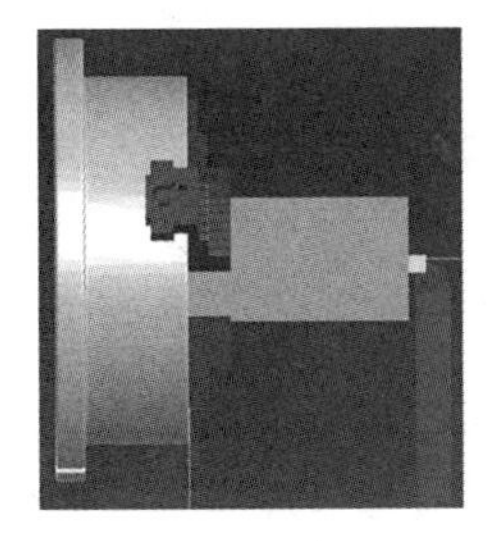

(a)试切端面

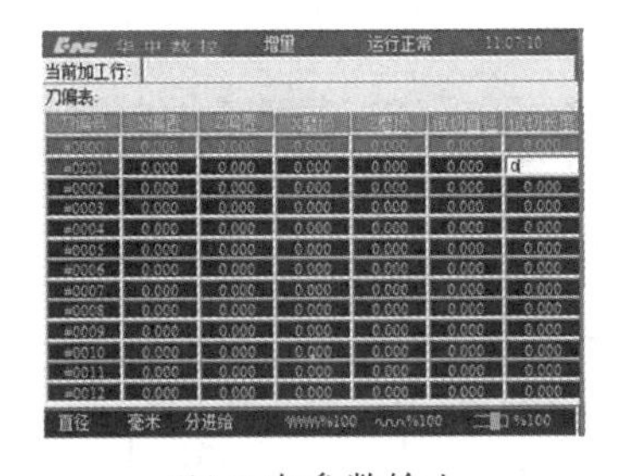

(b)Z 向参数输入

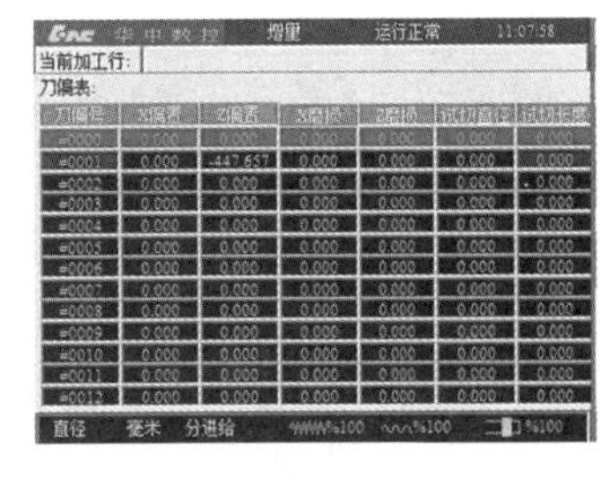

(c)Z 轴对刀完毕

图 2-26　试切端面过程

(3)试切外圆,点击+Z按钮,将刀具沿 Z 反向退出(X 方向不动,如图 2-27(a)所示)。点击工具条中的测量直径(假设测量得直径 ϕ78.860),按 MDI F4 软键,在弹出的下级子菜单中按软键 刀偏表 F2,进入刀偏数据设置页面,将光标移至对应刀偏号的“试切直径”处,按 Enter,输入 78.860(如图 2-27(b)所示),按 Enter,X 轴对刀完毕(如图 2-27(c)所示)。

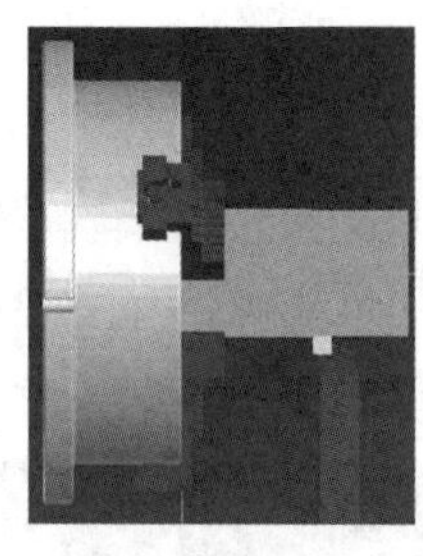

(a)试切外圆

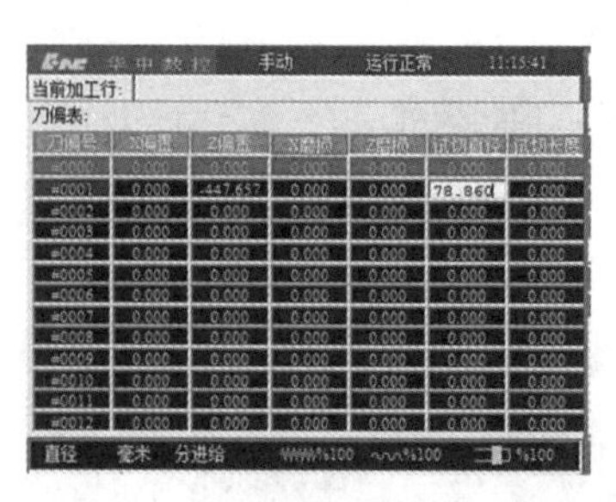

(b)X 向参数输入

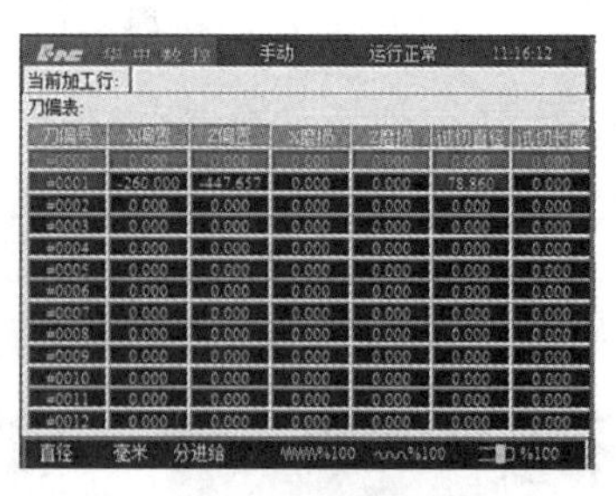

(c)X 轴对刀完毕

图 2-27　试切外圆过程(华中系统)

五、任务拓展

1. 刀具位置补偿

在零件加工过程中，经常需要用到多把刀具，当采用不同尺寸的刀具加工同一轮廓尺寸的零件，或同一名义尺寸的刀具因换刀重调、磨损以及切削力使工件、刀具、机床变形引起工件尺寸变化时，为加工出合格的零件必须进行刀具位置补偿。刀具位置补偿分为绝对补偿和相对补偿两种方式。

1）绝对补偿

绝对补偿即当机床回到机床零点时，工件坐标系零点相对于刀架工作位上各到刀尖位置的有向距离。当执行刀偏补偿时，各刀以此值设定各自的加工坐标系，如图 2-28 所示。

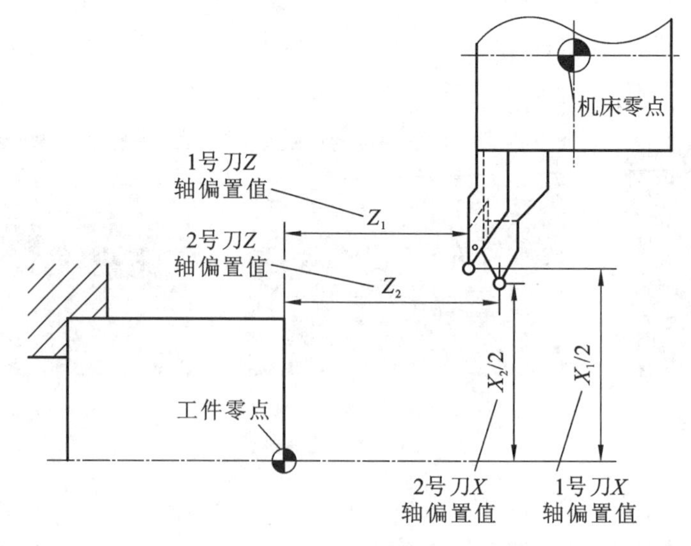

图 2-28　绝对补偿

使用绝对补偿方式对刀时，用每把刀在加工余量范围内分别进行试切对刀，将得到的偏移值设置在相应刀号的偏置补偿中。这种方式思路清晰，操作简单，各个偏移值不互相关联，因而调整起来也相对简单，所以在实际加工中得到广泛应用。

2)相对补偿

如图 2-29 所示,车床的刀架装有不同尺寸的刀具。设图示刀架的中心位置 P 为各刀具的换刀点,并以 1 号刀具的刀尖 B 点为所有刀具的编程起点。当 1 号刀具从 A 点运动到 C 点时,其增量值为:

$$U_{AC}=X_C-X_A$$
$$W_{AC}=Z_C-Z_A$$

当换 2 号刀具加工时,2 号刀具的刀尖在 B 点位置,要想运用 A、C 两点的坐标值来实现从 B 点到 C 点的运动,就必须知道 A 点和 B 点的坐标差值,利用这个差值对 A 到 C 的位移量进行修正,就能实现从 B 到 C 的运动。为此,在对刀时,确定一把刀为基准刀具,并以其刀尖位置 A 为依据建立工件坐标系,对非基准刀具相对于基准刀具之间的偏置值 ΔX、ΔZ 进行补偿,使刀尖位置 B 移至位置 A。标准刀具偏置值为机床回到机床零点时,工件坐标系零点相对于工作位上标准刀具刀尖位置的有向距离。

使用相对补偿方式对刀时,选择一把基准刀,用基准刀进行试切对刀,并将基准刀的偏移输入到指定存储器中,同时将基准刀的刀偏补偿设为零,然后测量其他刀具相对于基准刀具在 X 轴和 Z 轴方向的偏移值,并输入到各自的刀偏补偿中。

刀具位置补偿可分为刀具几何形状补偿和刀具磨损补偿两种,需分别加以设定。刀具几何形状补偿实际上包括刀具形状几何偏移补偿和刀具安装位置几何偏移补偿,而刀具磨损偏移补偿用于补偿刀尖磨损,如图 2-30 所示。

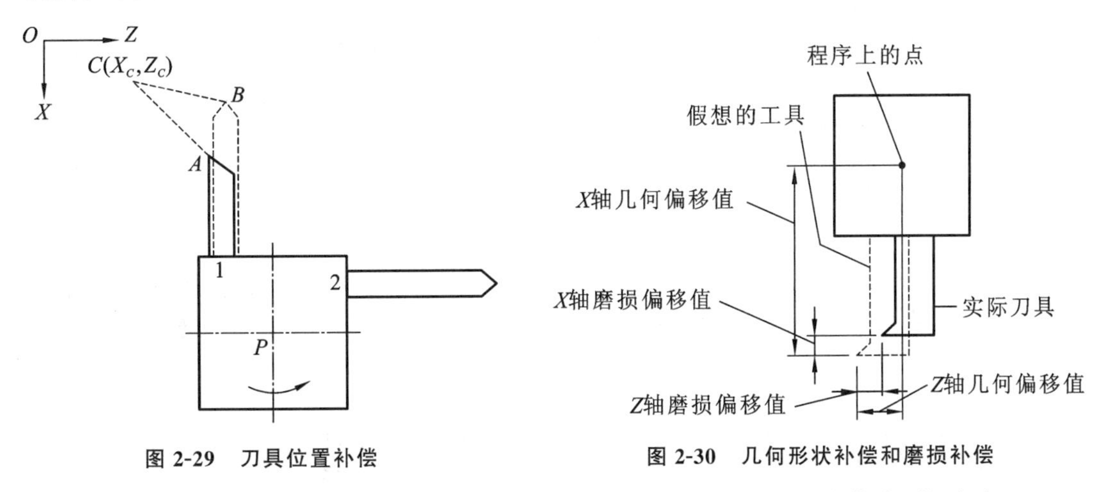

图 2-29　刀具位置补偿

图 2-30　几何形状补偿和磨损补偿

刀具位置补偿功能由程序段中的 T 代码来实现,T 代码后有四位数字,格式为 T××××,其中前两位表示刀具号,后两位表示刀具补偿号。刀具补偿号实际是刀具补偿寄存器的地址号,该寄存器中放有刀具的几何偏置量和磨损偏置量(X 轴偏置和 Z 轴偏置)。当刀具补偿号为 00 时,表示不进行刀具补偿或取消刀具补偿。

2. 刀尖半径补偿

数控程序是针对刀具上的某一点即刀位点,按工件轮廓尺寸编制的,车刀的刀位点一般为理想状态下的假想刀尖点或刀尖圆弧圆心点。但实际加工中的车刀,由于工艺或其他要求,刀尖往往不是一理想点,而是一段圆弧。当加工与坐标轴平行的圆柱面和端面轮廓时,刀尖圆弧并不影响其尺寸和形状,但当加工锥面、圆弧等非坐标方向轮廓时,由于刀具切削点在刀尖圆弧上变动，刀尖圆弧将引起尺寸和形状误差，造成欠切或过切现象，如图 2-31 所示。这种由于刀尖不是一理想点而是一段圆弧造成的加工误差，可用刀尖圆弧半径补偿功能来消除。

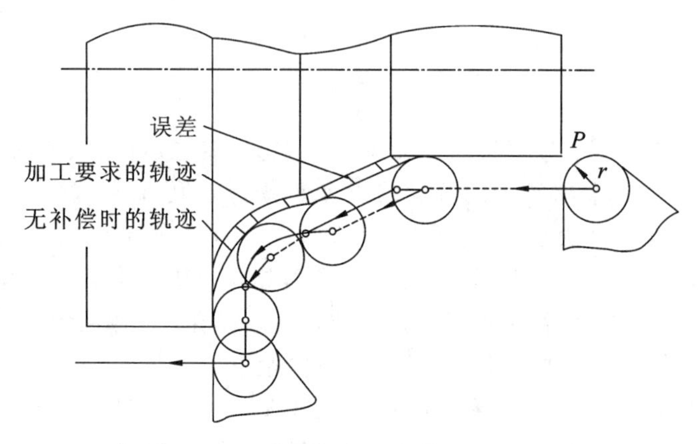

图 2-31　刀尖圆角半径造成的加工误差

具有刀具半径补偿功能的数控车床，编程时不用计算刀尖半径的中心轨迹，只需按零件轮廓编程，并在加工前输入刀尖半径和位置数据，通过程序中的刀尖半径补偿指令，数控装置可自动计算出刀具运动轨迹，从而加工出所要求的工件轮廓。

1）车刀形状和位置

车刀形状和位置是多种多样的，刀具刀尖半径补偿功能执行时除了与刀具刀尖半径大小有关外，还与刀尖的方位有关。不同的刀具，刀尖圆弧的位置不同，刀具自动偏离零件轮廓的方向就不同。如图 2-32 所示，车刀形状和位置共有九种，分别用参数 T1～T9 表示，该参数需输入到刀具数据库中。

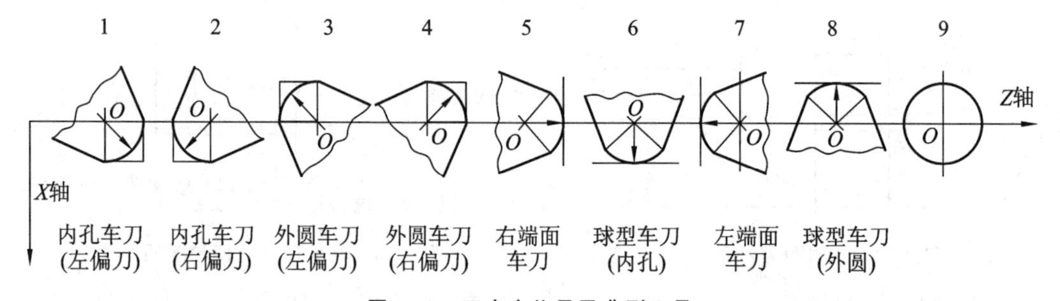

图 2-32　刀尖方位号及典型刀具

2）刀尖半径和位置的输入

刀具数据库数据项目如图 2-33 所示，图中 X、Z 为刀具位置补偿值(mm)，R 为刀尖半径(mm)，T 为刀尖位置代码。在程序中输入以下指令：

G00 G42 X50. Z3. T0101;

数控装置按照 01 刀具补偿栏内 X、Z、R、T 的数值自动修正刀具的安装误差(执行刀位补偿)，还自动计算刀尖圆弧半径补偿量，把刀尖移动到正确的位置上。

3）刀尖半径的左、右补偿

（1）刀尖半径左补偿指令——G41。

如图 2-34(a)所示，沿假想 Y 坐标轴的负方向，顺着刀具运动方向看，刀具在工件的左边，称为刀尖半径左补偿，用 G41 指令编程。

指令格式：

G41 G01(G00) X(U)_ Z(W)_ F_ T_；

（2）刀尖半径右补偿指令——G42。

如图 2-34(b)所示，沿假想 Y 坐标轴的负方向，顺着刀具运动方向看，刀具在工件的右边，称为刀尖半径右补偿，用 G42 指令编程。

指令格式：

G42 G01(G00) X(U)_ Z(W)_ F_ T_；

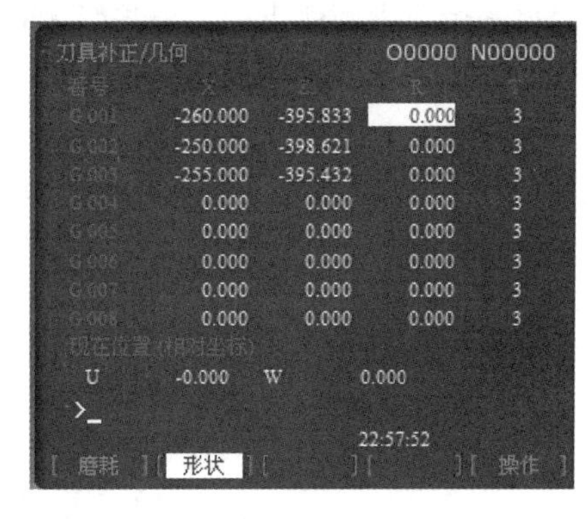

图 2-33 刀具参数输入界面

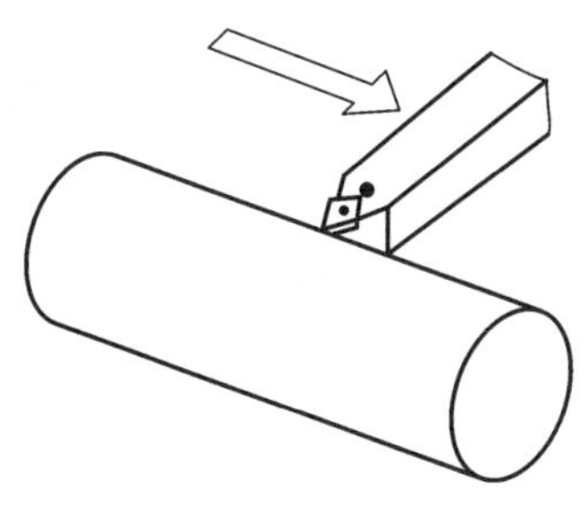

(a) 刀尖半径左补偿

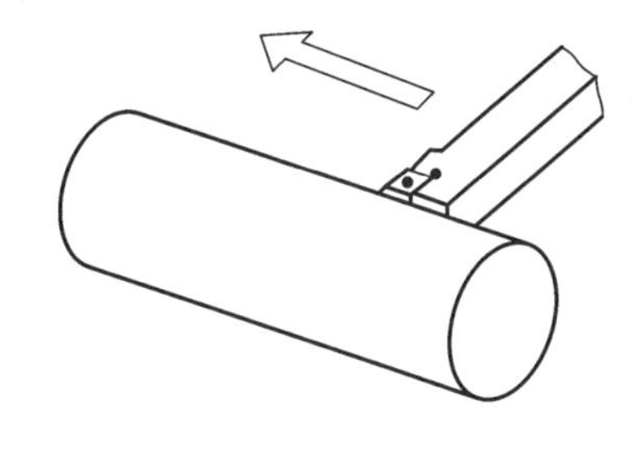

(b) 刀尖半径右补偿

图 2-34 刀尖半径补偿方向

（3）取消刀尖半径补偿指令——G40。

如需要取消刀尖半径左、右补偿，可编写 G40 指令。这时，车刀轨迹按理论刀尖轨迹运动。指令格式：

G40 G01(G00) X(U)_ Z(W)_ F_；

说明：

① G41、G42 和 G40 都是模态指令。G41 和 G42 指令不能同时使用，即前面的程序段中如果有 G41，就不能接着使用 G42，必须先用 G40 取消 G41 刀尖半径补偿后，才能使用 G42。

② G40、G41、G42 只能用 G00、G01 指令编程，不允许与 G02、G03 等其他指令结合编程，否则报警。

③ T 指令为模态指令，若前面的程序段中已定义过 T 指令，且未发生改变，则建立刀尖半径补偿时可不使用 T 指令。

4）刀尖半径补偿的编程方法

（1）刀尖半径补偿的建立。

如图 2-35(a)所示，刀尖半径补偿的建立使刀具中心从与编程轨迹重合过渡到与编程轨迹偏离一个刀尖圆弧半径。刀尖半径补偿程序段内必须有 G00 或 G01 功能才有效,偏移量补偿必须在一个程序段的执行过程中完成,并且不能省略。

(2) 刀尖半径补偿的执行。

执行含 G41、G42 指令的程序段后,刀具中心始终与编程轨迹相距一个偏移量。

(3) 刀尖半径补偿的取消。

图 2-35(b)所示表示取消刀尖半径补偿的过程,刀尖半径补偿取消 G40 程序段执行前,刀尖圆弧中心停留在前一程序段终点的垂直位置上,G40 程序段是刀具由终点退出的动作。

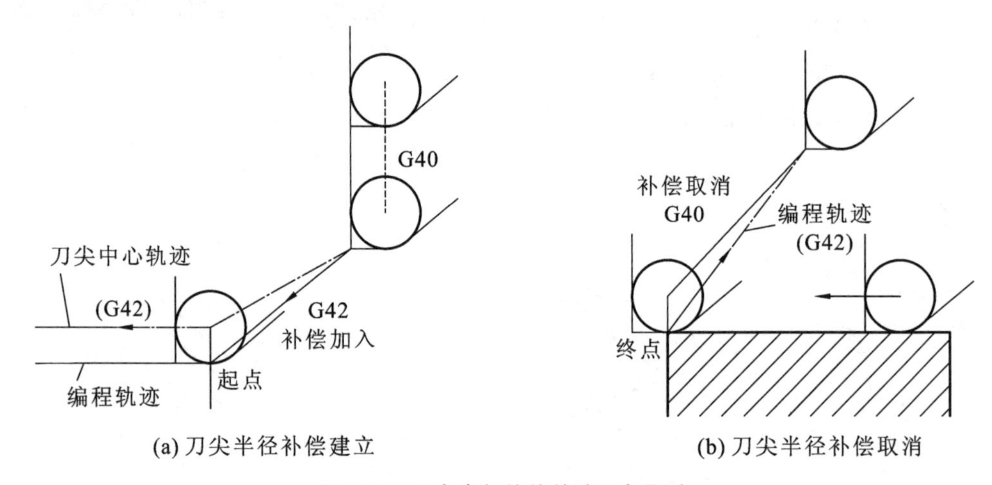

(a) 刀尖半径补偿建立　　(b) 刀尖半径补偿取消

图 2-35　刀尖半径补偿的建立与取消

任务三　轮廓精车加工

一、学习目标

(1) 掌握直径编程、半径编程的指令。

(2) 掌握数控车床绝对坐标和相对坐标的表示方式及编程指令。

(3) 掌握 G00、G01、G02、G03 指令的用法。

(4) 学会轮廓精车加工的编程方法。

二、任务引入

如图 2-36 所示的简单圆柱零件,工件材料 Q235,按照数控工艺要求,分析加工工艺及编写精加工程序。

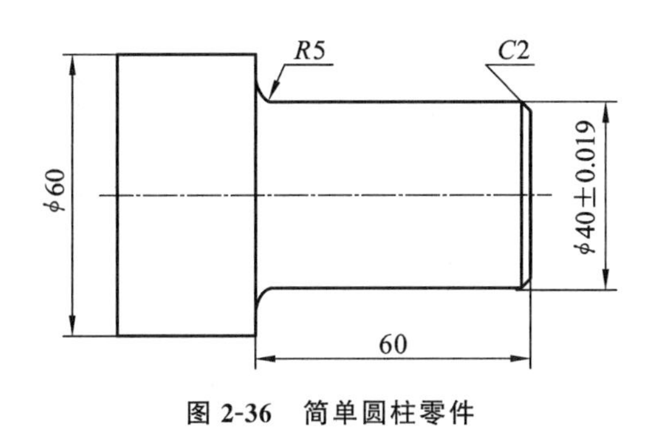

图 2-36　简单圆柱零件

三、相关知识

1. 直径编程和半径编程

数控车床编程时，由于所加工的回转体零件的截面为圆形，所以其径向尺寸就有直径和半径两种表示方式，采用哪种方式可由系统的参数设置决定或由程序指令指定。

1）直径编程

在绝对坐标方式编程中，*X* 值为零件的直径值；在增量坐标方式编程中，*X* 为刀具径向实际位移量的 2 倍。由于零件在图样上的标注及测量多用直径表示，所以大多数数控车削系统采用直径编程。

2）半径编程

半径编程，即 *X* 值为零件半径值或刀具实际位移量。

FANUC 系统中，直径编程采用 G23，半径编程用 G22 指令指定。华中数控系统则用 G36 指定直径编程，G37 指定半径编程。

2. 绝对编程和相对编程

在数控编程时，刀具位置的坐标通常有两种表示方式：一种是绝对坐标；另一种是增量（相对）坐标。数控车床编程时，在一个程序段中，根据图样上标注的尺寸，可以采用绝对值编程或增量值编程，也可以采用混合编程。

1）绝对坐标方式

终点的位置是由所设定的坐标系的坐标值所给定的，用 *X*、*Z* 表示。

2）增量坐标方式

终点的位置是相对前一位置的增量值及移动方向所给定的，用 *U*、*W* 表示，与 *X*、*Z* 轴平行且同向。

如图 2-37 所示，如果刀具沿着直线 *AB*，采用绝对坐标编程的指令：

G01 X100. Z－100. F100；

采用相对坐标编程的指令：

G01 U60. W－100. F100；

采用混合编程的指令：

G01 U60. Z－100. F100；或 G01 X100. W－100. F100；

在编程时，按计算方便的原则选择合适的编程方式。

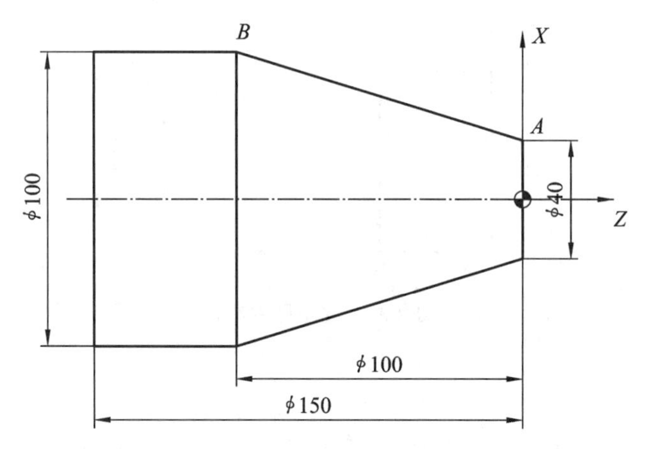

图 2-37　绝对坐标编程与相对坐标编程

3. 快速点定位指令——G00

G00 指令使刀具以点定位控制方式从刀具当前所在点快速运动到下一个目标位置,它只是使刀具快速接近或快速离开工件,而无运动轨迹要求,且无切削加工过程。车削时,快速定位目标点不能选在工件上,一般要离开工件表面 1～5 mm。

指令格式:G00 X(U)_ Z(W)_;

说明:

(1) X、Z 为目标点的绝对坐标,U、W 为目标点相对刀具移动起点的增量坐标。

(2) G00 指令后不需给定进给速度,其刀具移动的速度由机床系统设定。

(3) G00 指令为模态指令,一般作为空行程。

(4) G00 指令可以单坐标运动,也可以两坐标运动。两坐标运动时刀具移动的轨迹因系统不同而有所不同,如图 2-38 所示,从 A 到 B 常见的运动轨迹有直线 AB、直角线 ACB、ADB 或折线 AEB。所以,使用 G00 指令时要注意刀具所走路线是否和零件或夹具发生碰撞。

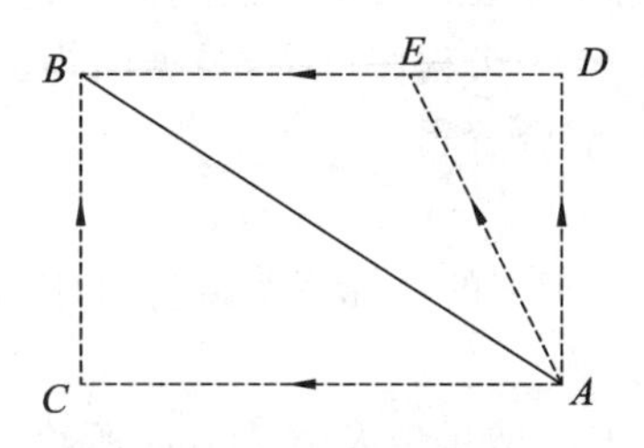

图 2-38　G00 刀具运动轨迹

如图 2-39 所示,刀具从起点 A 快速运动到目标点 B 的程序如下:

绝对坐标编程:G00 X60. Z2.;

相对坐标编程:G00 U－60. W－98.;

混合编程:G00 X60. W－98.;或 G00 U－60. Z2.;

对于此例而言,采用绝对坐标编程坐标计算简便,因此本例采用绝对坐标编程。

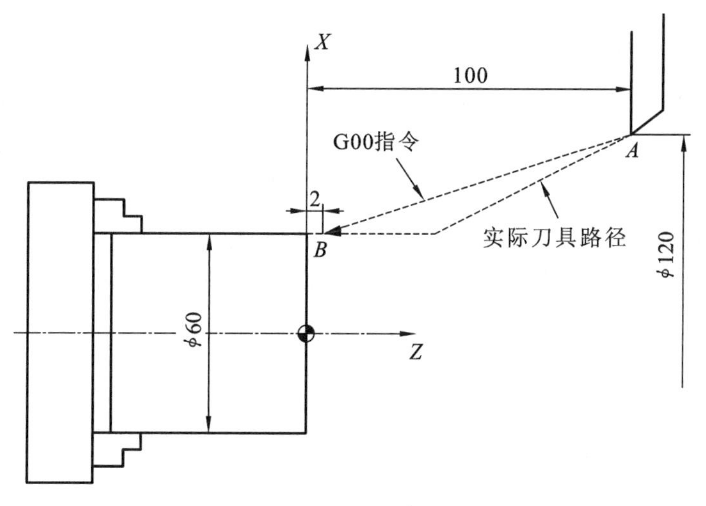

图 2-39　G00 指令编程

4. 直线插补指令——G01

G01 是直线插补指令，执行该指令时，刀具以坐标值联动的方式，从当前位置沿直线插补运动至目标点。

指令格式：G01 X(U)_ Z(W)_ F_;

说明：

(1) X、Z 为目标点的绝对坐标，U、W 为目标点相对刀具移动起点的增量坐标。

(2) F_为进给速度，单位为 mm/min 或 mm/r，由 G98 或 G99 确定，开机时缺省状态为 mm/min。

(3) G01 指令为模态指令，一般作为加工行程，可用于完成端面、内圆、外圆、槽、倒角、圆锥面等表面的加工。

(4) G01 指令可以单坐标运动，也可以两坐标联动。

如图 2-40 所示，刀具从当前点 A 沿直线运动至 C 点，进给速度为 0.2 mm/r。

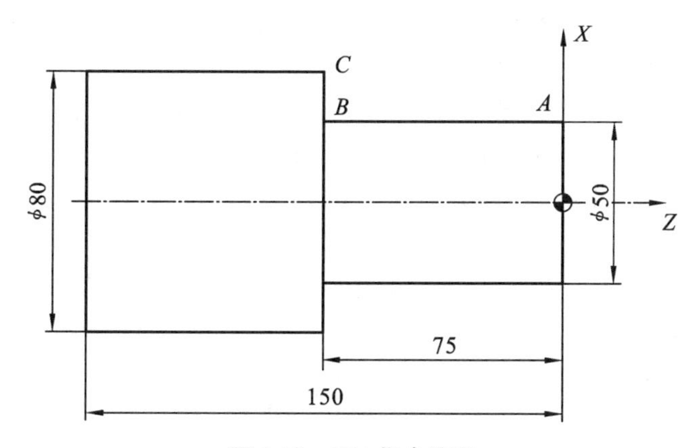

图 2-40　G01 指令编程

绝对坐标编程：G01 Z−75. F200;（刀具以 200 mm/min 的进给速度从 A 点沿直线运

动到 B 点)

X80. ;(刀具从 B 点沿直线运动到 C 点)

相对坐标编程:G01 W−75. F200;(刀具以 200 mm/min 的进给速度从 A 点沿直线运动到 B 点)

U30. ;(刀具从 B 点沿直线运动到 C 点)

5. 圆弧插补指令——G02/G03

数控车床上的圆弧插补指令 G02、G03 用来指挥刀具在给定平面内以 F 进给速度,作圆弧插补运动(圆弧切削)的指令。G02、G03 是模态指令。

1) 指令格式

(1) 圆弧半径编程。

用圆弧半径 R 指定圆心位置,即:

G02 X(U)_ Z(W)_ R_ F_;

G03 X(U)_ Z(W)_ R_ F_;

(2) 圆心坐标编程。

G02 X(U)_ Z(W)_ I_ K_ F_;

G03 X(U)_ Z(W)_ I_ K_ F_;

G02——顺圆弧插补。

G03——逆圆弧插补。

X、Z——圆弧终点的绝对坐标,直径编程时 X 为实际坐标值的 2 倍。

U、W——圆弧终点相对于圆弧起点的增量坐标。

R——圆弧半径,车削加工中 R 始终为正。

I、K——圆心相对于圆弧起点的增量值,即圆心坐标减去圆弧起点坐标。FANUC 系统中,直径编程时 I 值为圆心相对于圆弧起点的增量值的 2 倍。华中数控系统中,无论采用直径编程还是半径编程,I 都是半径值。

F——进给速度,单位为 mm/min 或 mm/r,由 G98 或 G99 确定,开机时缺省状态为 mm/min。

2) 顺圆弧与逆圆弧的判断

在使用 G02 或 G03 指令之前需要判断刀具在加工零件时,是沿什么路径在做圆弧插补运动的,即判断是沿顺时针还是逆时针方向进给的。其判别方式如下:利用右手定则为工件坐标系加上 Y 轴,沿 Y 轴正方向往负方向看,顺时针方向用 G02 指令加工,逆时针方向用 G03 指令加工。图 2-41(a)、图 2-41(b)所示分别为前置刀架和后置刀架车床圆弧插补方向的判断。

如图 2-42 所示,刀具从 A 点沿圆弧运动到 B 点,进给速度为 120 mm/min,采用 FANUC 系统编程。

半径编程:G02 X40. Z−15. R25. F120;

G02 U10. W−15. R25. F120;

圆心坐标编程:G02 X40. Z−15. I40. K0. F120;

G02 U10. W−15. I40. K0. F120;

圆心坐标编程指令中 K0. 可省略。

在实际生产过程中,可以不考虑坐标系的方向,只分析零件图轴线上半部分圆弧的形状,当沿该段圆弧形状从起点到终点为顺时针方向时用 G02,反之用 G03。

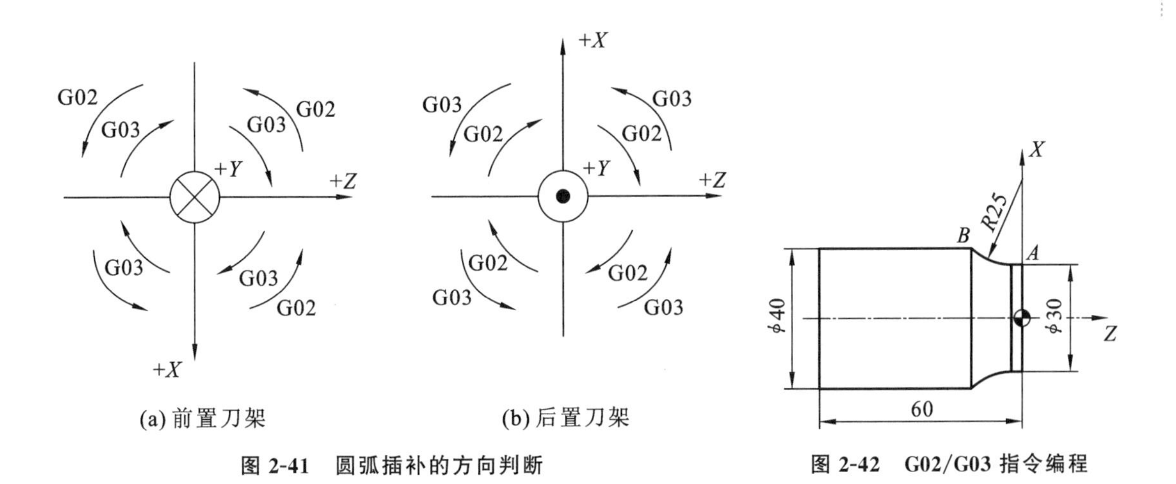

(a) 前置刀架　(b) 后置刀架

图 2-41　圆弧插补的方向判断

图 2-42　G02/G03 指令编程

四、任务实施

1. 数控加工工序卡片

工厂名称	数控加工工序卡片	产品及型号	零件名称	零件图号	材料名称	材料牌号	第　页	共　页
			轴		钢	Q235		
工序号	工序名称	程序编号	夹具名称	夹具编号	设备名称	设备型号	设备规格	加工车间
			三爪自定心卡盘		数控车床			实训中心
工步号	工步内容	刀具名称	刀具号	主轴转速/(r/min)	进给量/(mm/min)	背吃刀量/mm	备注	
1	平端面	90°硬质合金外圆车刀	01	800	180	0.5	手动	
2	外圆柱面粗车	90°硬质合金外圆车刀	01	800	160	2	留 0.5 mm 余量(双边)	
3	外圆柱面精车	90°硬质合金外圆车刀	01	1000	120	0.25		
4	切断	4 mm 宽切断刀	02	400	80			
编制	抄写		校对		审核		批准	

2. 数控加工程序

编程零点及精车的走刀轨迹如图 2-43 所示，刀具沿 $A \to B \to C \to D \to E \to F \to G \to A$ 的顺序走刀，零件精加工程序如下：

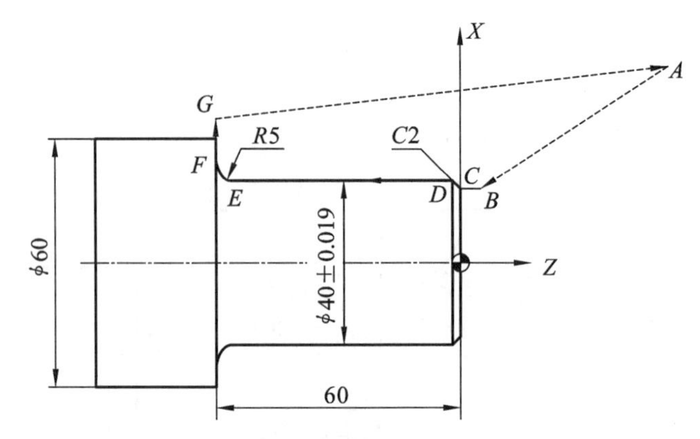

图 2-43　工件坐标系设置及刀具运动路径

O2301;(程序号)

N10 T0101;(建立工件坐标系,选 1 号刀)

N20 G00 X100. Z100.;(运动到起始位置 A 点)

N30 M03 S800;(启动主轴正转,转速 800 r/min)

N40 X36. Z2. M08;(从 A 点快速定位到 B 点,靠近工件,打开冷却液)

N50 G01 Z0. F120;(以进给速度 120 mm/min 从 B 点沿直线运动到 C 点)

N60 X40. W−2.;(从 C 点运动到 D 点,车倒角)

N70 Z−55.;(从 D 点运动到 E 点,车 ϕ40 mm 外圆)

N80 G02 X50. Z−60. R5.;(从 E 点运动到 F 点,车 R5 圆弧)

N90 G01 X62.;(从 F 点沿直线运动到 G 点,车 ϕ60 mm 端面,并将刀退出)

N100 G00 X100. Z100. M09;(从 G 点快速定位到 A 点,并关闭冷却液)

N110 M30;(程序结束)

五、任务拓展

在有些高级的数控机床上,G01 指令除了具有直线插补的功能以外,还具有倒角、倒圆的功能。

1. 倒角

编程格式:G01 X(U)_ Z(W)_ C_;

其中:X、Z——未倒角前两相邻程序段轨迹交点的绝对坐标;

U、W——未倒角前两相邻程序段轨迹交点相对于起点的增量坐标;

C——从假设没有倒角的拐角交点到倒角起始点或终点之间的距离。

图 2-44 所示的倒角编程如下:

G01 X40. Z0. C10. F120;

在实际使用过程中,大多数倒角为 45°倒角,其编程指令如下。

1) 由轴向向端面切削倒角

编程格式:G01 Z(W)_ C_;

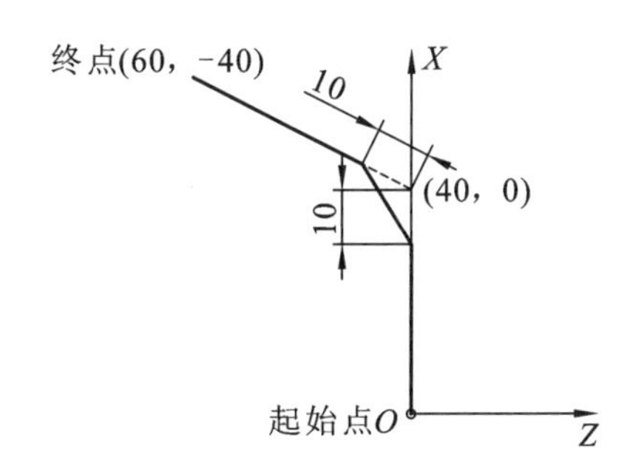

图 2-44　任意角度倒角

C 的正负根据倒角是向 X 轴正向还是负向决定，如图 2-45(a)所示。

2）由端面向轴向切削倒角

编程格式：G01 X(U)_ C_；

C 的正负根据倒角是向 Z 轴正向还是负向决定，如图 2-45(b)所示。

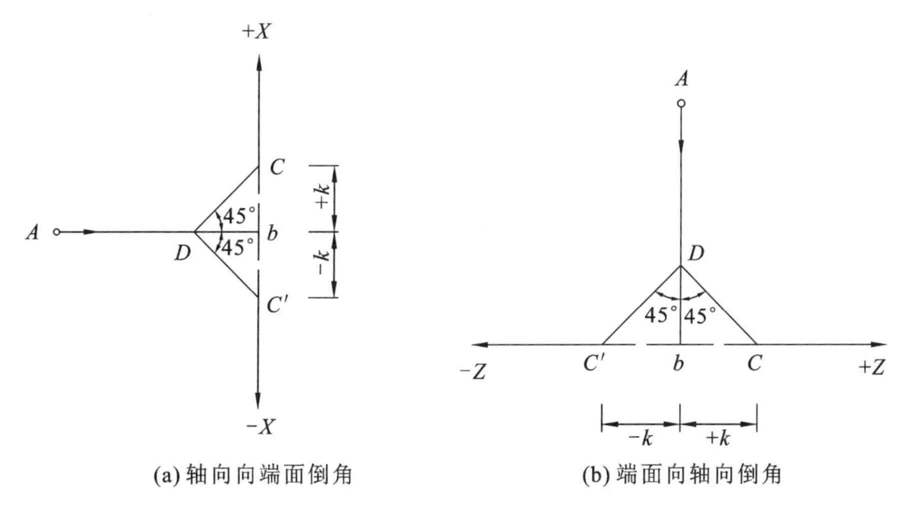

(a) 轴向向端面倒角　　(b) 端面向轴向倒角

图 2-45　45°倒角

2. 倒圆

编程格式：G01 X(U)_ Z(W)_ R_；

其中：X、Z——未倒圆前两相邻程序段轨迹交点的绝对坐标；

U、W——未倒圆前两相邻程序段轨迹交点相对于起点的增量坐标；

R——从假设没有圆角的拐角交点与起点、终点连线相切的圆弧半径。

图 2-46 所示的倒圆编程如下：

```
G01 X40. Z0. R10. F100;
X60. Z-40.;
```

在实际使用过程中，大多数倒圆角为 45°倒圆角，其编程指令如下。

1）由轴向向端面切削倒圆

编程格式：G01 Z(W)_ R_；

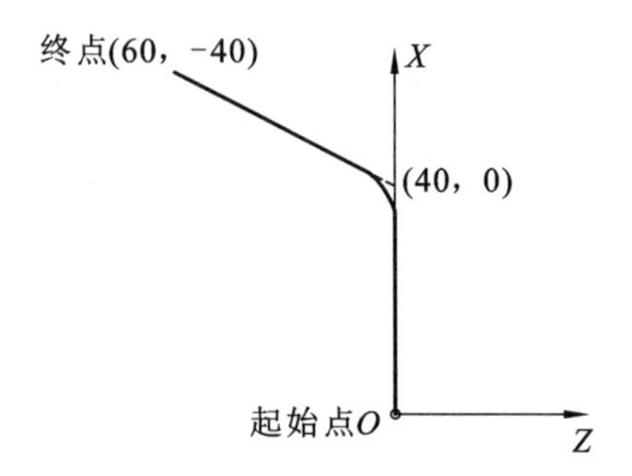

图 2-46　任意角度倒圆

R 的正负根据倒圆是向 X 轴正向还是负向决定，如图 2-47(a)所示。

2）由端面向轴向切削倒圆

编程格式：G01 X(U)_ R_；

R 的正负根据倒圆是向 Z 轴正向还是负向决定，如图 2-47(b)所示。

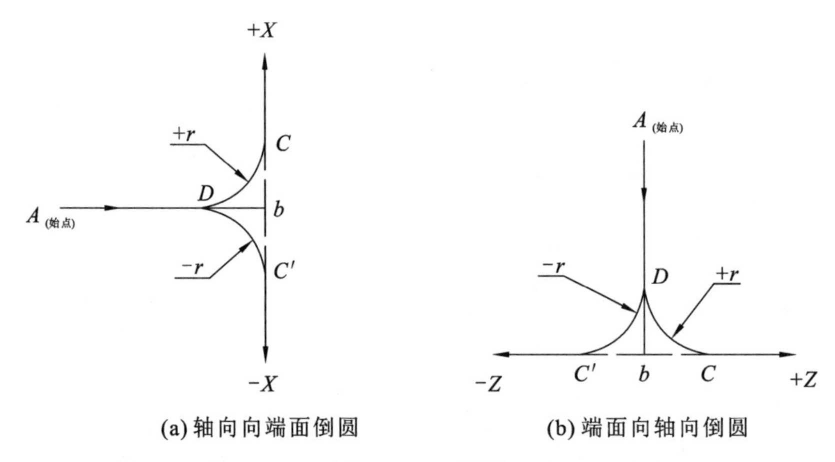

(a) 轴向向端面倒圆　　(b) 端面向轴向倒圆

图 2-47　45°倒圆

本任务中采用 G01 的倒角、倒圆功能，刀具沿 $A \to B \to C \to D \to E \to F \to G \to H \to A$ 的顺序走刀，加工路线如图 2-48 所示，零件精加工程序如下：

O2302；(程序号)

N10 T0101；(建立工件坐标系，选 1 号刀)

N20 G00 X100. Z100.；(运动到起始位置 A 点)

N30 M03 S800；(启动主轴正转，转速 800 r/min)

N40 X0. Z2. M08；(从 A 点快速定位到 B 点，靠近工件，开冷却液)

N50 G01 Z0. F120；(以进给速度 120 mm/min 运动到 C 点)

N60 X40. C2.；(车 ϕ40 mm 外圆端面，并倒角，即从 C 点运动至 E 点)

N70 Z－60 R5.；(车 ϕ40 mm 外圆，并倒 R5 圆角，即从 E 点运动至 G 点)

N80 X62.；(从 G 点沿直线运动到 H 点，车 ϕ60 mm 端面，并将刀退出)

N90 G00 X100. Z100. M09；(从 H 点快速定位到 A 点，将刀退出，并关闭冷却液)

N100 M30；(程序结束)

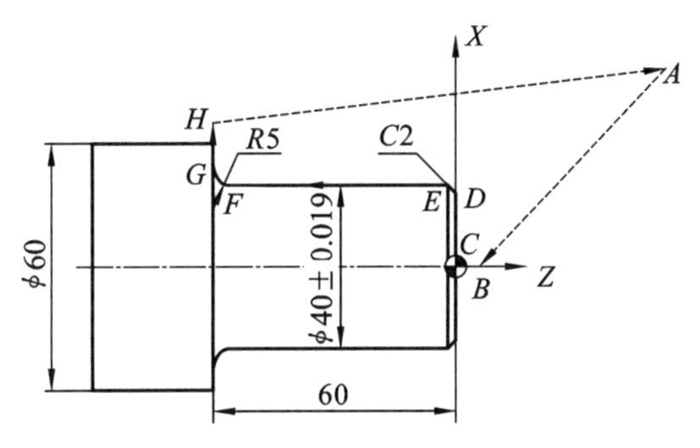

图 2-48　工件坐标系设置及加工路线

任务四　简单阶梯轴车削加工

一、学习目标

(1) 掌握单一固定循环切削指令 G90、G94 的编程格式。

(2) 掌握使用 G90、G94 指令车削外圆、车削端面的编程方法。

二、任务引入

简单圆柱形零件的工件材料为 Q235，毛坯为 ϕ55 mm 棒料，编程零点如图 2-49 所示，按照数控工艺要求，分析加工工艺及编写外轮廓加工程序。

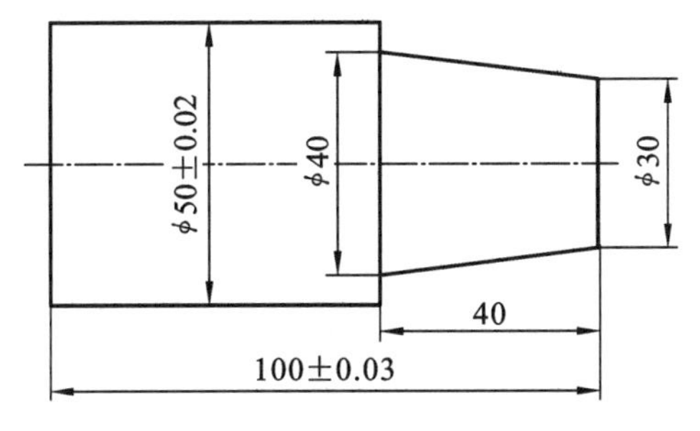

图 2-49　简单阶梯轴

三、相关知识

1. 内径、外径简单固定循环指令——G90

1) 车削圆柱面

指令格式：G90 X(U)_ Z(W)_ F_；

其中：X(U)、Z(W)——外径、内径切削终点坐标；

F——进给速度。

拓展知识

在华中数控系统中,内径、外径简单固定循环指令为 G80。

车削圆柱面指令格式:G80 X(U) Z(W) F ;

其中:X(U)、Z(W)——外径、内径切削终点坐标;

F——进给速度。

G90 和 G80 指令用于轴类零件车削加工(X 向切削半径小于 Z 向切削长度),刀具起点与指定的终点间形成一个封闭的矩形。刀具从起点沿 X 轴方向进给,完成一个矩形循环,其中第一步和最后一步为 G00 动作方式,中间两步为 G01 动作方式,指令中的 F 字只对中间两步起作用。

如图 2-50 所示,沿刀具进给方向,按矩形 1R→2F→3F→4R 循环,最后又回到循环起点。其中,第一刀为 G00 方式动作,第二刀切削工件外圆,第三刀切削工件端面,第四刀以 G00 方式快速退刀回起点。

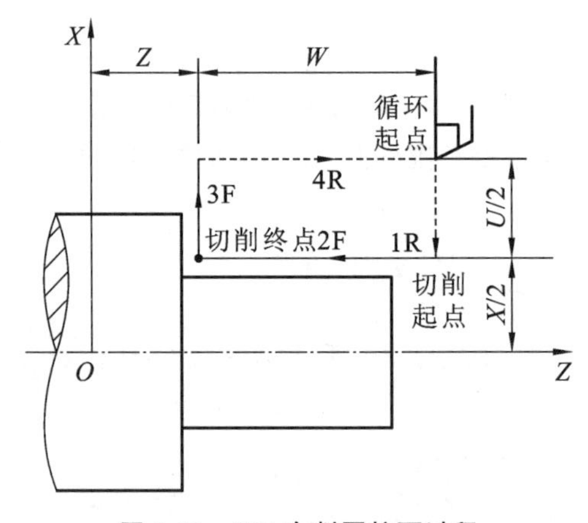

图 2-50　G90 车削圆柱面过程

如图 2-51 所示的圆柱面,使用 G90 车削,毛坯为 ϕ 30 mm 棒料,可选择 G90 循环起始点 X、Z 坐标为(32,2),加工该圆柱面的程序段为:

G00 X32. Z2.;(刀具定位到 G90 循环起始点)

G90 X25. Z−25. F200;(执行 G90 循环,将外圆车至 ϕ 25 mm×25 mm)

X20.;(执行 G90 循环,将外圆车到 ϕ 20 mm×25 mm)

使用华中数控系统 G80 车削,加工该圆柱面的程序段为:

G00 X32. Z2. ;(刀具定位到 G80 循环起始点)

G80 X25. Z−25. F200;(执行 G80 循环,将外圆车至 ϕ 25 mm×25 mm)

X20.;(执行 G80 循环,将外圆车至 ϕ 20 mm×25 mm)

2) 车削圆锥面

指令格式:G90 X(U)_ Z(W)_ R_ F_;

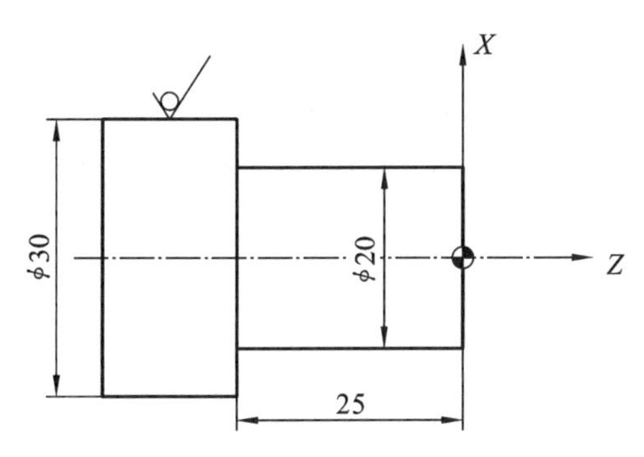

图 2-51　G90 车削圆柱面实例

拓展知识

在华中数控系统中，车削圆锥面指令格式：G80 X(U) Z(W) I F ；

X(U)、Z(W)及 F 表示的含义与车削圆柱面相同。

R 和 I——圆锥面切削起点与切削终点的半径差。对外径车削，锥度左大右小，*R* 值取负，反之取正。对内孔车削，锥度左小右大，*R* 值为正，反之为负。

如图 2-52 所示，G90 指令车削圆锥面，刀具从循环起点开始按梯形 1R→2F→3F→4R 循环，最后又回到循环起点。

为保证刀具切削起点与工件间的安全间隙，刀具起点的 *Z* 向坐标值宜取 Z1～Z5，而不是 Z0，因此，应该计算出锥面起点与终点处的实际半径差，否则会导致锥度错误。

如图 2-53 所示的圆锥面，使用 G90 车削，毛坯为 ϕ 30 mm 棒料，可选择 G90 循环起始点 *X*、*Z* 坐标为(32,2)。在编程时，R 值应取刀具起始点 Z2 处锥面与终点 Z－25 处锥面的半径差。

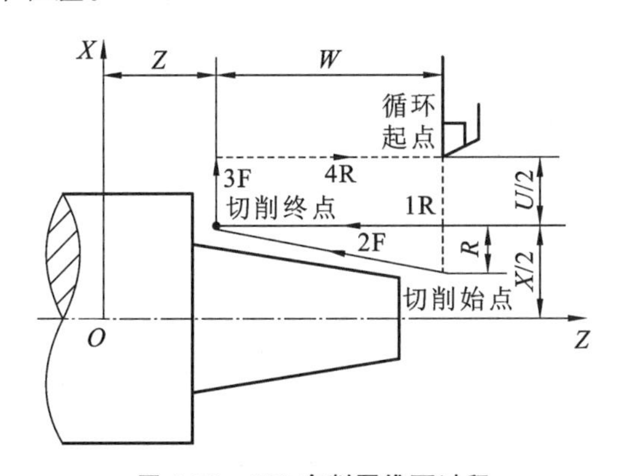

图 2-52　G90 车削圆锥面过程

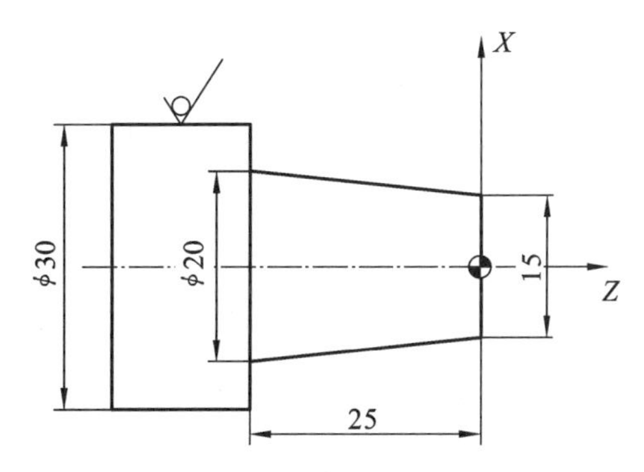

图 2-53　G90 车削圆锥面实例

车削该圆锥面的程序段为：

G00 X32. Z2.；(刀具定位到 G90 循环起始点)

G90 X30. Z－25. R－2.7 F200；(执行 G90 循环，将圆锥小端车至 ϕ 25 mm，长度 25 mm)

X25.；(执行 G90 循环，将圆锥小端车至 ϕ 20 mm)

X20.；(执行 G90 循环，将圆锥小端车至 ϕ 15 mm)

使用华中数控系统 G80 车削，车削该圆锥面的程序段为：

G00 X32. Z2.；(刀具定位到 G80 循环起始点)

G80 X30. Z－25. I－2.7 F200；(执行 G80 循环，将圆锥小端车至 ϕ25 mm，长度 25 mm)

X25.；

X20.；

使用 G90 和 G80 指令编写车锥面程序时，需注意第一次 G90 和 G80 循环加工的吃刀深度不均匀，要考虑最大的吃刀深度。

2. 端面简单固定循环指令——G94

1) 车削端面

指令格式:G94 X(U)_ Z(W)_ F_；

拓展知识

在华中数控系统中，端面简单固定循环指令为 G81。

车削端面指令格式:G81 X(U) Z(W) F ；

X(U)、Z(W)及 F 表示的含义与 G90 指令相同。

G94 和 G81 指令主要用于加工长径比较小的盘类零件，它的车削特点是利用刀具的端面切削刃作为主切削刃。G94 和 G81 区别于 G90 和 G80，它是先沿 Z 方向快速进给，再车削工件端面，退刀光整外圆，再快速退刀回起点。刀具走一个矩形循环，其中第一步和最后一步为 G00 动作方式，中间两步为 G01 动作方式，指令中的 F 字只对中间两步起作用。G94 和 G81 的走刀过程如图 2-54 所示，沿刀具进给方向，按矩形 1R→2F→3F→4R 循环，最后又回到循环起点。

如图 2-55 所示的端面，使用 G94 指令车削，毛坯为 ϕ50 mm 棒料，可选择 G94 循环起始点 X、Z 坐标为(52,2)。使用 G94 车削该端面的程序段为：

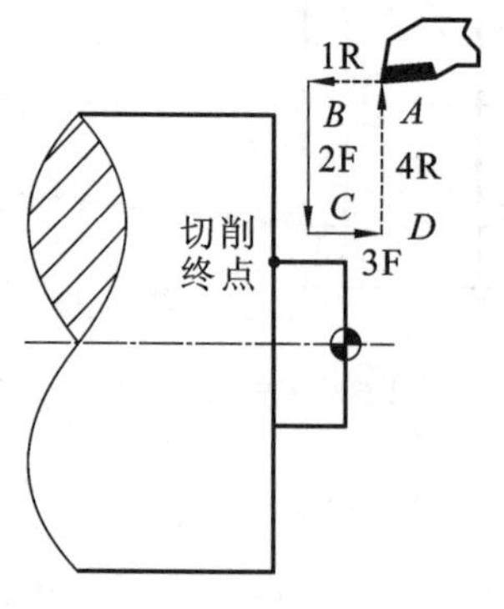

图 2-54　G94 车削端面过程

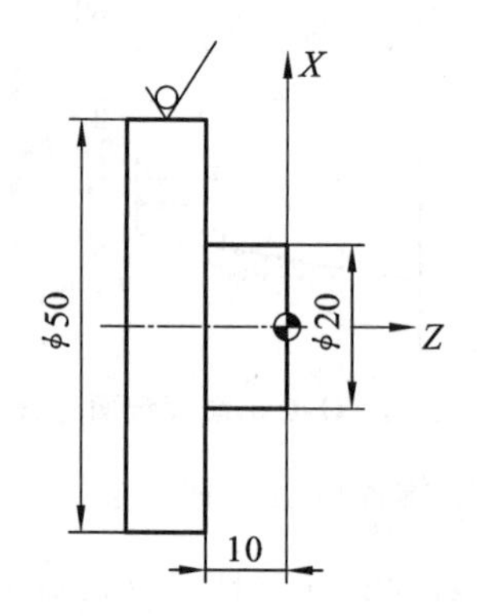

图 2-55　G94 车削端面实例

G00 X52. Z2.；(刀具定位到 G94 循环起始点)

G94 X20.5 Z－2.5 F200；(执行第一次 G94 循环进行粗车，吃刀深度 2.5 mm)

Z－5.；（执行第二次 G94 循环进行粗车，吃刀深度 2.5 mm）

Z－7.5；（执行第三次 G94 循环进行粗车，吃刀深度 2.5 mm）

Z－9.5；（执行第四次 G94 循环进行粗车，吃刀深度 2.5 mm）

X20. Z－10. F150；（执行 G94 循环进行精车）

2）车削锥面

指令格式：G94 X(U)_ Z(W)_ R_ F_；

拓展知识

在华中数控系统中，车削锥面指令格式：G81 X(U) Z(W) K F ；

X(U)、Z(W)及 F 表示的含义与车削端面的相同。

R——锥面切削起点与切削终点的 Z 坐标差值。圆台直径左大右小，R 为正值；圆台直径左小右大，则 R 为负值，一般只在内孔中出现此结构，但用镗刀 X 向进刀车削并不妥当。

如图 2-56 所示，G94 指令车削锥面，刀具从循环起点开始按梯形 1R→2F→3F→4R 循环，最后又回到循环起点。

如图 2-57 所示的圆锥面，使用 G94 车削，毛坯为 ϕ 50 mm 棒料，可选择 G94 循环起始点 X、Z 坐标为(53,3)。在编程时，R 值应取刀具起始点 X53 处锥面与终点 X20 处锥面的 Z 坐标差。

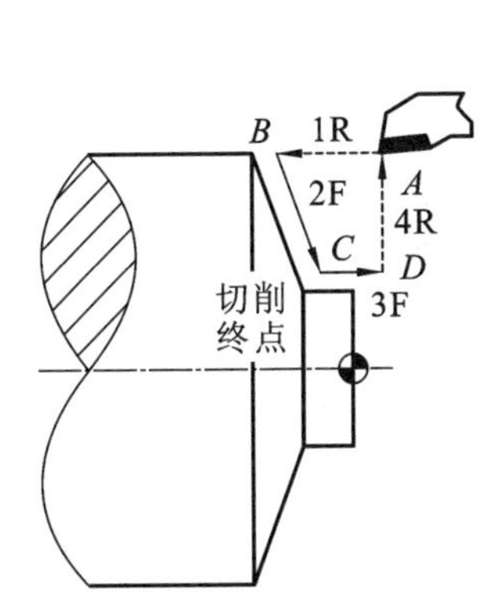

图 2-56　G94 车削锥面过程

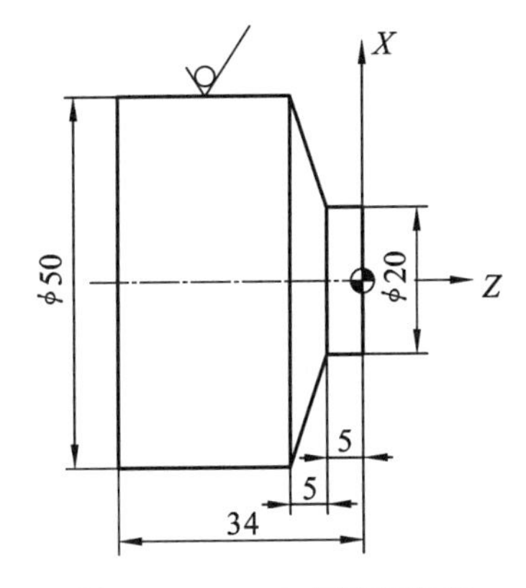

图 2-57　G94 车削锥面实例

车削锥面的程序段为：

X53. Z3.；（刀具定位到 G94 循环起始点）

G94 X20.3 Z3. R－5.5 F200；（执行 G94 循环粗车，加工第一次循环，吃刀深度 2 mm）

Z1.；（执行 G94 循环粗车，每次吃刀深度均为 2 mm）

Z－1.；

Z－3.；

Z－4.8；

X20. Z－5. F150；（执行 G94 进行精加工）

四、任务实施

1. 数控加工工序卡片

工厂名称	数控加工工序卡片	产品及型号	零件名称	零件图号	材料名称	材料牌号	第　页	共　页
			轴		钢	Q235		
工序号	工序名称	程序编号	夹具名称	夹具编号	设备名称	设备型号	设备规格	加工车间
			三爪自定心卡盘		数控车床			实训中心
工步号	工步内容	刀具名称	刀具号	主轴转速/(r/min)	进给量/(mm/min)	背吃刀量/mm	备注	
1	平端面	90°硬质合金外圆车刀	01	800	200	0.5	手动	
2	圆锥面粗车	90°硬质合金外圆车刀	01	800	200	2.5	留 0.5 mm 余量(双边)	
3	圆柱面粗车	90°硬质合金外圆车刀	01	800	200	2.25	留 0.5 mm 余量(双边)	
4	外圆柱面精车	90°硬质合金外圆车刀	01	1000	120	0.25		
5	切断	4 mm 宽切断刀	02	400	80			
编制	抄写		校对		审核		批准	

2. 加工程序

编程零点取在右端面中心，工件坐标系设置如图 2-58 所示。

此零件为轴类零件，故采用 G90 指令分别粗车圆锥面和圆柱面，车圆锥面时循环起始点 X、Z 坐标取为(57,4)，车圆柱面时循环起始点 X、Z 坐标取为(57,−38)。精车零件时沿图 2-58 所示的 $A\rightarrow B\rightarrow C\rightarrow D\rightarrow E\rightarrow F$ 走刀。精车起点 X、Z 坐标取为(29,4)。外轮廓车削程序如下：

O2401;(程序号)

N10 T0101;（建立工件坐标系，选 1 号刀）

N20 G00 X100. Z100. M08;（定义起点的位置，开冷却液）

N30 M03 S800;（主轴正转，转速 800 r/min）

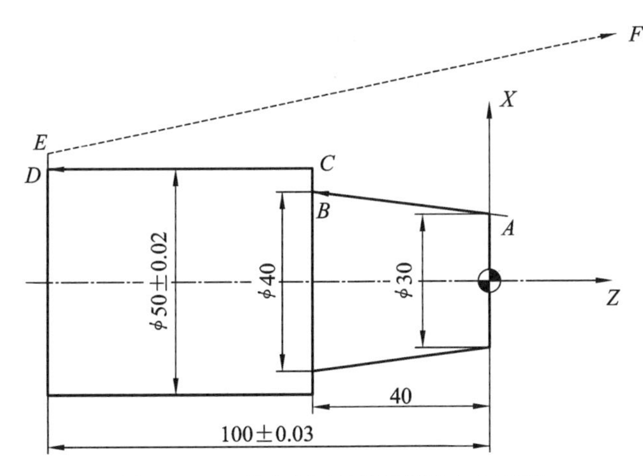

图 2-58　工件坐标系设置及精车加工路线

N40 X57. Z4.;(定义车削锥面循环起点)
N50 G90 X60. Z－40.3 R5.5 F200;(粗车锥面,每次吃刀深度 2.5 mm)
N60 X55.;
N70 X50.;
N80 X45.;
N90 X40.5;
N100 G00 X57. Z－38.;(定义车削圆柱面循环起点)
N110 G90 X50.5 Z－100.;(粗车圆柱面,吃刀深度 2.25 mm)
N120 G00 Z4. S1000;
N130 X29.;(定义精车起点)
N140 G01 X40. Z－40. F120;(精车圆锥面,即从 A 点至 B 点)
N150 X50.;(精车 ϕ 50 mm 外圆右端面,即从 B 点至 C 点)
N160 Z－100.;(精加工 ϕ 50 mm 外圆,即从 C 点至 D 点)
N170 X57.;(退刀,即从 D 点至 E 点)
N180 G00 X100. Z100.;(返回起始点,即从 E 点至 A 点)
N190 M30;(程序结束)

拓展知识

华中数控系统中的程序指令:
O2401;(程序号)
N10 T0101;(建立工件坐标系,选 1 号刀)
N20 G00 X100. Z100. M08;(定义地点的位置,开冷却液)
N30 M03 S800;(主轴正转,转速 800 r/min)
N40 X57. Z4.;(定义车削锥面循环起点)
N50 G80 X55 Z－40 I－5.5 F200;(粗车锥面,每次吃刀深度 2.5 mm)
N60 X50;
N70 X45;
N80 X40.5;

N90 G00 X57 Z−38;(定义车削圆柱面循环起点)
N100 G80 X50.5 Z−100;(粗车圆柱面,吃刀深度 2.5 mm)
N110 G00 Z4 M03 S1000;
N120 X29;(定义精车起点)
N130 G01 X40 Z−40 F50;
N140 X50;
N150 Z−100;
N160 X57;
N170 G00 X100 Z100;
N180 M30;

任务五　阶梯轴车削加工

一、学习目标

(1) 掌握精加工循环指令 G70,内、外径粗加工复合循环指令 G71,成形加工复合循环指令 G73 的编程格式。

(2) 掌握 G70、G71、G73 指令车削轴类零件的编程方法。

二、任务引入

如图 2-59 所示的零件,工件材料为 Q235,毛坯为 ϕ50 mm 棒料,按照数控工艺要求,分析加工工艺及编写外轮廓加工程序。

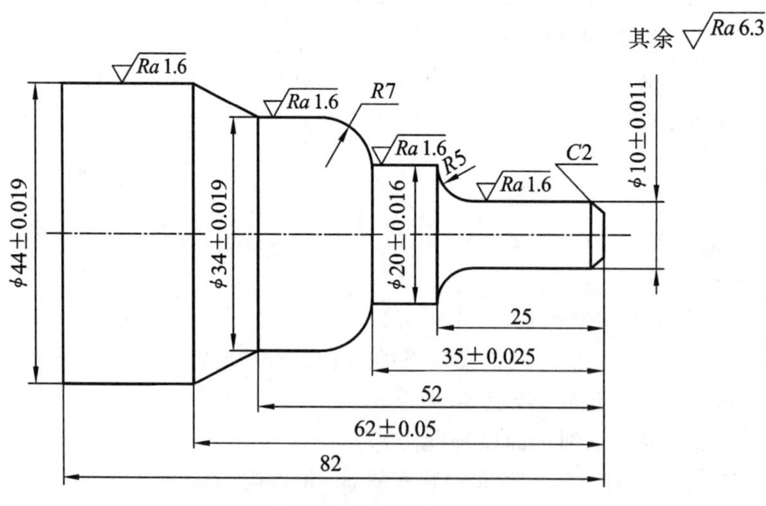

图 2-59　阶梯轴

三、相关知识

1. 精加工循环指令——G70

使用粗加工固定循环指令后，再使用 G70 指令进行精车，使工件达到所要求的尺寸精度和表面粗糙度。在 G70 指令程序段内要指定精加工程序第一个程序段号和精加工最后一个程序段号。

指令格式：G70 P(ns) Q(nf)；

其中：ns——精加工程序段中的第一个程序段序号；

nf——精加工程序段中的最后一个程序段序号。

拓展知识

华中数控系统中没有 G70 指令。

说明：

(1) 在 G70 状态下，指定的精车描述程序段中的 F、S、T 有效。若不指定，则维持粗车前指定的 F、S、T 状态。

(2) 当 G70 循环结束时，刀具返回到起点并读入下一个程序段。

2. 外径、内径粗加工复合循环指令——G71

G71 指令适用于毛坯料粗车内、外径，在 G71 指令后描述零件的精加工轮廓，CNC 系统根据加工程序所描述的轮廓形状和 G71 指令内的各个参数自动生成加工路径，将粗加工待切除余料一次性切削完成。

指令格式：G71 U(Δd) R(e)；

G71 P(ns) Q(nf) U(Δu) W(Δw) F_ S_ T_；

拓展知识

华中数控系统中 G71 的指令格式：

G71 U(△d) R(e) P(ns) Q(nf) X(△u) Z(△w)F S T

其中：Δd——循环每次的背吃刀量(半径值、正值)；

e——每次切削退刀量；

ns——精加工程序段中的第一个程序段序号；

nf——精加工程序段中的最后一个程序段序号；

Δu——X 轴方向的精加工余量，车削外轮廓时取正值，车削内轮廓时取负值；

Δw——Z 轴方向的精加工余量，车削内、外轮廓均取正值；

F、S、T——粗加工时的进给量、主轴转速、刀具号。

G71 指令执行过程中，CNC 装置首先根据用户编写的精加工轮廓，在预留出 X 和 Z 向精加工余量 Δu 和 Δw 后计算出粗加工实际轮廓的各个坐标值。刀具按层切法将余量去除。走刀时先沿 X 向进刀 d，切削外圆后按 e 值 45°退刀；循环切削直至粗加工余量被切除。此时工件斜面和圆弧部分形成台阶状表面，然后再按精加工轮廓光整表面，最终形成在工件 X 向留有 Δu 大小的余量、Z 向留有 Δw 大小余量的轴。G71 指令的走刀轨迹如图 2-60 所示。

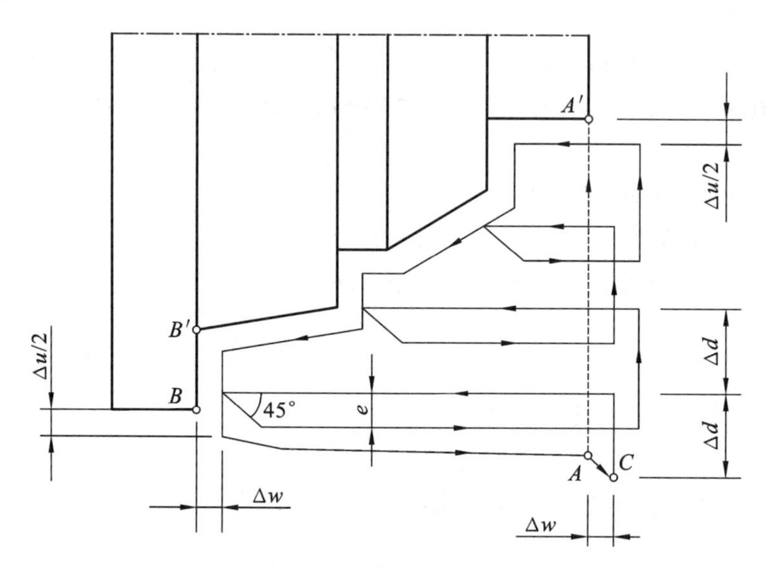

图 2-60　G71 指令的走刀轨迹

粗加工结束后可使用 G70 指令将精加工完成。

说明：

(1) G71 指令适用于内、外圆柱面轴向需多次走刀才能完成的粗加工。

(2) ns 的程序段第一行指令必须为 G00/G01 指令，且必须有 X 轴方向进给运动。

(3) 在顺序号 ns 到顺序号 nf 的程序段中，不应包含子程序。

(4) ns→nf 程序段中的 F、S、T 功能，仅对精车有效，对粗车循环无效。

(5) G71 指令循环起始点的选择应在接近工件处，以缩短刀具行程和避免空进给。

(6) G71 指令使用时，在顺序号 ns 到顺序号 nf 的精加工程序段中，走刀的方向为从右往左走刀。

3. 成形加工复合循环指令——G73

成形加工复合循环也称为固定形状粗车循环，它适用于加工铸、锻件毛坯零件。某些轴类零件为节约材料，提高工件的力学性能，往往采用锻造等方法使零件毛坯尺寸接近工件的成品尺寸，其形状已经基本成型，只是外径、长度较成品大一些。此类零件的加工适合采用 G73 方式。当然，G73 方式也可用于加工普通未切除余料的棒料毛坯。

指令格式：G73 U(Δi) W(Δk) R(Δd)；

　　　　　G73 P(ns) Q(nf) U(Δu) W(Δw) F_ S_ T_；

拓展知识

华中数控系统中 G73 的指令格式：

G73 U(△i) W(△k) R(△d) P(ns) Q(nf) X(△u) Z(△w)F S T

其中：Δi——*X* 方向毛坯切除余量(半径值、正值)；

Δk——*Z* 方向毛坯切除余量(正值)；

Δd——粗切循环的次数；

ns——精加工程序段中的第一个程序段序号；

nf——精加工程序段中的最后一个程序段序号；

Δu——*X* 轴方向的精加工余量，车削外轮廓时取正值，车削内轮廓时取负值；

Δw——*Z* 轴方向的精加工余量，车削内、外轮廓均取正值；

F、S、T——粗加工时的进给量、主轴转速、刀具号。

G73 指令与 G71 指令的主要区别在于 G71 及 G73 指令虽然均为粗加工循环指令，但 G71 指令主要用于加工棒料毛坯，G73 指令主要用于加工毛坯余量均匀的铸造、锻造成形工件。G71 和 G73 指令的选择主要看余量的大小及分布情况。G73 指令的走刀轨迹如图 2-61 所示。

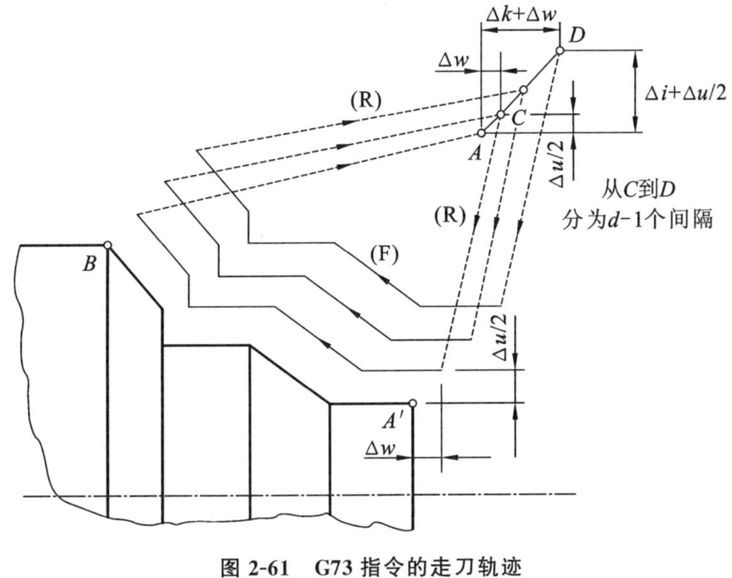

图 2-61　G73 指令的走刀轨迹

四、任务实施

1. 数控加工工序卡片

工厂名称	数控加工工序卡片	产品及型号	零件名称	零件图号	材料名称	材料牌号	第　页	共　页
			轴		钢	Q235		
工序号	工序名称	程序编号	夹具名称	夹具编号	设备名称	设备型号	设备规格	加工车间
			三爪自定心卡盘		数控车床			实训中心

续表

工步号	工步内容	刀具名称	刀具号	主轴转速/(r/min)	进给量/(mm/min)	背吃刀量/mm	备注	
1	平端面	90°硬质合金外圆车刀	01	800	200	1	手动	
2	外圆柱面粗车	90°硬质合金外圆车刀	01	800	160	2	留 0.5 mm 余量(双边)	
3	外圆柱面精车	90°硬质合金外圆车刀	01	1000	100	0.25		
4	切断	4 mm 宽切断刀	02	400	80			
编制	抄写		校对		审核		批准	

2. 加工程序

编程零点取在右端面中心,工件坐标系设置如图 2-62 所示。该零件属于轴类零件,毛坯余量较大,故可使用 G71 指令粗车,G71 循环起始点 X、Z 坐标为(52,3)。精车轮廓时,刀具从 A 点开始沿图 2-62 所示的加工路线走刀至 B 点。外轮廓加工程序如下:

O2501;(程序号)

N10 T0101;(建立工件坐标系,选 1 号刀)

N20 M03 S800;(主轴正转,转速 800 r/min)

N30 G00 X100. Z100.;(定义起点的位置)

N40 X52. Z3. M08;(定义循环起始点,开冷却液)

N50 G71 U2. R0.5;(粗车外轮廓,吃刀深度 2 mm,每次切削退刀量 0.5 mm)

N60 G71 P70 Q160 U0.5 W0.3 F160;(精车余量 X0.5 mm,Z0.3 mm,粗车进给量 160 mm/min)

N70 G01 X6. Z0. F100;(精加工轮廓起始行,到倒角开始点,精车进给量 100 mm/min)

N80 X10. W-2.;(精加工 2×45°倒角)

N90 Z-20.;(精加工 ϕ 10 mm 外圆)

N100 G02 X20. Z-25. R5.;(精加工 R5 圆弧)

N110 G01 Z-35.;(精加工 ϕ 20 mm 外圆)

N120 G03 X34. W-7. R7.;(精加工 R7 圆弧)

N130 G01 Z-52.;(精加工 ϕ 34 mm 外圆)

N140 X44. Z-62.;(精加工外圆锥)

N150 Z-82.;(精加工 ϕ 44 mm 外圆)

N160 X52.;(退刀)

N170 S1000;(主轴转速 1000 r/min)

N180 G70 P70 Q160；（执行精车循环指令，精车外轮廓）

N190 G00 X100. Z100.；（返回起始点）

N200 M30；（程序结束）

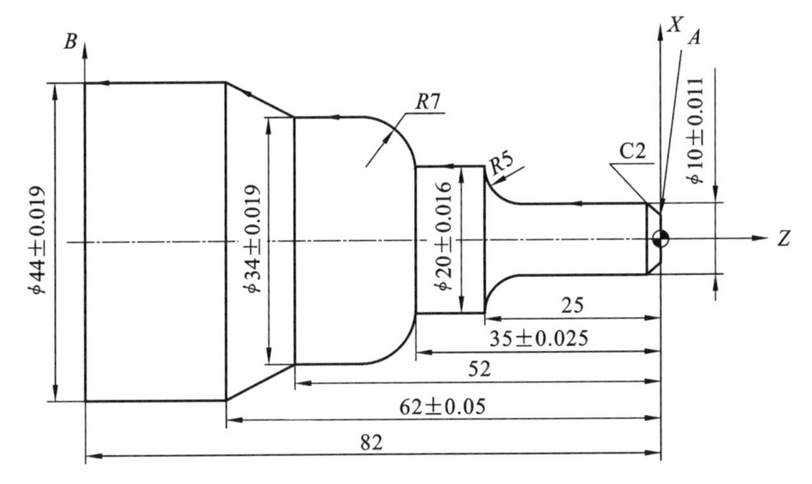

图 2-62　工件坐标系设置及精加工走刀路线

五、任务拓展

本任务中，若零件毛坯尺寸接近工件的成品尺寸，则可使用 G73 指令进行粗车，G73 循环起始点 *X*、*Z* 坐标为(48,3)，外轮廓的加工程序如下：

O2502；（程序号）

N10 T0101；（建立工件坐标系，选 1 号刀）

N20 M03 S800；（主轴正转，转速 800 r/min）

N30 G00 X100. Z100.；（定义起点的位置）

N40 X48. Z3. M08；（定义循环起始点，开冷却液）

N50 G73 U9.5 W8. R3；（粗车外轮廓，粗加工总余量 X9.5 mm，Z8 mm，粗车循环 3 次）

N60 G73 P70 Q160 U0.5 W0.3 F160；（精车余量 X0.5 mm，Z0.3 mm，粗车进给量 160 mm/min）

N70 G01 X6. Z0. F100；（精加工轮廓起始行，到倒角开始点，精车进给量 100 mm/min）

N80 X10. W−2.；（车削 2×45°倒角）

N90 Z−20.；（车削 ϕ 10 mm 外圆）

N100 G02 X20. Z−25. R5.；（车削 *R*5 圆弧）

N110 G01 Z−35.；（车削 ϕ 20 mm 外圆）

N120 G03 X34. W−7. R7.；（车削 *R*7 圆弧）

N130 G01 Z−52.；（车削 ϕ 34 mm 外圆）

N140 X44. Z−62.；（车削外圆锥）

N150 Z−82.；（车削 ϕ 44 mm 外圆）

N160 G00 X50.;(离开工件,精加工轮廓结束行)
N170 S1000;(主轴转速 1000 r/min)
N180 G70 P70 Q160;(执行精车循环指令,精车外轮廓)
N190 G00 X100. Z100.;(返回起始点)
N200 M30;(程序结束)

拓展知识

华中数控系统中的程序指令:

```
O2502;
N10 T0101;
N20 M03 S800.;
N30 G00 X100. Z100;
N40 X52. Z3. M08;
N50 G71 U2. R0.5 P60 Q150 X0.5 Z0.3 F160;
N60 G01 X6 Z0 F100;
N70 X10 W-2;
N80 Z-20;
N90 G02 X20 Z-25 R5;
N100 G01 Z-35;
N110 G03 X34 W-7 R7;
N120 G01 Z-52;
N130 X44 Z-62;
N140 Z-82;
N150 X52;
N160 G00 X100 Z100;
N170 M30;
```

任务六　盘类零件车削加工

一、学习目标

(1) 掌握端面粗车复合循环指令 G72 的编程格式。
(2) 掌握 G70、G72 指令车削盘类零件的编程方法。

二、任务引入

如图 2-63 所示的零件,工件材料为 Q235,毛坯为 ϕ65 mm 棒料,按照数控工艺要求,分

析加工工艺及编写外轮廓加工程序。

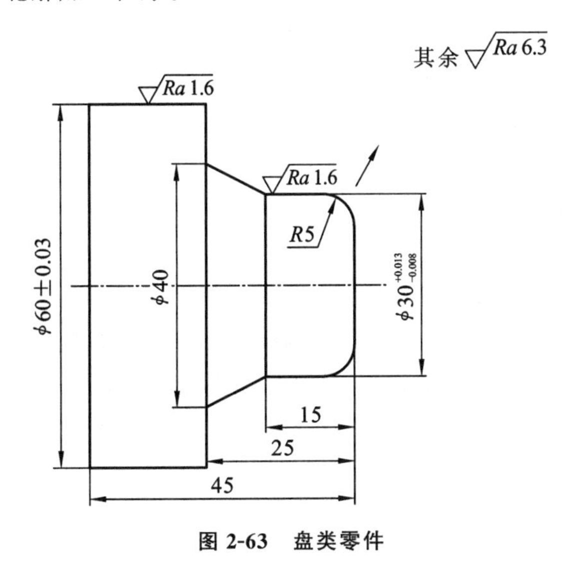

图 2-63 盘类零件

三、相关知识

端面粗车复合循环指令——G72

端面粗车循环指令的含义与 G71 类似，不同之处是刀具平行于 X 轴方向切削，其走刀轨迹如图 2-64 所示。它是从外径方向往轴心方向切削端面的粗车循环，该循环方式适用于对长径比较小的盘类工件端面方向粗车。

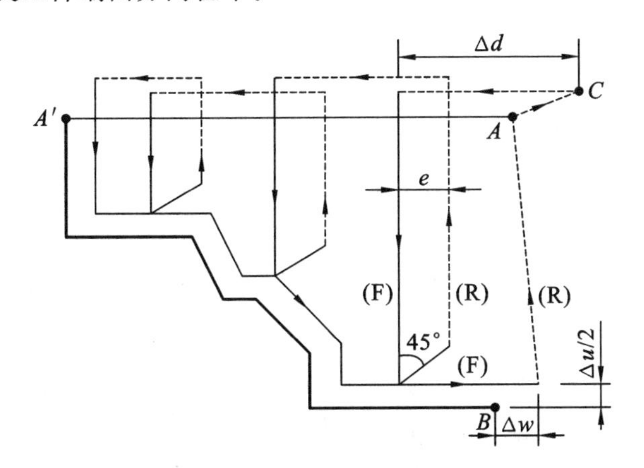

图 2-64 G72 指令的走刀轨迹

指令格式：G72 W(Δd) R(e)；

G72 P(ns) Q(nf) U(Δu) W(Δw) F_ S_ T_；

拓展知识

华中数控系统中 G72 的指令格式：

G72　W(△d) R(e) P(ns) Q(nf) X(△u) Z(△w)F S T

其中：Δd——循环每次的切削深度(正值)；

e——每次切削退刀量；

ns——精加工程序段中的第一个程序段序号；

nf——精加工程序段中的最后一个程序段序号；

Δu——*X* 轴方向的精加工余量，车削外轮廓时取正值，车削内轮廓时取负值；

Δw——*Z* 轴方向的精加工余量，车削内、外轮廓均取正值；

F、S、T——粗加工时的进给量、主轴转速、刀具号。

说明：

(1) G72 与 G71 类似，不同之处就在于刀具路径是按径向方向循环的。

(2) ns 的程序段第一行指令必须为 G00/G01 指令，且必须有 Z 轴方向进给运动。

(3) 在顺序号 ns 到顺序号 nf 的程序段中，不应包含子程序。

(4) ns→nf 程序段中的 F、S、T 功能，即使被指定也对粗车循环无效。

(5) G72 指令循环起始点的选择应在接近工件处以缩短刀具行程和避免空进给。

(6) G72 指令使用时，在顺序号 ns 到顺序号 nf 的精加工程序段中，走刀的方向为从左往右走刀。

四、任务实施

1. 数控加工工序卡片

工步号	工步内容	刀具名称	刀具号	主轴转速/(r/min)	进给量/(mm/min)	背吃刀量/mm	备注	
工序号	工序名称	程序编号	夹具名称	夹具编号	设备名称	设备型号	设备规格	加工车间
			三爪自定心卡盘		数控车床			实训中心
工步号	工步内容	刀具名称	刀具号	主轴转速/(r/min)	进给量/(mm/min)	背吃刀量/mm	备注	
1	平端面	90°硬质合金外圆车刀	01	800	200	0.5	手动	
2	外圆柱面粗车	90°硬质合金外圆车刀	01	800	180	2	留 0.4 mm 余量	

续表

工步号	工步内容	刀具名称	刀具号	主轴转速 /(r/min)	进给量 /(mm/min)	背吃刀量 /mm	备注
3	外圆柱面精车	90°硬质合金外圆车刀	01	1000	120	0.2	
4	切断	4 mm宽切断刀	02	400	80		
编制	抄写		校对		审核		批准

2. 加工程序

编程零点取在右端面中心，工件坐标系设置如图2-65所示。该零件属于盘类零件，毛坯余量较大，故可使用G72指令粗车，G72循环起始点 X、Z 坐标为(66,2)。精车轮廓时，刀具从 A 点开始沿图2-65所示的加工路线走刀至 B 点。外轮廓加工程序如下：

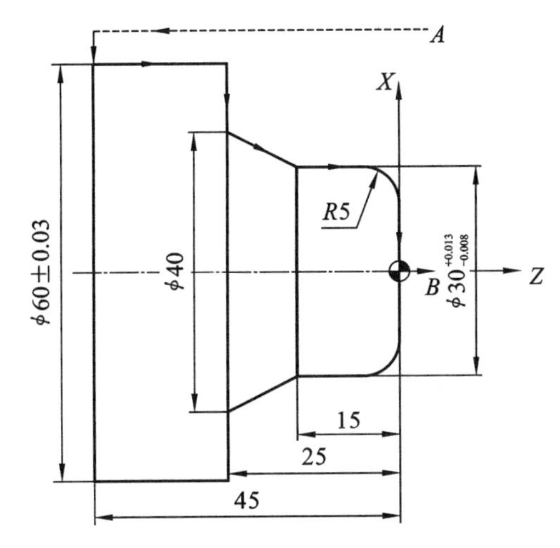

图2-65　工件坐标系设置

O2601;(程序号)

N10 T0101;(建立工件坐标系，选1号刀)

N20 M03 S800;(主轴正转，转速800 r/min)

N30 G00 X100. Z100.;(定义起点的位置)

N40 X66. Z2. M08;(定义循环起始点，开冷却液)

N50 G72 W2. R0.5;(粗车端面，吃刀深度2 mm)

N60 G72 P70 Q150 U0.4 W0.5 F180;(精车余量X0.4 mm,Z0.5 mm,粗车进给量180 mm/min)

N70 G00 Z−45. S1000;(精加工轮廓起始行，到开始点，主轴转速1000 r/min)

N80 G01 X60. F120;(进刀，运动到 ϕ60 mm外圆起点，进给速度120 mm/min)

N90 Z−25.;(车 ϕ60 mm外圆)

N100 X40.;(车 ϕ60 mm端面)

N110 X30. Z−15.;(车锥面)

N120 Z−5.;(车 ϕ30 mm 外圆)
N130 G02 X20. Z0. R5.;(车 R5 圆弧)
N140 G01 X0.;(车端面)
N150 G01 Z2.;(离开工件,精加工轮廓结束行)
N160 G70 P50 Q100;(执行精车循环指令,精车外轮廓)
N170 G00 X100. Z100.;(返回起始点)
N180 M30;(程序结束)

拓展知识

华中数控系统中的程序指令:

```
O2601;
N10 T0101;
N20 M03 S800.;
N30 G00 X100. Z100;
N40 X66. Z2. M08;
N50 G72 W2. R0.5 P60 Q140 X0.4 Z0.5 F180;
N60 G00 Z−45 S1000;
N70 G01 X60 F120;
N80 Z−25;
N90 X40;
N100 X30 Z−15;
N110 Z−5;
N120 G02 X20 Z0 R5;
N130 G01 X0;
N140 Z2;
N150 G00 X100 Z100;
N160 M30;
```

任务七　螺纹车削加工

一、学习目标

(1) 掌握螺纹车削指令的编程格式。
(2) 掌握螺纹车削加工的编程方法。

二、任务引入

车削加工图 2-66 所示的零件,工件材料为 Q235,毛坯为 ϕ40 mm 棒料,按照数控工艺

要求，分析加工工艺及编写螺纹加工程序。

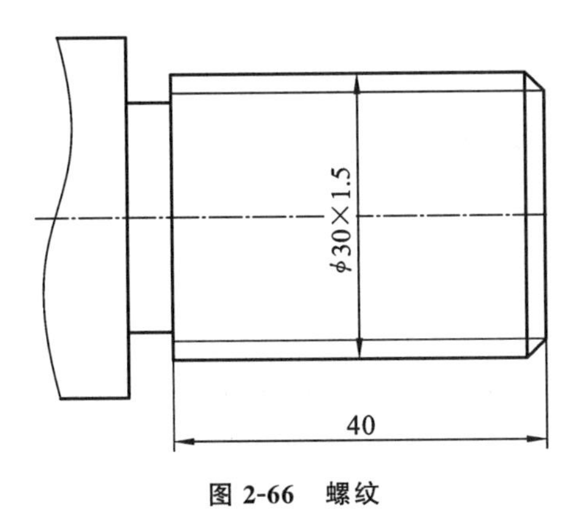

图 2-66　螺纹

三、相关知识

螺纹加工是在圆柱面上加工出特殊形状螺旋槽的过程，螺纹常见的用途有连接紧固、传递运动等。车削螺纹加工是在车床上，控制进给运动与主轴旋转同步，加工特殊形状螺旋槽的过程。螺纹形状主要由切削刀具的形状和安装位置决定，螺纹导程由刀具进给量决定。

一个螺纹的车削需要多次切削加工而成，每次切削逐渐增加螺纹深度。为实现多次切削的目的，机床主轴必须以恒定转速旋转，且必须与进给运动保持同步，保证每次刀具切削开始位置相同，保证每次切削深度都在螺纹圆柱的同一位置上，最后一次走刀加工出适当的螺纹尺寸、形状、表面质量和公差，并得到合格的螺纹。

如图 2-67 所示，在编程时，每次螺纹加工（直螺纹）走刀至少有以下 4 个步骤。

步骤 1：将刀具从起始位置 X 向快速（G00 方式）移动至螺纹计划切削深度处。

步骤 2：加工螺纹——轴向螺纹加工（进给率等于螺距）。

步骤 3：刀具 X 向快速（G00 方式）退刀至螺纹加工区域外的 X 向位置。

步骤 4：快速（G00 方式）返回至起始位置。

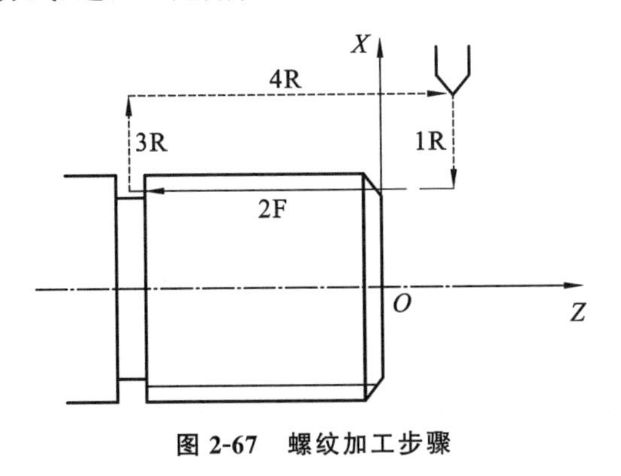

图 2-67　螺纹加工步骤

在数控车床上加工螺纹时，沿螺距方向（Z 向）进给速度与主轴转速有严格的匹配关系，为避免在进给机构加、减速过程中切削，要求加工螺纹时，应留有一定的升速进刀段与降速退刀段,如图 2-68 所示。图中 δ_1 为升速进刀段,δ_2 为降速退刀段。其数值与导程、主轴转速和伺服系统的特性有关,通常 δ_1 取 2～5 mm(大于螺距),δ_2 取 $\delta_1/4$,以剔除两端因变速而出现的非标准螺距的螺纹段。同理,在螺纹切削过程中,进给速度修调功能和进给暂停功能无效。若此时按进给暂停键,刀具将在螺纹段加工完后才停止运动。

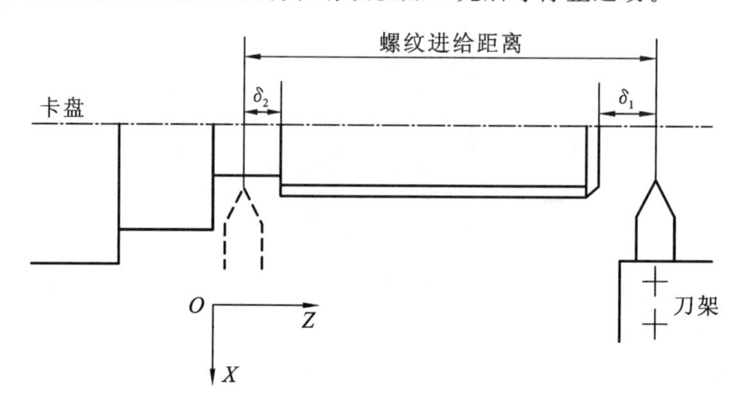

图 2-68　螺纹加工的切入与切出距离

若加工的螺纹牙形较深、螺距较大,可分数次进给,每次进给的背吃刀量用螺纹深度减去精加工背吃刀量所得之差按递减规律分配。常用米制螺纹切削的进给次数与背吃刀量见表 2-2,此表中所列参数为实际吃刀深度的 2 倍。

表 2-2　常用米制螺纹切削的进给次数与背吃刀量

螺距		1.0	1.5	2.0	2.5	3.0	3.5	4.0
牙深		0.649	0.974	1.299	1.624	1.949	2.273	2.598
背吃刀量及切削次数	第 1 次	0.7	0.8	0.9	1.0	1.2	1.5	1.5
	第 2 次	0.4	0.6	0.6	0.7	0.7	0.7	0.8
	第 3 次	0.2	0.4	0.6	0.6	0.6	0.6	0.6
	第 4 次		0.16	0.4	0.4	0.4	0.6	0.6
	第 5 次			0.1	0.4	0.4	0.4	0.4
	第 6 次				0.15	0.4	0.4	0.4
	第 7 次					0.2	0.2	0.4
	第 8 次						0.15	0.3
	第 9 次							0.2

1. 基本螺纹车削指令——G32

G32 是 FANUC 数控系统中最简单的螺纹加工代码,在螺纹加工运动期间,控制系统进给率无效。

指令格式:G32 X(U)_ Z(W)_ F_;

其中:X(U) Z(W)——直线螺纹的终点坐标,如 U 不为 0,则加工的是锥螺纹;

F——直线螺纹的导程,如果是单线螺纹,则为直线螺纹的螺距。

圆柱螺纹切削时,X(U)指令可省略,指令格式为:

G32 Z(W)_ F_;

端面螺纹切削时,Z(W)指令可省略,指令格式为:

G32 X(U)_ F_;

2. 简单固定循环螺纹车削指令——G92

用G32编写螺纹多次分层切削程序是比较烦琐的,每一层切削要多个程序段,多次分层切削程序中包含大量重复的信息。FANUC系统可用G92指令的一个程序段代替每一层螺纹切削的多个程序段,可避免重复信息的书写,方便编程。

在G92程序段中,需给出每一层切削动作的相关参数,必须确定螺纹刀的循环起点位置和螺纹切削的终点位置。

指令格式:G92 X(U)_ Z(W)_ R_ F_;

拓展知识

在华中数控系统中,简单固定循环螺纹车削指令为G82。

指令格式:G82 X(U) Z(W) I F ;

其中:X(U)_Z(W)——直线螺纹的终点坐标;

F——直线螺纹的导程,如果是单线螺纹,则为直线螺纹的螺距;

R——圆锥螺纹切削起点与切削终点的半径差,计算方式与G90指令的相同。

G92指令可切削锥螺纹和圆柱螺纹,加工圆柱螺纹时,*R*为零,可省略。如图2-69所示,G92螺纹加工程序段在加工过程中刀具从循环起点开始,沿着箭头所指的路线走刀,最后又回到循环起点。图中点划线表示按*R*快速移动,实线表示按*F*指令的工件进给速度移动。*X*、*Z*表示螺纹切削终点的绝对坐标值,*U*、*W*表示螺纹切削终点相对于循环起点的坐标增量。

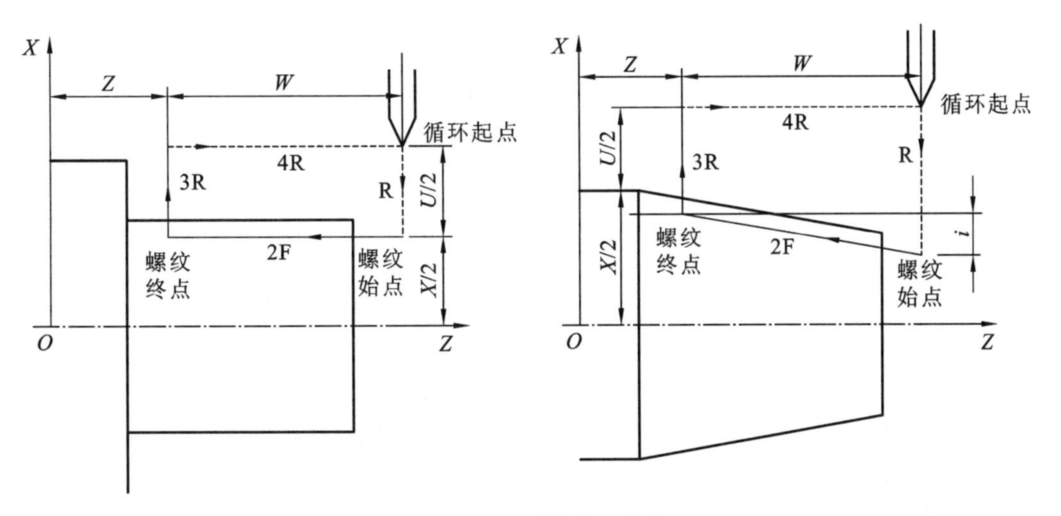

图 2-69 G92螺纹加工路线

3. 复合循环螺纹车削指令——G76

使用 G32 基本螺纹车削指令的程序段中,每刀螺纹加工需要 4 个甚至 5 个程序段,使用 G92 简单固定循环螺纹车削指令,每刀螺纹加工只需要一个程序段,方便了螺纹编程。随着计算机技术的循环发展,数控系统提供的 G76 复合循环螺纹车削指令更进一步简化了程序编写,G76 循环能在两个程序段中加工任何单头螺纹,而且在机床上修改程序也变得更快更容易。在 G76 螺纹切削循环中,螺纹刀以斜进的方式切削螺纹。总的螺纹切削深度(牙高)一般以递减方式进行分配,螺纹刀单刃参与切削,每次的切削深度由数控系统计算给出。G76 指令螺纹切削方式如图 2-70 所示。

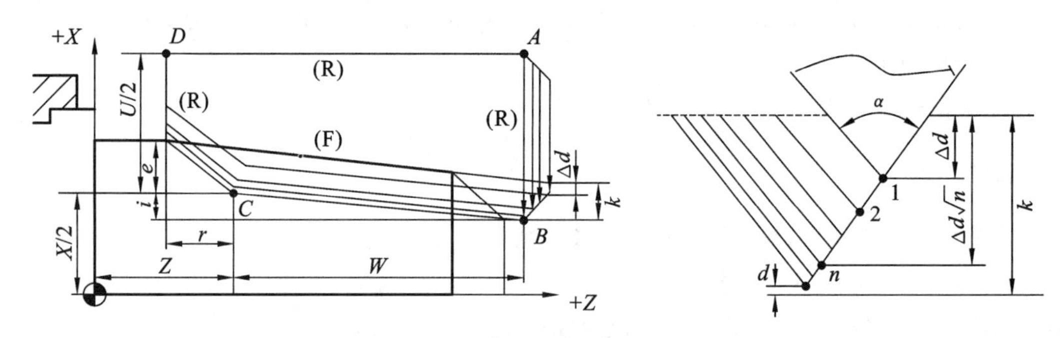

图 2-70　G76 螺纹切削循环与进刀法

指令格式:G76 P(m)(r)(α) Q(Δd_{min}) R(d);

G76 X(U) Z(W) R(i) P(k) Q(Δd) F(f);

其中:

m——精加工最终重复次数(1~99),必须输入两位数,一般取 01~03 次。若 $m=03$,则精车 3 次,第一刀是精车,第二、三刀就是精车重复,重复精车的切削深度为 0,用于消除切削时的机械应力(让刀)造成的欠切,提高螺纹精度和表面质量,去除牙侧的毛刺,对螺纹的牙型起修光作用。

r——螺纹尾端倒角量,也称螺纹退尾量,取值范围为 00~99,一般取 00~20,单位 0.1×L,L 为螺距,必须输入两位数,螺纹退尾功能可实现无退刀槽螺纹的加工。

α——刀尖角度,即牙型角(相邻两牙之间的夹角),取值为 80°、60°、55°、30°、29°或 0°,必须输入两位数。实际螺纹的角度由刀具决定,普通三角形螺纹为 60°。

Δd_{min}——最小切深,单位为 μm,半径值,一般取 50~100 μm。车削过程中,如果切削深度小于此值,深度就锁定在此值。

d——精车余量,螺纹精车的切削深度,半径值,单位为 μm,一般取 50~100 μm。d 值的定义如图 2-70 所示。

X(U) Z(W)——螺纹终点的绝对坐标或增量坐标,即为图 2-70 中有效螺纹终点 C 的坐标,增量值编程时,为有效螺纹终点 C 相对于循环起点 A 的有向距离。Z 值根据图纸可得,X 表示牙底深度位置。

i——螺纹锥度值,即螺纹车削起点与终点的半径差,单位为 mm,对于圆柱螺纹,$i=0$。

k——螺纹高度,半径值,单位为 μm。

Δd——第一刀车削深度,半径值,单位为 μm,根据机床刚度和螺距大小来取值,建议取

300～800μm。Δd 值的定义如图 2-70 所示。

f——进给速度，其值为螺纹导程。

例如：

G76 P010060 Q100 R100；

G76 X28.4 Z－43. R0 P974 Q400 F1.5；（定义螺纹终点坐标）

表示车削导程为 1.5 mm 的圆柱螺纹，所用刀具刀尖角度为 60°，精加工次数 1 次，无倒角，最小切削深度 0.1 mm，精加工余量 0.1 mm，螺纹最后切削的终点 X、Z 坐标为(28.4，－43)，螺纹牙高 0.974 mm，第一刀切削深度为 400 mm。指令中 R0 表示圆柱螺纹，可省略。

四、任务实施

1. 数控加工工序卡片

工厂名称	数控加工工序卡片	产品及型号	零件名称	零件图号	材料名称	材料牌号	第　页	共　页
					钢	Q235		
工序号	工序名称	程序编号	夹具名称	夹具编号	设备名称	设备型号	设备规格	加工车间
			三爪自定心卡盘		数控车床			实训中心
工步号	工步内容	刀具名称	刀具号	主轴转速/(r/min)	进给量/(mm/min)	背吃刀量/mm	备注	
1	平端面	90°硬质合金外圆车刀	01	800	200	0.5	手动	
2	外圆柱面粗车	90°硬质合金外圆车刀	01	800	160	2	留 0.5 mm 余量（双边）	
3	外圆柱面精车	90°硬质合金外圆车刀	01	1000	120	0.25		
4	车退刀槽	4 mm 宽切断刀	02	400	80			
5	车螺纹	60°螺纹车刀	03	500	螺纹参数	逐刀递减		
编制	抄写		校对		审核		批准	

2. 加工程序

编程零点取在右端面中心，工件坐标系设置如图 2-71 所示。该螺纹规格为 M30×1.5，由表 2-1 查得，螺纹加工可分 4 次走刀，背吃刀量分别为 0.8 mm、0.6 mm、0.4 mm 和 0.16 mm。螺纹加工可采用 G32 指令、G92 指令或 G76 指令加工，程序分别如下：

1）使用 G32 指令编程

O2701；（程序号）

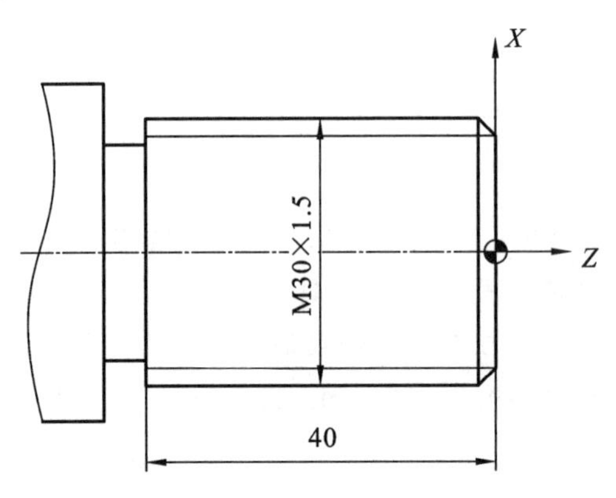

图 2-71　工件坐标系设置

N010 T0303;(建立工件坐标系,选 3 号刀)
N020 G00 X100. Z100. M03 S500;(定义起点的位置,启动主轴正转,转速 500 r/min)
N030 G00 X29.2 Z4. M08;(刀具运动到第一刀车螺纹的起始点,开冷却液)
N040 G32 Z−43. F1.5;(车螺纹,进给速度 1.5 mm/r)
N050 G00 X40.;(X 方向退刀)
N060 Z4.;(返回车螺纹起始位置)
N070 X28.6;
N080 G32 Z−43. F1.5;(第二刀车螺纹)
N090 G00 X40.;
N100 Z4.;
N110 X28.2;
N120 G32 Z−43. F1.5;(第三刀车螺纹)
N130 G00 X40.;
N140 Z4.;
N150 X28.04;
N160 G32 Z−43. F1.5;(第四刀车螺纹)
N170 G00 X40.;
N180 X100. Z100.;(返回起始点)
N190 M30;(程序结束)

2) 使用 G92 指令编程

O2702;(程序号)
N10 T0303;(建立工件坐标系,选 3 号刀)
N20 G00 X100. Z100. M03 S500;(定义起点的位置,启动主轴正转,转速 500 r/min)
N30 G00 X32. Z4. M08;(运动到 G92 循环起始点,开冷却液)
N40 G92 X29.2 Z−43. F1.5;(执行四次 G92 循环车螺纹)
N50 X28.6;
N60 X28.2;
N70 X28.04;

N80 G00 X100. Z100.；（返回起始点）
N90 M30；（程序结束）

3）使用 G76 指令编程

O2703；（程序号）
N10 T0303；（建立工件坐标系，选 3 号刀）
N20 G00 X100. Z100. M03 S500；（定义起点的位置，启动主轴正转，转速 500 r/min）
N30 G00 X32. Z4. M08；（运动到 G76 循环起始点，开冷却液）
N40 G76 P010060 Q80 R80；
N50 G76 X28.4 Z－43. P974 Q400 F1.5；（车螺纹）
N60 G00 X100. Z100.；（返回起始点）
N70 M30；（程序结束）

4）华中数控系统使用 G82 指令编程

O2702；
N10 T0303；
N20 G00 X100. Z100 M03 S800.；
N30 G00 X32 Z4 M08；
N40 G82 X29.2 Z－43 F1.5；
N50 X28.6；
N60 X28.2；
N70 X28.04；
N80 G00 X100 Z100；
N90 M30；

通过比较以上四种编程方式，采用 G76 指令编程能大大简化程序。因此，在数控系统支持的情况下，要尽可能采用能够简化程序的编程方式。

任务八　沟槽车削加工

一、学习目标

（1）掌握端面沟槽复合循环与深孔钻循环指令 G74 和内、外径沟槽复合循环指令 G75 的编程格式。

（2）掌握沟槽车削加工的编程方法。

二、任务引入

车削加工图 2-72 所示的零件，工件材料为 Q235，毛坯为 ϕ 30 mm 棒料，按照数控工艺要求，分析加工工艺及编写槽的加工程序。

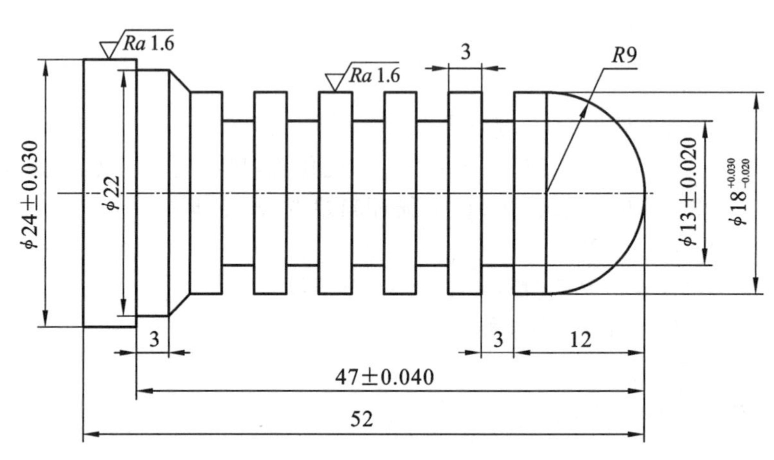

图 2-72　零件图

三、相关知识

槽的种类很多,考虑其加工特点,大体可分为单槽、多槽、宽槽、深槽及异型槽。但加工时可能会遇到几种形式的叠加,如单槽可能是深槽,也可能是宽槽。

对于宽度值、深度值相对不大,且精度要求不高的槽,可采用与槽等宽的刀具,直接切入一次成型的方法加工,如图 2-73(a)所示。深度值较大的深槽零件,为了避免切槽过程中由于排屑不畅,使刀具前面压力过大出现扎刀和折断的现象,应采用分次进刀的方式,刀具在切入工件一定深度后,停止进刀并回退一段距离,达到断屑和退屑的目的,如图 2-73(b)所示。通常把大于一个切刀宽度的槽称为宽槽,宽槽的宽度、深度的精度要求及表面质量相对较高。在切削宽槽时常采用排刀的方式进行粗切,然后用精切槽刀沿槽的一侧切至槽底,精加工槽底至槽的另一侧面,并对其进行精加工,其切削方式如图 2-73(c)所示。对于异型槽的加工,大多采用先切直槽然后修整轮廓的方法进行,其主要工作决定于轮廓加工。

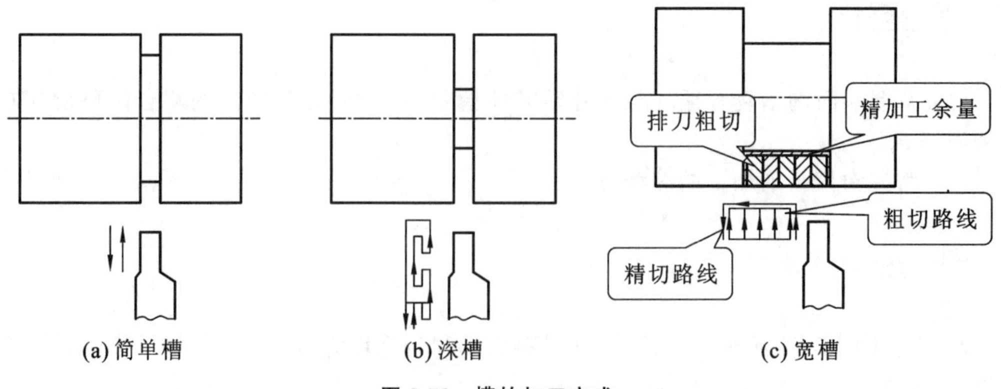

图 2-73　槽的加工方式

对于一般的单一切槽或切断，采用 G01 指令即可；对于宽槽或多槽加工，可采用子程序及复合循环指令进行编程加工。

1．车槽指令——G01

如图 2-74 所示，切削直槽，槽宽 5 mm，切槽刀宽度为 5 mm。以切槽刀右边为基准，槽的加工程序段如下：

G00 X31. Z－40. M03 S400；（定位到槽所在 *Z* 坐标位置，主轴正转，转速 400 r/min）
G01 X24. F80；（车槽）
X31.；（退刀）

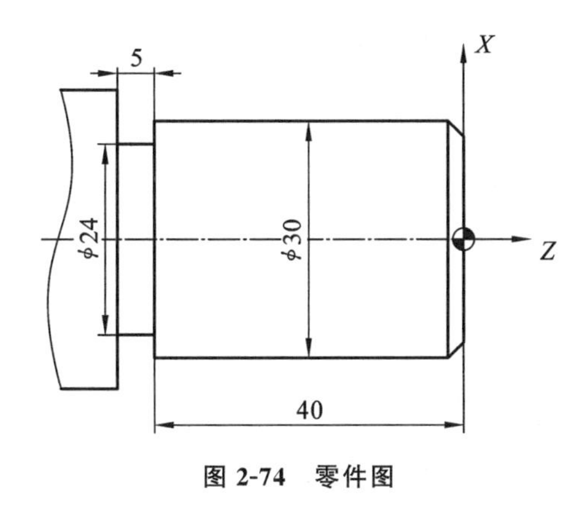

图 2-74　零件图

2．暂停指令——G04

加工沟槽时，可使用 G04 暂停指令使刀具做短暂停留，让主轴空转几转再退刀，有利于使槽底加工得光滑，提高零件整体质量，但一般退刀槽都不需要精加工。

指令格式：G04 X(U)_；或 G04 P_；

暂停时间的长短可以通过地址 X(U)或 P 来指定。其中：P 后面的数字为整数，单位是 ms；X(U)后面的数字为带小数点的数，单位为 s。例如欲空转 2.5 s 时，其程序段为：

G04 X2.5；
或 G04 U2.5；
或 G04 P2500；

G04 为非模态指令，只在本程序段中才有效。

在对不通孔做深度加工时，进到指定深度后，可使用 G04 指令使刀具做非进给光整加工，然后退刀，保证孔底平整无毛刺。该指令除用于钻、镗孔、切槽、自动加工螺纹外，还可用于拐角轨迹控制。当运行方向改变时，在改变运行方向的指令前设置 G04 指令，使在改变运行方向之前，暂停一定时间，将运动惯性降低，然后再改变运动方向或运动速度，以提高零件的加工精度。

3．端面沟槽复合循环与深孔钻循环指令——G74

G74 指令可实现端面深孔和端面槽的断屑加工，*Z* 向切进一定的深度，再反向退刀一定的距离,实现断屑。指定 X 轴地址和 X 轴向移动量,就能实现端面槽的加工;若不指定 X 轴地址和 X 轴向移动量,则为端面深孔钻加工。

1) 端面沟槽循环

指令格式:G74 R(e);

G74 X(U)_Z(V) P(Δi) Q(Δk) R(Δd) F(f);

其中:e——每次啄式退刀量;

U——X 向终点坐标值,为实际 X 向终点尺寸减去双边刀宽;

W——Z 向终点坐标值;

Δi——X 向每次的移动量,单位 μm;

Δk——Z 向每次的切入量,单位 μm;

Δd——切削到终点时的 X 轴退刀量(可以省略);

f——进给速度。

2) 对啄式钻孔循环(深孔钻循环)

指令格式:G74 R(e);

G74 Z(W) Q(Δk) F(f);

其中:e——每次啄式退刀量;

W——Z 向终点坐标值(孔深);

Δk——Z 向每次的切入量(啄钻深度),单位 μm。

G74 的运动轨迹及参数如图 2-75 所示。

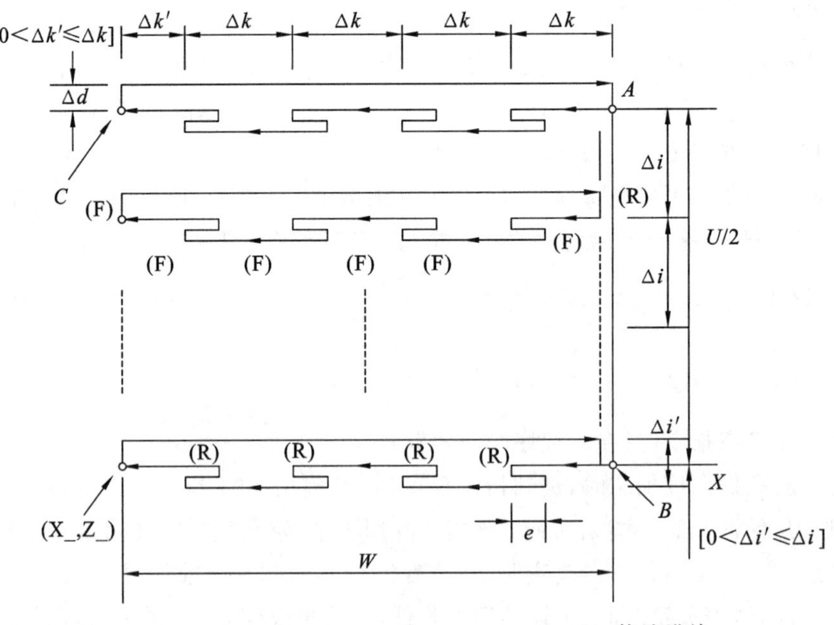

图 2-75 端面沟槽复合循环与深孔钻循环

如图 2-76 所示，工件端面已加工，所用切槽刀刀宽为 4 mm，端面槽的加工程序段如下：

G00 X30. Z2. M03 S300；（运动到 G74 循环起始点，启动主轴正转，转速 300 r/min）

G74 R1.；（切槽时每次退刀量为 1 mm）

G74 X62. Z−5. P3500 Q3000 F80；（定义切槽终点坐标，*X* 向每次移动 3.5 mm，*Z* 向每次切入 3 mm，进给速度 80 mm/min）

如图 2-77 所示，工件端面及中心孔已加工，孔的加工程序段如下：

G00 X30. Z0. M03 S300；（运动到 G74 循环起始点，启动主轴正转，转速 300 r/min）

G74 R1.；（钻孔时每次退刀量为 1 mm）

G74 Z−60. Q6000 F80；（定义孔终点坐标，*Z* 向每次切入 6 mm，进给速度 80 mm/min）

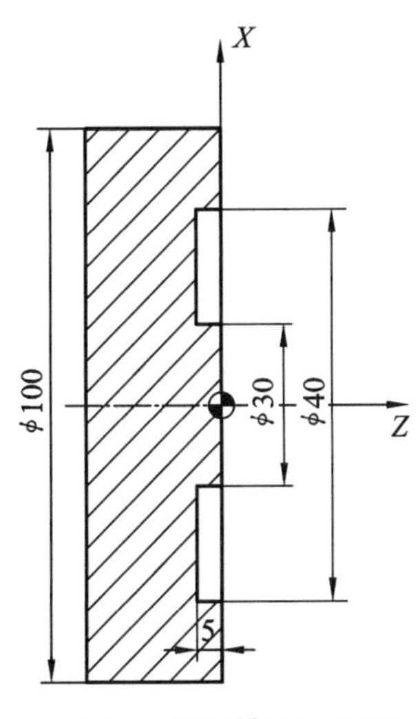

图 2-76　端面槽加工实例

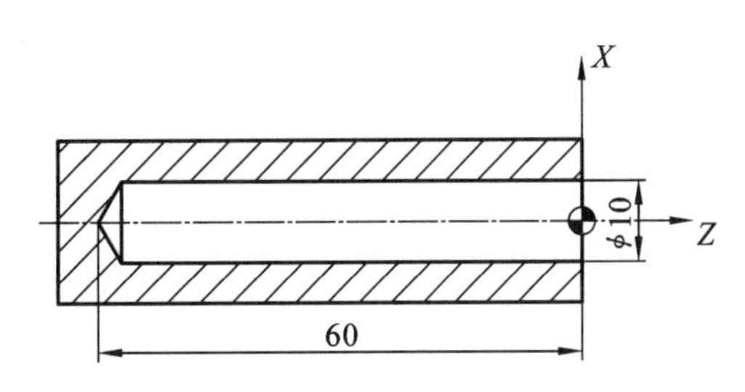

图 2-77　孔加工实例

4. 内、外径沟槽复合循环——G75

外径切槽复合循环功能适合于在外圆柱面上切削沟槽或切断加工，断续分层切入时便于处理深沟槽的断屑和散热，也可用于内沟槽加工。当循环起点 *X* 坐标值小于 G75 指令中的 *X* 向终点坐标值时，自动为内沟槽加工方式。

指令格式：G75 R(e)；

G75 X(U)_Z(W) P(Δi) Q(Δk) R(Δd) F(f)；

其中：e——分层切削每次退刀量；

U——*X* 向终点坐标值；

W——*Z* 向终点坐标值；

Δi——*X* 向每次的切入量，单位 μm；

Δk——*Z* 向每次的移动量，单位 μm；

Δd——切削到终点时的 *Z* 轴退刀量（可以省略）；

f——进给速度。

G75 指令与 G74 指令动作类似，只是切削方向旋转 90°，其走刀轨迹如图 2-78 所示。

如图 2-79 所示的零件沟槽，工件外圆已加工，所用切槽刀刀宽为 4 mm，以切槽刀右边

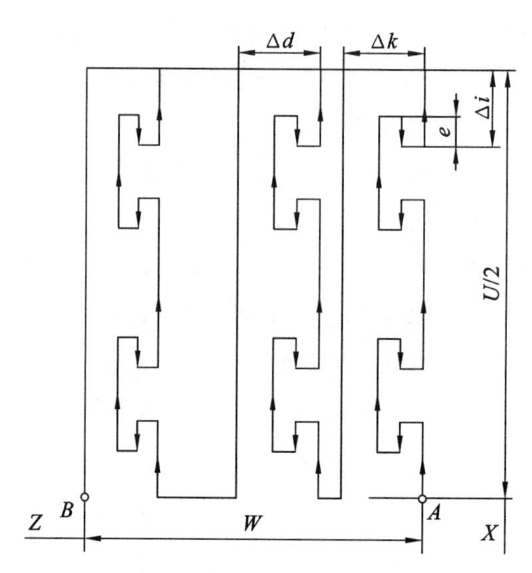

图 2-78　内、外径沟槽复合循环

为基准,其加工程序段如下:

G00 X42. Z－10. M03 S300;(运动到 G75 循环起始点,启动主轴正转,转速 300 r/min)

G75 R1.;(切槽时每次退刀量为 1 mm)

G75 X30. Z－50. P3000 Q10000 F80;(定义切槽终点坐标,X 向每次切入 3 mm,Z 向每次移动 10 mm,进给速度 80 mm/min)

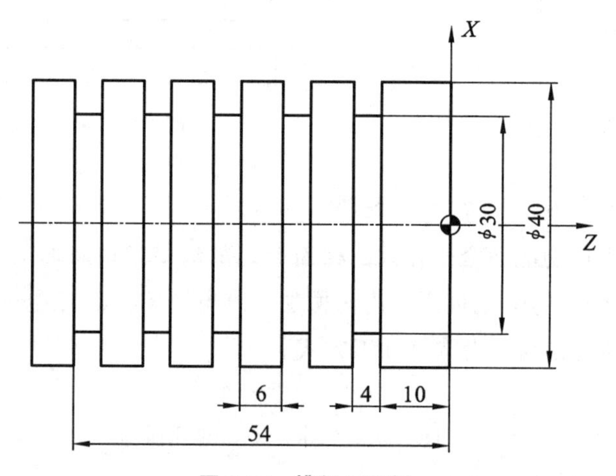

图 2-79　槽加工实例

注意编程时 Z 坐标的取值,都以切槽刀右边为基准,也可都以切槽刀左边为基准计算 Z 坐标值编制程序。

本例中 Q 值为槽间距,若为图 2-80 所示的宽槽加工,编程时 Q 值应小于刀宽,假设刀宽为 5 mm,其加工程序段如下:

G00 X52. Z－15. M03 S300;(运动到 G75 循环起始点,启动主轴正转,转速 300 r/min)

G75 R1.;(切槽时每次退刀量为 1 mm)

G75 X30. Z－50. P3000 Q4500 F80;(定义切槽终点坐标,X 向每次切入 3 mm,Z 向

每次移动 4.5 mm，进给速度 80 mm/min）

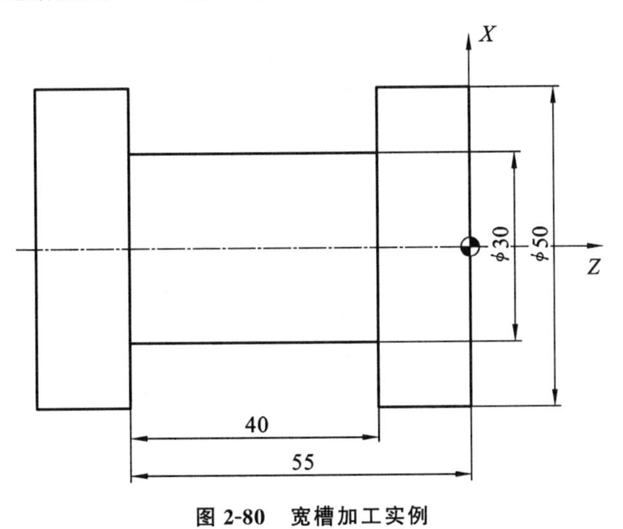

图 2-80　宽槽加工实例

四、任务实施

1. 数控加工工序卡片

工厂名称	数控加工工序卡片	产品及型号	零件名称	零件图号	材料名称	材料牌号	第　页	共　页
					钢	Q235		
工序号	工序名称	程序编号	夹具名称	夹具编号	设备名称	设备型号	设备规格	加工车间
			三爪自定心卡盘		数控车床			实训中心
工步号	工步内容	刀具名称	刀具号	主轴转速/(r/min)	进给量/(mm/min)	背吃刀量/mm	备注	
1	平端面	90°硬质合金外圆车刀	01	800	200	1	手动	
2	外圆柱面粗车	90°硬质合金外圆车刀	01	800	150	2	留 0.5 mm 余量(双边)	
3	外圆柱面精车	90°硬质合金外圆车刀	01	1000	100	0.25		
4	切槽	3 mm 宽切断刀	02	400	80			
5	切断	3 mm 宽切断刀	02	400	80			
编制	抄写		校对		审核		批准	

2. 加工程序

编程零点取在右端面中心,工件坐标系设置如图 2-81 所示。本任务中的沟槽为外径沟槽,可采用 G75 指令编程加工,槽的加工程序如下:

O2801;(程序号)

N10 T0202;(建立工件坐标系,选 2 号刀)

N20 G00 X100. Z100. M03 S400;(定义起点的位置,启动主轴正转,转速 400 r/min)

N30 G00 X20. Z－12. M08;(运动到 G75 循环起始点,开冷却液)

N40 G75 R0.5;(切槽时每次退刀量为 0.5 mm)

N50 G75 X13. Z－36. P2000 Q6000 F400;(定义切槽终点坐标,X 向每次切入 2 mm,Z 向每次移动 6 mm,进给速度 400 mm/min)

N60 G00 X100. Z100.;(返回起始点)

N70 M30;(程序结束)

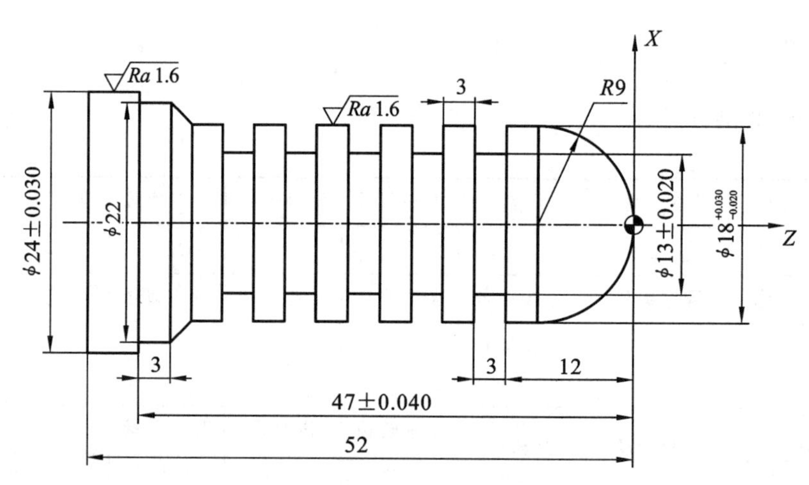

图 2-81 工件坐标系设置

五、任务拓展

此零件的沟槽加工除可用 G75 指令外,还可采用子程序编程。

程序分为主程序和子程序。在正常情况下,数控机床是按主程序的指令工作的。在程序中把某些固定顺序或重复出现的程序单独抽出来,编成一个程序供调用,这个程序就是常说的子程序。采用子程序编程可以简化主程序的编制。

当程序段中有调用子程序的指令时,数控机床就按子程序进行工作。当遇到子程序返回到主程序的指令时,机床才返回主程序,继续按主程序的指令进行工作。子程序的调用与返回如图 2-82 所示。

子程序可以被主程序调用,同时子程序也可以调用另一个子程序,称为子程序嵌套,不

同的数控系统所规定的嵌套次数是不同的，其调用方式如图 2-83 所示。

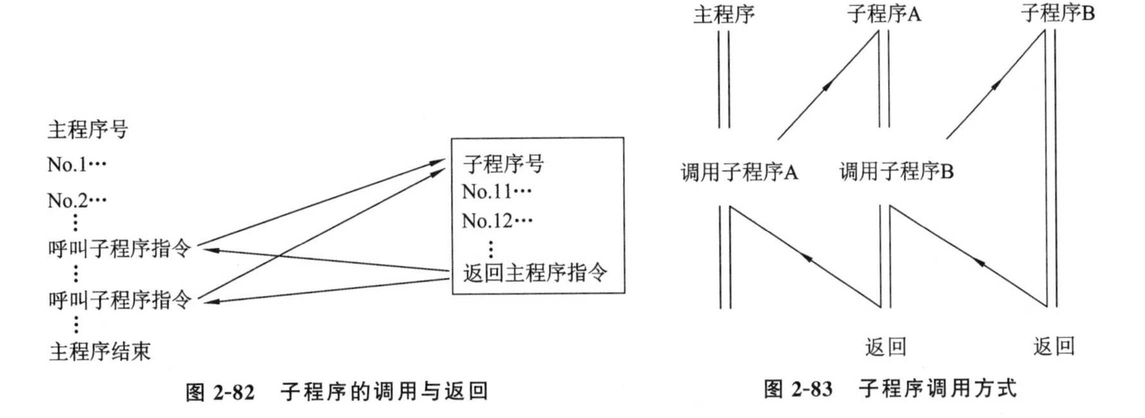

图 2-82　子程序的调用与返回

图 2-83　子程序调用方式

1. 子程序调用指令——M98

主程序调用子程序时，要用 M98 指令呼叫子程序。呼叫某一子程序需要在 M98 指令后面写上子程序号。

指令格式：M98 P_ L_；

其中：P——要调用的子程序号；

L——重复子程序的次数，若省略，则表示只调用一次子程序。

如“M98 L03 P1000；”，表示连续调用子程序 O1000 号 3 次。

主程序可以多次调用和重复调用某一子程序，重复调用时要用 L 及后面的数字指示调用次数。FANUC 系统允许重复调用的最多次数为 999 次。

2. 子程序结束指令——M99

子程序的形式和组成与主程序的大体相同，也由子程序名、子程序体和子程序结束指令组成。例如：

O××××；(子程序号的命名规则与主程序号的相同)

……；

M99；(子程序结束)

程序结束字 M99 表示子程序结束，并返回到调用子程序的主程序中。

本任务中槽加工除了可以采用内、外径沟槽复合循环 G75 指令外，还可以采用子程序编程，使用子程序编程的程序如下：

主程序

O2802；(程序号)

N10 T0202；(建立工件坐标系，选 2 号刀)

N20 G00 X100. Z100. M03 S400；(定义起点的位置，启动主轴正转，转速 400 r/min)

N30 G00 X20. Z−9. M08；(运动到车槽的起始点，开冷却液)

N40 M98 P2803 L5；(车槽)

N50 G00 X100. Z100.；(返回起始点)

```
N60 M30;(程序结束)
```

槽加工子程序

```
O2803;(子程序号)
N10 G00 W－3.;
N20 G01 X13. F80;
N30 X20.;
N40 M99;
```

注意加工槽时,每加工完一个槽,刀具沿 Z 轴方向的运动,编程应采用相对坐标。同时,注意加工槽的起点位置 Z 坐标值的计算。

任务九　外轮廓综合车削加工

一、学习目标

(1) 培养学生根据轴类零件图进行轴类零件数控加工编程的能力。
(2) 了解轴类零件外轮廓数控加工的基本工艺过程。
(3) 综合运用各种指令的编程方法。

二、任务引入

车削加工图 2-84 所示的零件,工件材料为 Q235,毛坯为 ϕ45 mm 棒料,按照数控工艺要求,分析加工工艺及编写零件加工程序。

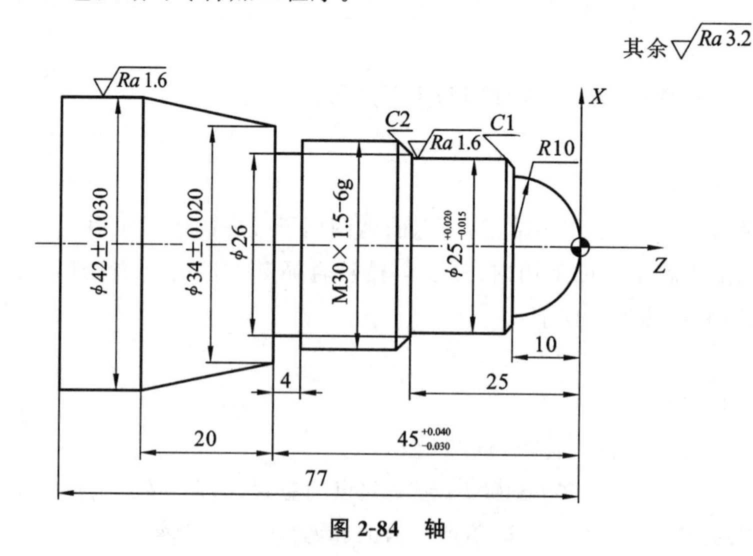

图 2-84　轴

三、任务实施

1. 数控加工工序卡片

工厂名称	数控加工工序卡片	产品及型号	零件名称	零件图号	材料名称	材料牌号	第　页	共　页
					钢	Q235		
工序号	工序名称	程序编号	夹具名称	夹具编号	设备名称	设备型号	设备规格	加工车间
			三爪自定心卡盘		数控车床			实训中心
工步号	工步内容	刀具名称	刀具号	主轴转速/(r/min)	进给量/(mm/min)	背吃刀量/mm	备注	
1	平右端端面	90°硬质合金外圆车刀	01	500			手动	
2	粗车外轮廓	90°硬质合金外圆车刀	01	800	200	2	留 0.5 mm 余量	
3	精车外轮廓	90°硬质合金外圆车刀	01	1000	120	0.25		
4	切槽	4 mm 宽切断刀	02	400	80			
5	螺纹	60°硬质合金外圆螺纹车刀	03	550	螺纹参数			
6	切断	4 mm 宽切断刀	02	400	80			
编制	抄写		校对		审核		批准	

2. 加工程序

O2901;(程序号)

N10 T0101;(建立工件坐标系,选 1 号刀)

N20 M03 S800;(启动主轴正转,转速 800 r/min)

N30 G00 X100. Z100. M08;(定义起点的位置,开冷却液)

N40 X48. Z3.;(定义循环起点)

N50 G71 U2. R1.;

N60 G71 P70 Q190 U0.5 W0.3 F200;(使用 G71 指令粗车外轮廓)

N70 G00 X0. S1000;(精加工轮廓起始行)
N80 G01 Z0. F120(到圆弧开始点)
N90 G03 X20. Z−10. R10.;(车削 $R10$ 圆弧)
N100 G01 X23.;(车削 ϕ25 mm 外圆端面)
N110 X25. W−1.;(车削 $C1$ 倒角)
N120 Z−25.;(车削 ϕ25 mm 外圆)
N130 X26.;(车削 ϕ30 mm 外圆)
N140 X30. W−2.;(车削 $C2$ 倒角)
N150 Z−45.;(车削 ϕ30 mm 外圆)
N160 X34.;(车削 ϕ34 mm 外圆端面)
N170 X42. W−20.;(车削锥面)
N180 Z−77.;(车削 ϕ42 mm 外圆)
N190 G00 X46.;(离开工件,精加工轮廓结束行)
N200 G70 P70 Q190;(执行精车循环指令,精车外轮廓)
N210 X100. Z100.;(回换刀点)
N220 T0202;(建立工件坐标系,选 2 号刀)
N230 M03 S400;(启动主轴正转,转速 400 r/min)
N240 G00 X35. Z−41.;(移到切槽位置)
N250 G01 X26. F80;(切槽)
N260 X35.;(离开工件)
N270 X100. Z100.;(回换刀点)
N280 T0303;(建立工件坐标系,选 3 号刀)
N290 M03 S550;(启动主轴正转,转速 550 r/min)
N300 G00 X100. Z100.;(定义起点的位置)
N310 X31. Z−23.;(定义螺纹车削循环起点)
N320 G82 X29.2. Z−43. F1.5;(车削螺纹)
N330 X28.6;
N340 X28.2;
N350 X28.04;
N360 X100. Z100.;(回换刀点)
N370 T0202;(建立工件坐标系,选 2 号刀)
N380 M03 S400;(启动主轴正转,转速 400 r/min)
N390 G00 X46. Z−77. ;(移到切断位置)
N400 G01 X0. F80;(切断)
N410 X46.;(离开工件)
N420 G00 X100. Z100.;(回换刀点)
N430 M30;(程序结束)

拓展知识

华中数控系统中的加工程序如下：

```
O2901 ;
N10 T0101 ;
N20 M03 S800 ;
N30 G00 X100. Z100. M08 ;
N40 X48. Z3. ;
N50 G71 U2. R1. P60 Q180 X0.5 Z0.3 F200 ;
N60 G00 X0. S1000 ;
N70 G01 Z0. F120 ;
N80 G03 X20. Z-10. R10. ;
N90 G01 X23. ;
N100 X25. W-1. ;
N110 Z-25. ;
N120 X26. ;
N130 X30. W-2. ;
N140 Z-45. ;
N150 X34. ;
N160 X42. W-20. ;
N170 Z-77. ;
N180 G00 X46. ;
N190 X100. Z100. ;
N200 T0202 ;
N210 M03 S400 ;
N220 G00 X35. Z-41. ;
N230 G01 X26. F80 ;
N240 X35. ;
N250 X100. Z100. ;
N260 T0303 ;
N270 M03 S550 ;
N280 G00 X100. Z100. ;
N290 X31. Z-23. ;
N300 G82 X29.2. Z-43. F1.5 ;
N310 X28.6 ;
N320 X28.2 ;
N330 X28.04 ;
```

```
N340 X100. Z100. ;
N350 T0202 ;
N360 M03 S400 ;
N370 G00 X46. Z—77. ;
N380 G01 X0. F80 ;
N390 X46. ;
N400 G00 X100. Z100. ;
N410 M30 ;
```

任务十　复杂内、外轮廓车削加工

一、学习目标

(1) 培养学生根据轴类零件图进行轴类零件数控加工编程的能力。

(2) 了解轴类零件数控加工的基本工艺过程。

(3) 综合运用各种指令的编程方法。

二、任务引入

车削加工图 2-85 所示的零件,毛坯为 ϕ45 mm 棒料,材料为 Q235,按照数控工艺要求,分析加工工艺及编写零件加工程序。

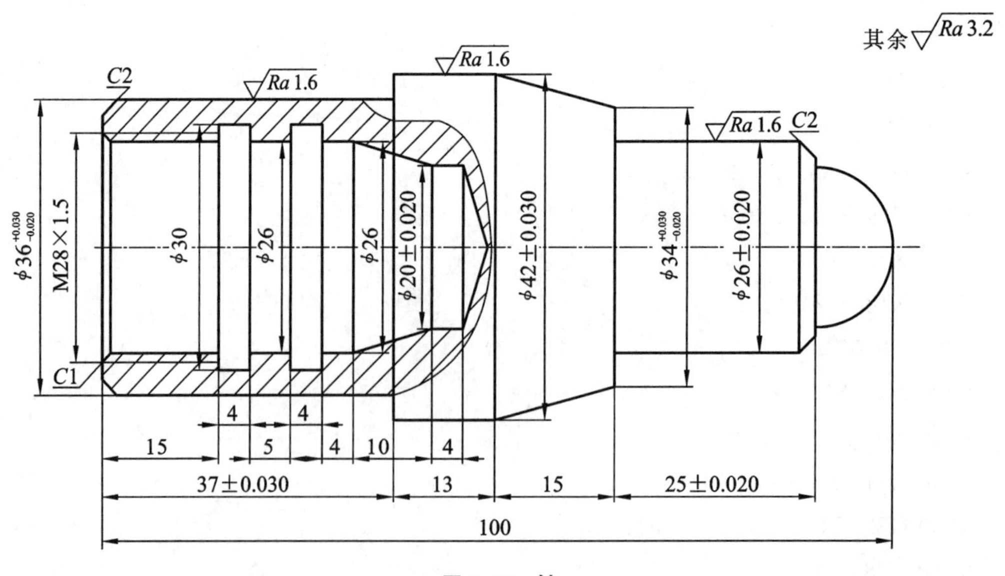

图 2-85　轴

三、任务实施

1. 数控加工工序卡片

工厂名称	数控加工工序卡片	产品及型号	零件名称	零件图号	材料名称	材料牌号	第　页	共　页
					钢	Q235		
工序号	工序名称	程序编号	夹具名称	夹具编号	设备名称	设备型号	设备规格	加工车间
			三爪自定心卡盘		数控车床			实训中心
工步号	工步内容	刀具名称	刀具号	主轴转速/(r/min)	进给量/(mm/min)	背吃刀量/mm	备注	
1	平端面	90°硬质合金外圆车刀	01	500			手动	
2	ϕ36 mm外圆柱面粗车	90°硬质合金外圆车刀	01	800	200	2	留0.5 mm余量(双边)	
3	ϕ36 mm外圆柱面精车	90°硬质合金外圆车刀	01	1000	120	0.5		
4	钻孔	ϕ18 mm麻花钻		400			手动	
5	内轮廓粗车	90°硬质合金内孔车刀	02	800	200	2	留0.5 mm余量(双边)	
6	内轮廓精车	90°硬质合金内孔车刀	02	1000	120	0.25		
7	内孔切槽	4 mm宽内孔切刀	03	400	80			
8	车削内孔螺纹	60°内孔螺纹车刀	04	500	1.5			
9	平端面	90°硬质合金外圆车刀	01	500			手动	
10	球面、ϕ26 mm外圆柱面、锥面及ϕ42 mm外圆柱面粗车	90°硬质合金外圆车刀	01	800	200	2	留0.5 mm余量	
11	球面、ϕ26 mm外圆柱面、锥面及ϕ42 mm外圆柱面粗车	90°硬质合金外圆车刀	01	1000	20	0.25		
编制	抄写		校对		审核		批准	

2. 加工程序

1) 加工左端

编程零点取在左端面中心,工件坐标系设置如图 2-86 所示,加工程序如下:

O2101;(程序号)
N10 T0101;(建立工件坐标系,选 1 号刀)
N20 M03 S800;(启动主轴正转,转速 800 r/min)
N30 G00 X100. Z100. M08;(定义起点的位置,开冷却液)
N40 X48. Z3.;(定义循环起点)
N50 G71 U2. R1.;
N60 G71 P70 Q100 X0.5 Z0.3 F200;(使用 G71 指令粗车左端外轮廓)
N70 G01 X32. Z0. F120 S1000;(精加工轮廓起始行,到倒角开始点)
N80 X36. W−2.;(精加工 $C2$ 倒角)
N90 Z−37.;(精加工 ϕ36 mm 外圆)
N100 X46.;(退刀)
N110 G70 P70 Q100;(精车左端外轮廓)
N120 G00 X100. Z100.;(回换刀点)
N130 M00;(程序暂停,手动钻 ϕ18 mm 孔)
N140 T0202;(建立工件坐标系,选 2 号刀)
N150 G00 X16. Z3. S800;(定义循环起点)
N160 G71 U2. R1.;
N170 G71 P180 Q230 X−0.5 Z0.2 F200;(使用 G71 指令粗车内轮廓)
N180 G01 X28. Z0. S1000 F120;(精加工轮廓起始行)
N190 X26. W−1.;(车削 $C1$ 倒角)
N200 Z−32.;(精加工 ϕ26 mm 内孔)
N210 X20. W−10.;(精加工锥面)
N220 Z−46.;(精加工 ϕ20 mm 内孔)
N230 X18.;(退刀)
N240 G70 P180 Q230;(精车内轮廓)
N250 G00 X100. Z100.;(回换刀点)
N260 T0303;(建立工件坐标系,选 3 号刀)
N270 X24. Z3. S400;(靠近工件,主轴转速 400 r/min)
N280 Z−15.;(移到切槽位置)
N290 G01 X30. F80;(切槽)
N300 X24.;(离开工件)
N310 G00 Z−24.;(移到切槽位置)
N320 G01 X30. F80;(切槽)
N330 X24.;(离开工件)

N340 G00 Z100.；(沿 Z 轴方向将刀退出)
N350 X100.；(回换刀点)
N360 T0404；(建立工件坐标系，选 4 号刀)
N370 G00 X24. Z3. S750；(定义循环起点，主轴转速 750 r/min)
N380 G76 P010060 Q100 R100；
N390 G76 X28. Z－17. P975 F1.5；(车削螺纹)
N400 G00 Z100. X100.；(回换刀点)
N410 M30；(程序结束)

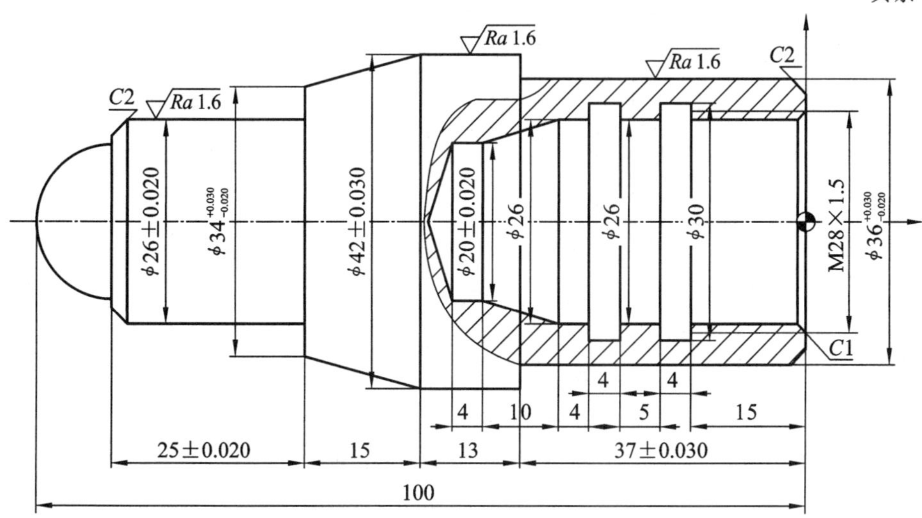

图 2-86　加工左端工件坐标系设置

2) 加工右端

编程零点取在右端面中心，工件坐标系设置如图 2-87 所示，加工程序如下：

O2102;(程序号)
N10 T0101;(建立工件坐标系，选 1 号刀)
N20 M03 S800；(启动主轴正转，转速 800 r/min)
N30 G00 X100. Z100. M08；(定义起点的位置，开冷却液)
N40 X48. Z3.；(定义循环起点)
N50 G71 U2. R1.；
N60 G71 P70 Q160 X0.5 Z0.3 F200；(使用 G71 指令粗车右端外轮廓)
N70 G00 X0. S1000；(精加工轮廓起始行，主轴转速 1000 r/min)
N80 G01 Z0. F120；(到圆弧起点)
N90 G03 X20. Z－10. R10.；(精加工 R10 圆弧)
N100 G01 X22.；(精加工 φ26 mm 外圆端面)
N110 X26. W－2.；(精加工 C2 倒角)
N120 Z－35.；(精加工 φ26 mm 外圆)

N130 X34.；(精加工 ϕ34 mm 外圆端面)
N140 X42. W－15.；(精加工锥面)
N150 W－13；(精加工 ϕ42 mm 外圆)
N160 X46.；(退刀)
N170 G70 P70 Q160；(精车左端外轮廓)
N180 G00 X100. Z100.；(回换刀点)
N190 M30；(程序结束)

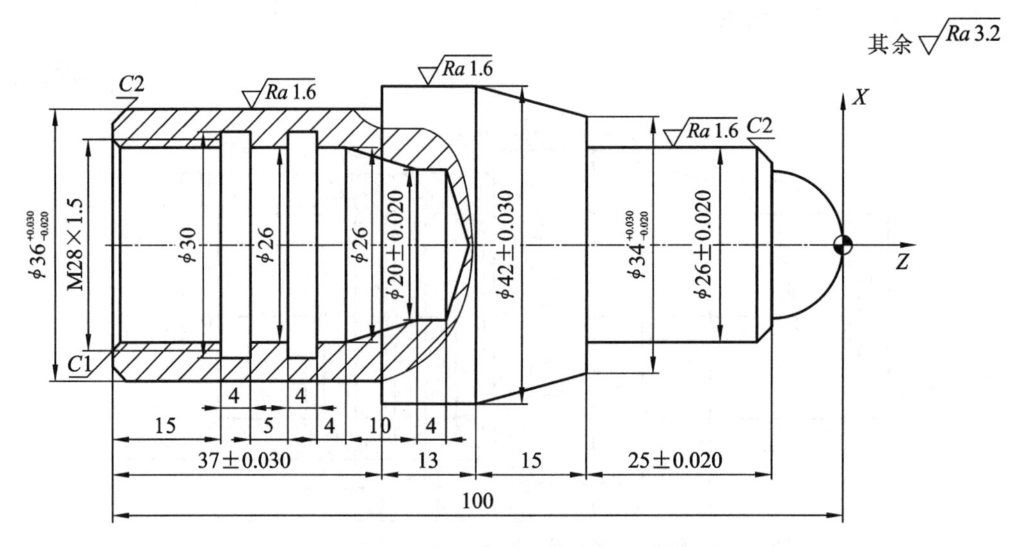

图 2-87 加工右端工件坐标系设置

练 习 题

1. 工件(见图 2-88)材料 Q235,毛坯尺寸 ϕ50×100。

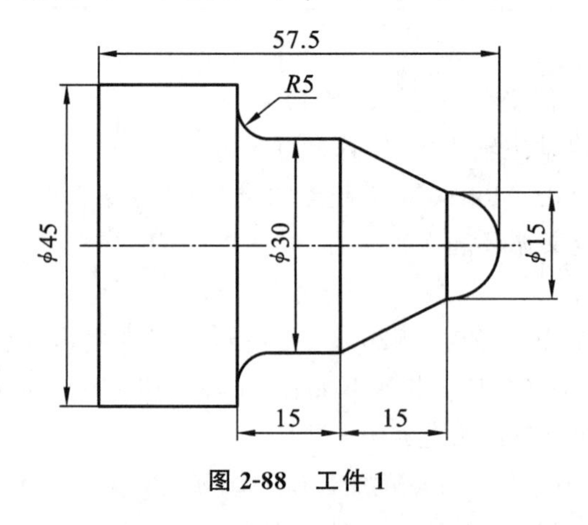

图 2-88 工件 1

2. 工件(见图 2-89)材料 Q235,毛坯尺寸 ϕ30×100。

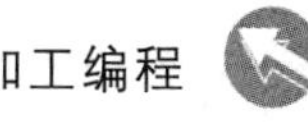

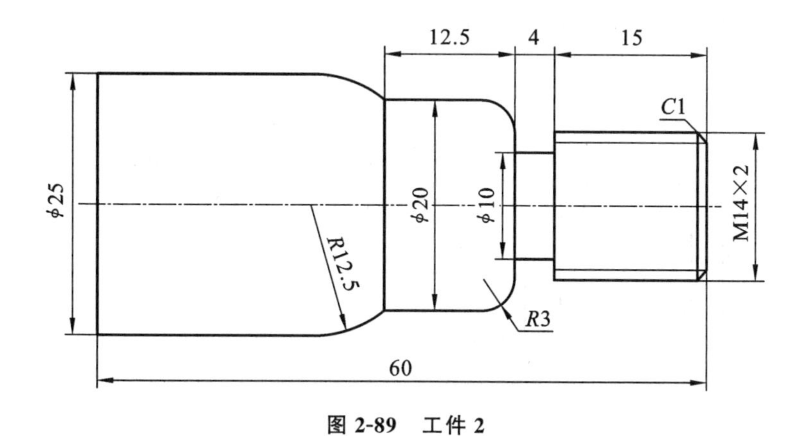

图 2-89　工件 2

3．工件(见图 2-90)材料 Q235,毛坯尺寸 φ30×80。

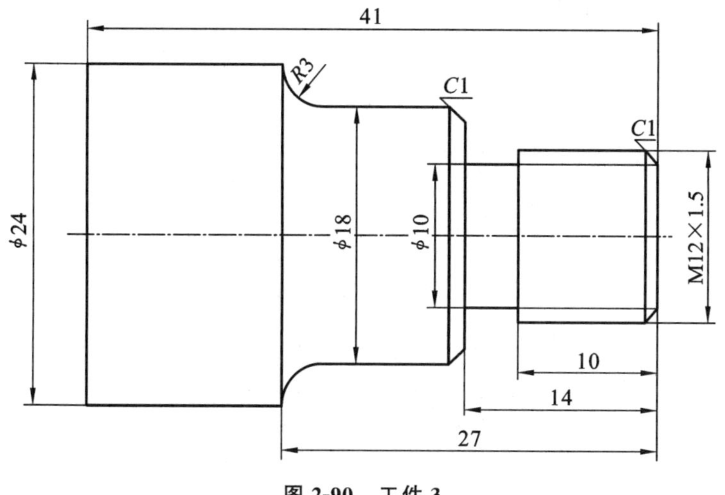

图 2-90　工件 3

4．工件(见图 2-91)材料 45 钢,毛坯尺寸 φ20×70。

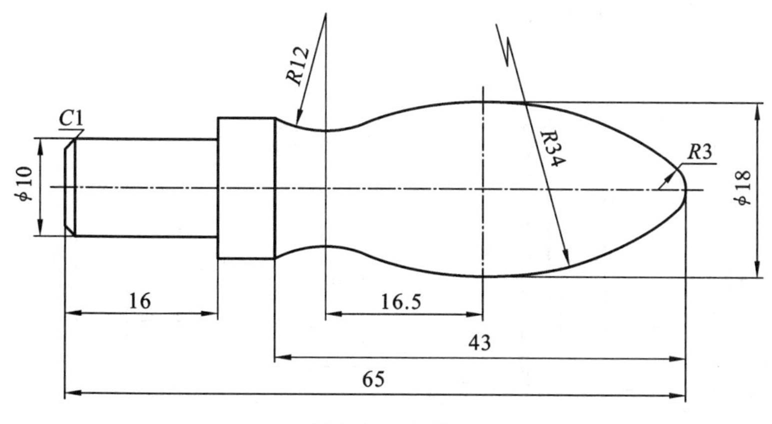

图 2-91　工件 4

5. 工件(见图 2-92)材料 Q235,毛坯尺寸 ϕ 50×115。

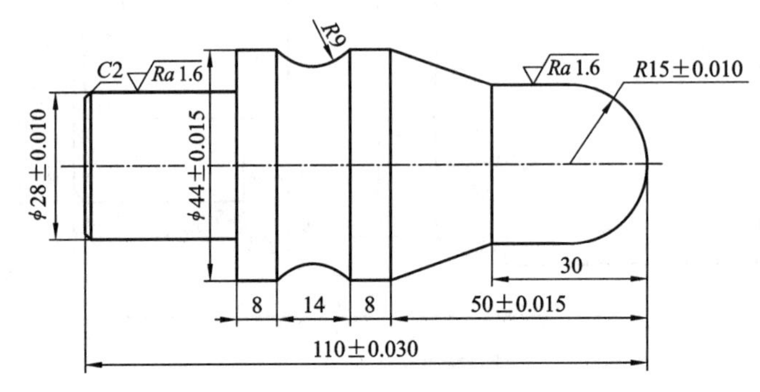

图 2-92　工件 5

6. 工件(见图 2-93)材料 Q235,毛坯尺寸 ϕ 50×60。

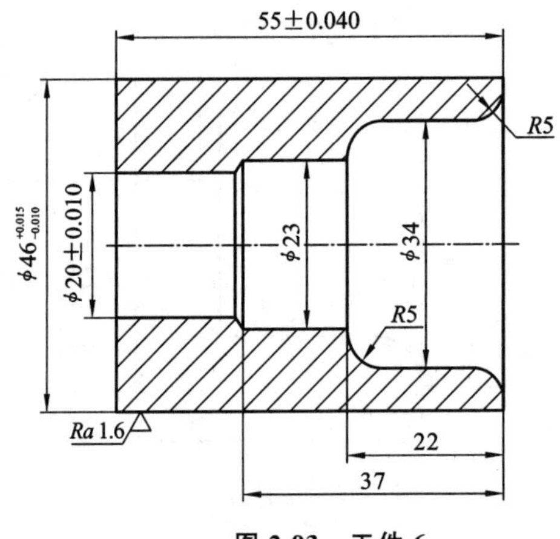

图 2-93　工件 6

7. 工件(见图 2-94)材料 Q235,毛坯尺寸 ϕ 55×125。

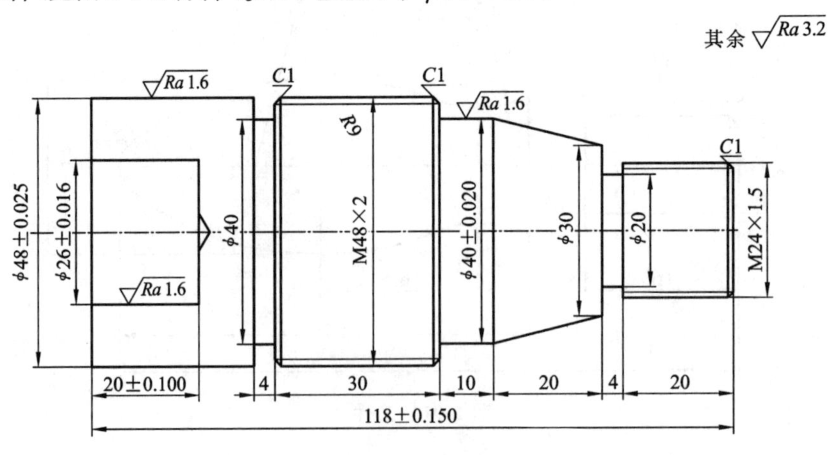

图 2-94　工件 7

项目三　数控铣削加工编程

任务一　数控铣床概述

一、学习目标

(1) 了解数控铣床的组成部分、基本结构。

(2) 了解数控铣床的主要功能与加工范围。

(3) 明确何种零件选择何种机床加工，并能做出简单的加工顺序。

二、任务引入

图 3-1 所示的零件适合用何种机床加工？

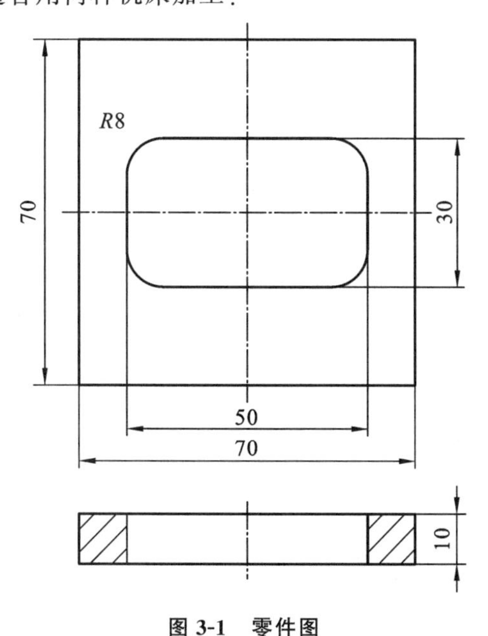

图 3-1　零件图

三、相关知识

数控铣床是采用铣削加工方式加工工件的数控机床。其加工功能很强，能够铣削各种平面轮廓和立体轮廓零件，如凸轮、模具、叶片、螺旋桨等。配上相应的刀具后，数控铣床还可以用来对零件进行钻、扩、铰、锪和镗孔加工及螺纹加工等。尽管随着加工中心的兴起，数控铣床在数控机床中所占比例有所下降，但由于有较低的价格、方便灵活的操作性能、较短的准备工作时间等优势，数控铣床仍被广泛地应用在制造行业。

1. 数控铣床的分类和用途

数控铣床种类很多，按控制坐标的联动数可分为二轴半、三轴、三轴半、四轴、五轴等联动数控铣床，半轴是指该轴只能作单独运动，不能与其他各轴作联动；按机床的主轴布局形式，分为立式、卧式和立卧两用数控铣床。

1）立式数控铣床

立式数控铣床是数控铣床中最常见、应用范围最广泛的一种布局形式，其主轴轴线垂直于水平面。此类机床以二轴半、三轴联动居多，若附加一个旋转坐标，并加以控制即称为四轴联动数控铣床。

2）卧式数控铣床

卧式数控铣床的主轴轴线平行于水平面，主要用来加工零件的侧面。为扩大加工范围，一般增加数控转盘以实现三轴半、四轴甚至五轴联动。这样，工件经过一次装夹，数次转动而完成多方位的加工，特别在箱体类零件加工中具有明显的优势。

3）立卧两用数控铣床

立卧两用数控铣床的主轴轴线方向可以变换，使一台机床既具有立式数控铣床的功能，又具有卧式铣床的特点，使机床的适用范围更加广泛，但此类机床结构复杂，价格昂贵，比较少见。

2. 数控铣床的加工范围

数控铣床可以加工许多普通铣床难以加工甚至无法加工的零件。它以铣削加工为主，辅以各种孔加工方式以及螺纹铣削，主要可加工以下种类的零件。

1）平面类零件

平面类零件是指加工面平行或垂直于水平面，以及加工面与水平面的夹角为一定值的零件，这类加工面可展开为平面。这类零件的数控铣削或孔加工相对比较简单，主要有平面凸轮、齿轮箱体和法兰盘等零件。

图 3-2 所示的三个零件均为平面类零件。其中，曲线轮廓面 M 垂直于水平面，可采用圆柱立铣刀加工。对于斜面 P，当工件尺寸不大时，可用斜板垫平后加工；当工件尺寸很大，斜面坡度又较小时，也常用行切加工法加工，这时会在加工面上留下进刀时的刀锋残留痕迹，要用钳修方法加以清除。凸台侧面 N 与水平面成一定角度，这类加工面可以采用专用的角度成型铣刀来加工。

2）变斜角类零件

变斜角类零件是指加工面与水平面的夹角呈连续变化的零件，其加工面不能展开为平

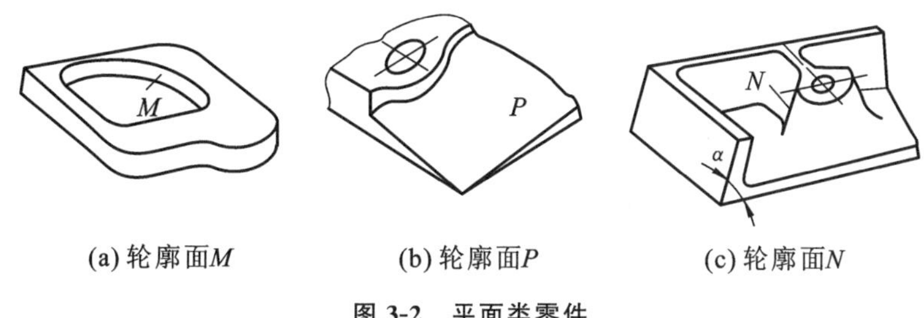

(a) 轮廓面M　(b) 轮廓面P　(c) 轮廓面N

图 3-2　平面类零件

面。此类零件如飞机上的零件和移动凸轮等。图 3-3 所示零件的加工面就是一种变斜角类零件，从截面(1)至截面(2)变化时，其与水平面间的夹角从 3°10′均匀变化为 2°32′，从截面(2)到截面(3)时，又均匀变化为 1°20′，最后到截面(4)，斜角均匀变化为 0°。变斜角类零件的加工面不能展开为平面。

当采用四坐标或五坐标数控铣床加工变斜角类零件时，加工面与铣刀圆周接触的瞬间为一条直线。这类零件也可在三坐标数控铣床上采用行切加工法实现近似加工。

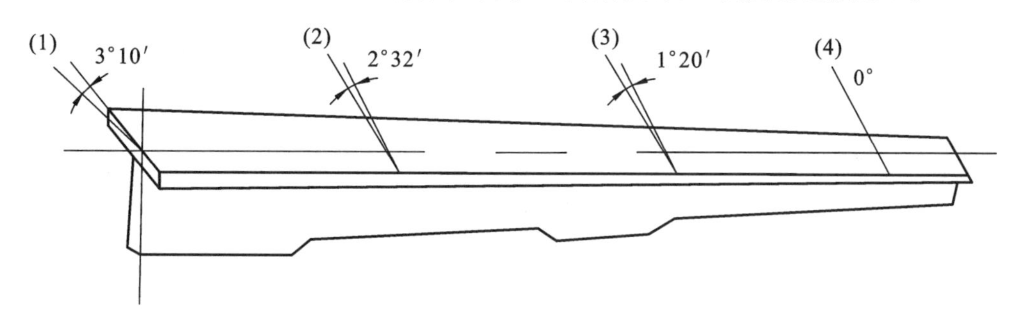

图 3-3　变斜角类零件

3）立体曲面类零件

加工面为空间曲面的零件称为立体曲面类零件。这类零件的加工面不能展成平面，一般使用球头铣刀切削，加工面与铣刀始终为点接触，若采用其他刀具加工，易于产生干涉而铣伤邻近表面。加工立体曲面类零件一般使用三坐标数控铣床，采用以下两种加工方法。

(1) 行切加工法。

采用三坐标数控铣床进行二轴半坐标控制加工，即行切加工法。如图 3-4(a)所示，球头铣刀沿 XY 平面的曲线进行直线插补加工，在一段曲线加工完后，沿 X 方向进给 ΔX，再加工相邻的另一曲线，如此依次用平面曲线来逼近整个曲面。相邻两曲线间的距离 ΔX 应根据表面粗糙度的要求及球头铣刀的半径选取。

加工时，球头铣刀的半径应尽可能选得大一些，以增加刀具刚度，提高散热性，降低表面粗糙度值。加工凹圆弧时的铣刀球头半径必须小于被加工曲面的最小曲率半径。

(2) 三坐标联动加工。

采用三坐标数控铣床三轴联动加工，即进行空间直线插补。如半球形，可用行切加工法加工，也可用三坐标联动的方法加工。这时，数控铣床用 X、Y、Z 三坐标联动的空间直线插补，实现球面加工，如图 3-4(b)所示。

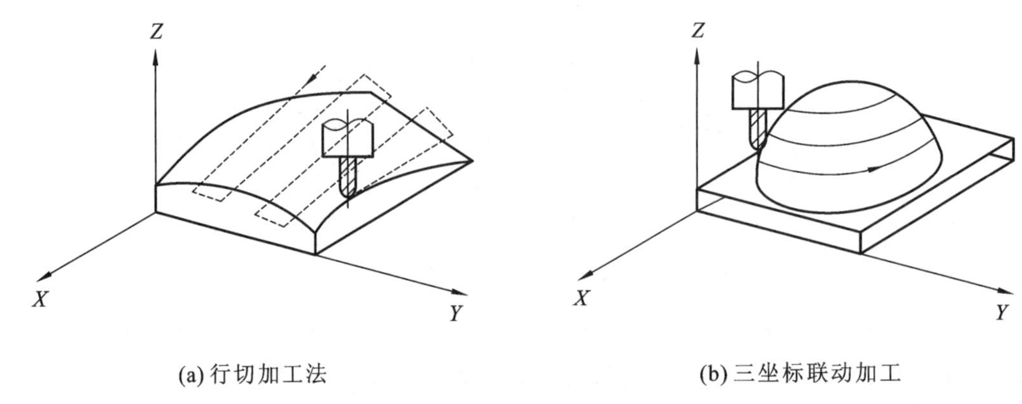

(a) 行切加工法　　(b) 三坐标联动加工

图 3-4　立体曲面类零件

3．数控铣削刀具

数控铣床上所采用的刀具要根据被加工零件的材料、几何形状、表面质量要求、热处理状态、切削性能及加工余量等,选择刚性好、耐用度高的刀具。

1）铣刀类型选择

被加工零件的几何形状是选择刀具类型的主要依据。

① 铣较大平面时,为了提高生产效率和提高加工表面粗糙度,一般采用刀片镶嵌式盘形铣刀,如图 3-5 所示。45°面铣刀为一般加工首选,背向力大,约等于进给力;切削铸铁时,有利于防止工件边缘产生崩落;但加工薄壁零件时,工件会发生挠曲,导致加工精度下降。90°面铣刀适用于薄壁零件、装夹较差的零件和要求准确 90°成形场合,进给力等于切削力,进给抗力大,易振动,要求机床具有较大功率和刚性。

(a) 45° 面铣刀　　(b) 90° 面铣刀

图 3-5　加工大平面铣刀

② 铣小平面或台阶面时一般采用通用铣刀,如图 3-6 所示。

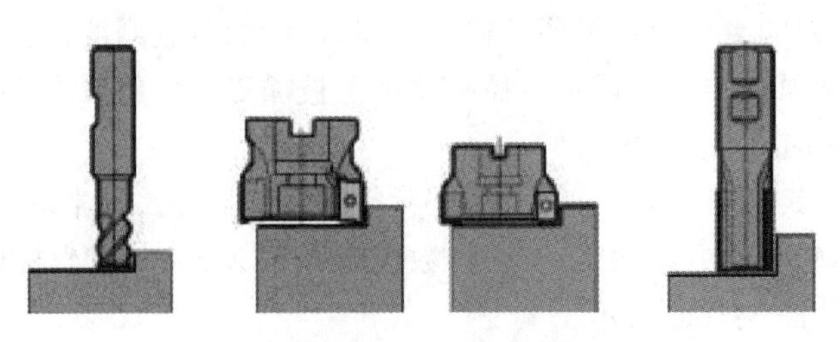

图 3-6　加工台阶面铣刀

③ 铣键槽时，为了保证槽的尺寸精度，一般用两刃键槽铣刀，如图 3-7 所示。

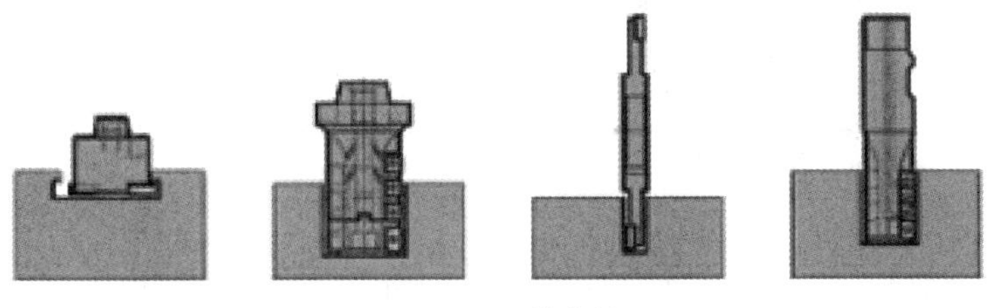

图 3-7　加工槽类铣刀

④ 孔加工时，可采用钻头、镗刀等孔加工类刀具，如图 3-8 所示。

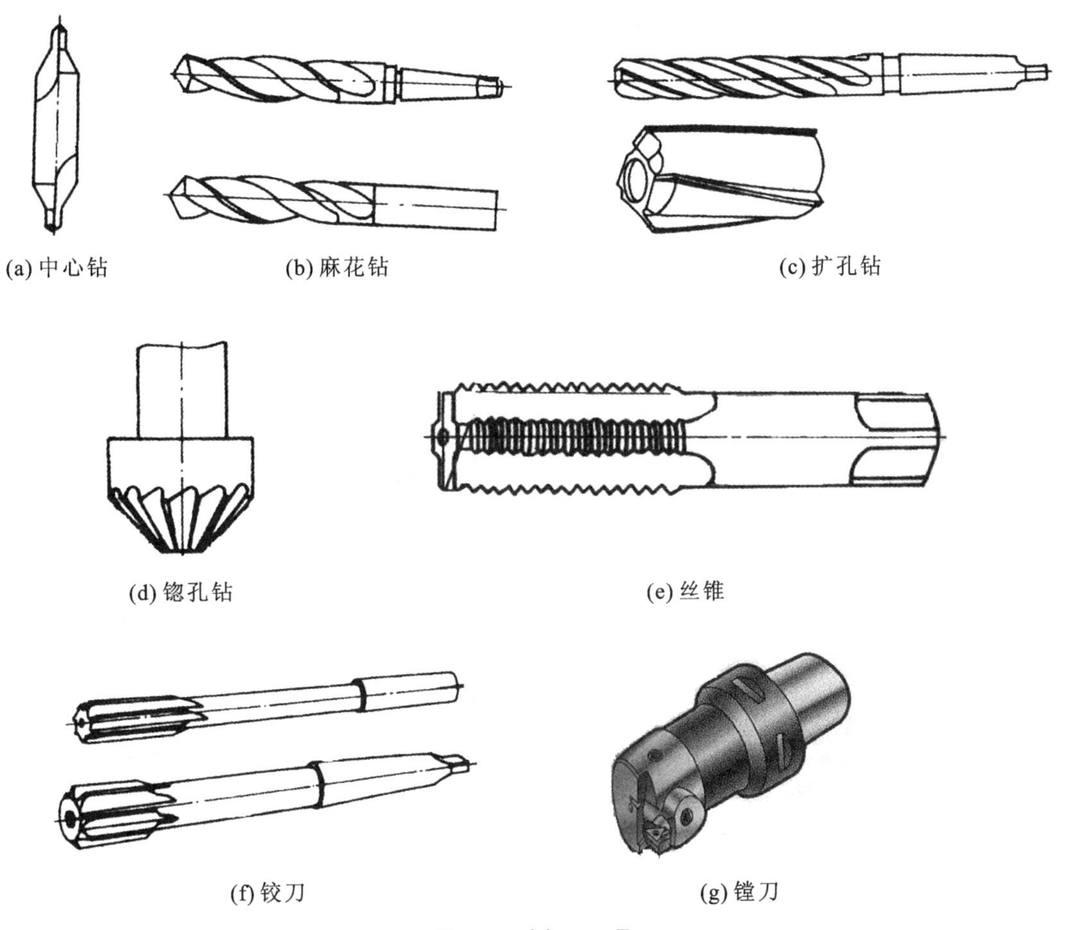

(a) 中心钻　(b) 麻花钻　(c) 扩孔钻

(d) 锪孔钻　(e) 丝锥

(f) 铰刀　(g) 镗刀

图 3-8　孔加工刀具

⑤ 加工曲面类零件时，为了保证刀具切削刃与加工轮廓在切削点相切，而避免刀刃与工件轮廓发生干涉，一般采用球头刀，粗加工用两刃铣刀，半精加工和精加工用四刃铣刀，如图 3-9 所示。

2）铣刀角度的选择

铣刀的角度有前角、后角、主偏角、副偏角、刃倾角等。为满足不同的加工需要，有多种角度组合形式。各种角度中最主要的是主偏角和前角（制造厂的产品样本中对刀具的主偏

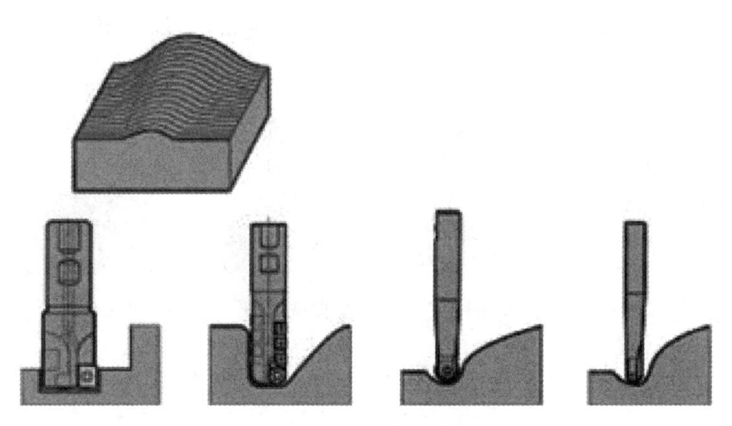

图 3-9　加工曲面类铣刀

角和前角一般都有明确说明)。

(1) 主偏角 K_r。

主偏角为切削刃与切削平面的夹角,如图 3-10 所示。铣刀的主偏角有 90°、88°、75°、70°、60°、45°等几种。

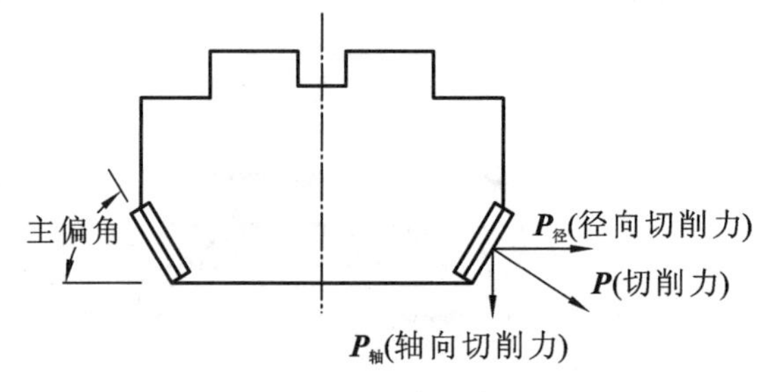

图 3-10　主偏角

主偏角对径向切削力和切削深度影响很大。径向切削力的大小直接影响切削功率和刀具的抗震性能。铣刀的主偏角越小,其径向切削力越小,抗震性也越好,但切削深度随之减小。

① 90°主偏角在铣削带凸肩的平面时选用,一般不用于单纯的平面加工。该类刀具通用性好(既可加工台阶面,又可加工平面),在单件、小批量加工中选用。由于该类刀具的径向切削力等于切削力,进给抗力大,易振动,因而要求机床具有较大功率和足够的刚性。在加工带凸肩的平面时,也可选用 88°主偏角的铣刀,较之 90°主偏角铣刀,其切削性能有一定改善。

② 60°～75°主偏角适用于平面铣削的粗加工。由于径向切削力明显减小(特别是 60°时),其抗震性有较大改善,切削平稳、轻快,在平面加工中应优先选用。75°主偏角铣刀为通用型刀具,适用范围较广;60°主偏角铣刀主要用于镗铣床、加工中心上的粗铣和半精铣加工。

③ 45°主偏角铣刀的径向切削力大幅度减小,约等于轴向切削力,切削载荷分布在较长的切削刃上,具有很好的抗震性,适用于镗铣床主轴悬伸较长的加工场合。用该类刀具加工平面时,刀片破损率低,耐用度高;在加工铸铁件时,工件边缘不易产生崩刃。

(2) 前角 γ 。

铣刀的前角可分解为径向前角 γ_f 和轴向前角 γ_p,如图 3-11 所示,径向前角 γ_f 主要影

响切削功率；轴向前角 γ_p 则影响切屑的形成和轴向力的方向，当 γ_p 为正值时，切屑即飞离加工面。径向前角 γ_f 和轴向前角 γ_p 正负的判别如图 3-11 所示。常用的前角组合形式如下。

① 双负前角。

双负前角的铣刀通常采用方形（或长方形）无后角的刀片，刀具切削刃多（一般为 8 个），且强度高、抗冲击性好，适用于铸钢、铸铁的粗加工。由于切屑收缩比大，需要较大的切削力，因此要求机床具有较大功率和较高刚性。由于轴向前角为负值，切屑不能自动流出，当切削韧性材料时易出现积屑瘤和刀具振动。

凡能采用双负前角刀具加工时建议优先选用双负前角铣刀，以便充分利用和节省刀片。当采用双正前角铣刀产生崩刃（即冲击载荷大）时，在机床允许的条件下亦应优先选用双负前角铣刀。

② 双正前角。

双正前角铣刀采用带有后角的刀片，这种铣刀楔角小，具有锋利的切削刃。由于切屑收缩比小，所耗切削功率较小，切屑成螺旋状排出，不易形成积屑瘤。这种铣刀最宜用于软材料和不锈钢、耐热钢等材料的切削加工。对于刚性差（如主轴悬伸较长的镗铣床）、功率小的机床和加工焊接结构件，应优先选用双正前角铣刀。

③ 正负前角（轴向正前角、径向负前角）。

正负前角铣刀综合了双正前角铣刀和双负前角铣刀的优点，轴向正前角有利于切屑的形成和排出；径向负前角可提高刀刃强度，改善抗冲击性能。此种铣刀切削平稳，排屑顺利，金属切除率高，适用于大余量铣削加工。WALTER 公司的切向布齿重切削铣刀 F2265 就是采用轴向正前角、径向负前角结构的铣刀。

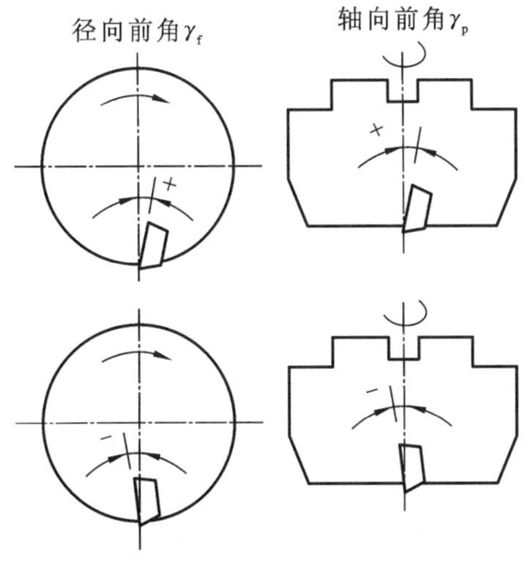

图 3-11　前角

3）铣刀的齿数（齿距）选择

铣刀齿数多，可提高生产效率，但受容屑空间、刀齿强度、机床功率及刚性等的限制，不同直径的铣刀的齿数均有相应规定。为满足不同用户的需要，同一直径的铣刀一般有粗齿、中齿、密齿三种类型。

(1) 粗齿铣刀,适用于普通机床的大余量粗加工和软材料或切削宽度较大的铣削加工。当机床功率较小时,为使切削稳定,也常选用粗齿铣刀。

(2) 中齿铣刀,系通用系列,使用范围广泛,具有较高的金属切除率和切削稳定性。

(3) 密齿铣刀,主要用于铸铁、铝合金和有色金属的大进给速度切削加工。在专业化生产(如流水线加工)中,为充分利用设备功率和满足生产节奏要求,也常选用密齿铣刀(此时多为专用非标铣刀)。

为防止工艺系统出现共振,使切削平稳,还有一种不等分齿距铣刀。如 WALTER 公司的 NOVEX 系列铣刀均采用了不等分齿距技术。在铸钢、铸铁件的大余量粗加工中建议优先选用不等分齿距的铣刀。

4) 铣刀直径的选择

铣刀直径的选用视产品及生产批量的不同差异较大,刀具直径的选用主要取决于设备的规格和工件的加工尺寸。

(1) 平面铣刀。

选择平面铣刀直径时主要需考虑刀具所需功率应在机床功率范围之内,也可将机床主轴直径作为选取的依据。平面铣刀直径可按 $D=1.5d$(d 为主轴直径)选取。在批量生产时,也可按工件切削宽度的 1.6 倍选择刀具直径。

(2) 立铣刀。

立铣刀直径的选择主要应考虑工件加工尺寸的要求,并保证刀具所需功率在机床额定功率范围以内。如小直径立铣刀,则应主要考虑机床的最高转数能否达到刀具的最低切削速度(60 m/min)。

(3) 键槽铣刀。

键槽铣刀的直径和宽度应根据加工工件尺寸选择,并保证其切削功率在机床允许的功率范围之内。

5) 刀片牌号的选择

(1) 合理选择刀片硬质合金牌号的主要依据是被加工材料的性能和硬质合金的性能。一般选用铣刀时,可按刀具制造厂提供加工的材料及加工条件,来配备相应牌号的硬质合金刀片。

(2) 由于各厂生产的同类用途硬质合金的成分及性能各不相同,硬质合金牌号的表示方法也不同,为方便用户,国际标准化组织规定,切削加工用硬质合金按其排屑类型和被加工材料分为三大类:P 类、M 类和 K 类。根据被加工材料及适用的加工条件,每大类中又分为若干组,用两位阿拉伯数字表示,每类中数字越大,其耐磨性越低、韧性越高。

(3) P 类合金(包括金属陶瓷)用于加工产生长切屑的金属材料,如钢、铸钢、可锻铸铁、不锈钢、耐热钢等。其中,组号越大,则可选用越大的进给量和切削深度,而切削速度则应越小。

(4) M 类合金用于加工产生长切屑和短切屑的黑色金属或有色金属,如钢、铸钢、奥氏体不锈钢、耐热钢、可锻铸铁、合金铸铁等。其中,组号越大,则可选用越大的进给量和切削深度,而切削速度则应越小。

(5) K 类合金用于加工产生短切屑的黑色金属、有色金属及非金属材料,如铸铁、铝合金、铜合金、塑料、硬胶木等。其中,组号越大,则可选用越大的进给量和切削深度,而切削速

度则应越小。

6) 数控机床刀柄系统的选择

工具系统是针对数控机床要求与之配套的刀具必须可快换和高效切削而发展起来的,是刀具与机床的接口。工具系统的选择是数控机床配置中的重要内容之一,因为工具系统不仅影响数控机床的生产效率,而且直接影响零件的加工质量。根据数控机床(或加工中心)的性能与数控加工工艺的特点优化刀具与刀柄系统,可以取得事半功倍的效果。

(1) 数控机床常用刀柄的分类。

与普通加工方法相比,数控加工对刀具的刚度、精度、耐用度及动平衡性能等方面要求更为严格。刀具的选择要注重工件的结构与工艺性分析,结合数控机床的加工能力、工件材料及工序内容等因素综合考虑。

数控加工常用刀柄主要分为钻孔刀具刀柄、镗孔刀具刀柄、铣刀类刀柄、螺纹刀具刀柄和直柄刀具类刀柄(立铣刀刀柄和弹簧夹头刀柄)。

(2) 数控机床常用刀柄的选择。

① 刀柄结构形式。

数控机床刀具刀柄的结构形式分为整体式与模块式两种,如图 3-12 所示。整体式刀柄其装夹刀具的工作部分与它在机床上安装定位用的柄部是一体的。这种刀柄对机床与零件的变换适应能力较差。为适应零件与机床的变换,用户必须储备各种规格的刀柄,因此刀柄的利用率较低。模块式刀具系统是一种较先进的刀具系统,其每把刀柄都可通过各种系列化的模块组装而成。针对不同的加工零件和使用机床,采取不同的组装方案,可获得多种刀柄系列,从而提高刀柄的适应能力和利用率。

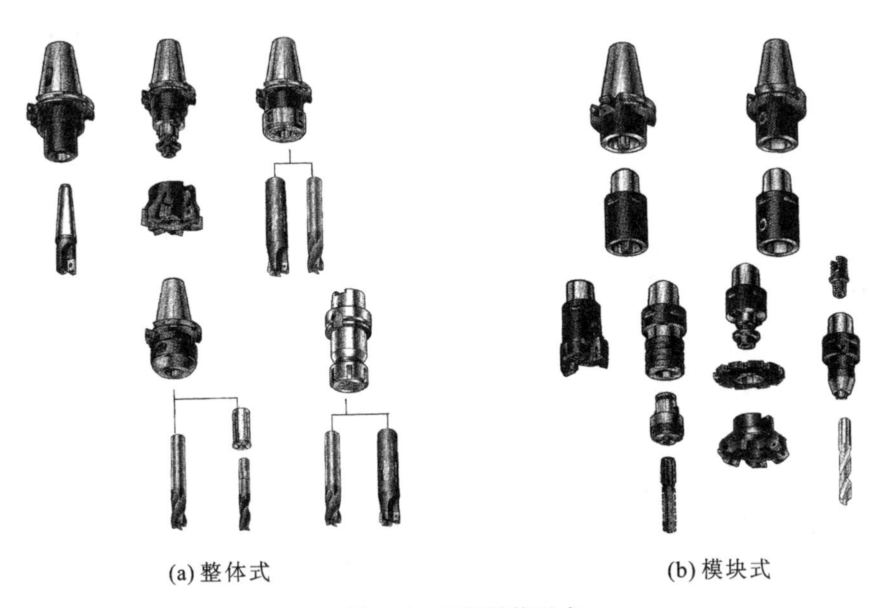

(a) 整体式　　(b) 模块式

图 3-12　刀柄结构形式

刀柄结构形式的选择应兼顾技术先进与经济合理两个方面:对一些长期反复使用、不需要拼装的简单刀具以配备整体式刀柄为宜,使工具刚性好,价格便宜(如加工零件外轮廓用的立铣刀刀柄、弹簧夹头刀柄及钻夹头刀柄等);在加工孔径、孔深经常变化的多品种、小批量零件时，宜选用模块式刀柄，以取代大量整体式镗刀柄，降低加工成本；对数控机床较多尤其是机床主轴端部、换刀机械手各不相同时，宜选用模块式刀柄。由于各机床所用的中间模块(接杆)和工作模块(装刀模块)可通用，故可大大减少设备投资，提高工具利用率。

② 刀柄规格。

数控刀具刀柄多数采用7:24圆锥工具刀柄，并采用相应形式的拉钉拉紧结构与机床主轴相配合。刀柄有各种规格，常用的有40号、45号和50号，选择时应考虑刀柄规格与机床主轴、机械手相适应。

③ 刀柄的规格数量。

整体式的TSG工具系统包括20种刀柄，其规格数量多达数百种，用户可根据所加工的典型零件的数控加工工艺来选取刀柄的品种规格，既可满足加工要求，又不致造成积压。考虑到数控机床工作的同时还有一定数量的刀柄处于预调或刀具修磨中，因此通常刀柄的配置数量是所需刀柄的2～3倍。

④ 刀具与刀柄的配套。

关注刀柄与刀具的匹配，尤其是在选用攻螺纹刀柄时，要注意配用的丝锥传动方头尺寸。此外，数控机床上选用单刃镗孔刀具可避免退刀时划伤工件，但应注意刀尖相对于刀柄上键槽的位置方向：有的机床要求与键槽方位一致，而有的机床则要求与键槽方位垂直。

⑤ 选用高效和复合刀柄。

为提高加工效率，应尽可能选用高效率的刀具和刀柄。如粗镗孔可选用双刃镗刀刀柄，既可提高加工效率，又有利于减少切削振动；选用强力弹簧夹头不仅可以夹持直柄刀具，也可通过接杆夹持带孔刀具等。对于批量大、加工复杂的典型工件，应尽可能选用复合刀具。尽管复合刀具与刀柄价格较为昂贵，但在加工中心上采用复合刀具加工，可把多道工序合并成一道工序、由一把刀具完成，有利于减少加工时间和换刀次数，显著提高生产效率。对于一些特殊零件，还可考虑采用专门设计的复合刀柄。

⑥ 强化工具系统管理工作。

随着数控机床数量增加，刀柄的数量会急剧增多。一套拥有5～8台数控机床的柔性制造系统，刀柄数量可达1000把以上。

如何使这些刀具得到合理有效的利用，是刀具管理的重点工作。其内容包括：刀柄采购或补充计划的提出；刀具数据的预调；刀具的调度与保管；刀具寿命情况判断与控制等。

4. 工件的夹具及安装

1) 用机用平口钳安装工件

机用平口钳属于数控铣床的通用夹具，适用于中小尺寸和形状规则的工件安装，它是一种通用夹具，一般有非旋转式和旋转式两种，前者刚性较好，后者底座上有一刻度盘，能够把平口钳转成任意角度。安装平口钳时必须先将平口钳底面和机床工作台面擦干净，利用百分表校正钳口，保证钳身导轨上平面对机床工作台面平行度，并且使固定钳口与工作台的横向(或纵向)方向平行，以保证铣削的加工精度，如图3-13所示。

数控铣床上加工的零件多数为半成品，利用平口钳装夹的工件尺寸一般不超过钳口的宽度，所加工的部位不得与钳口发生干涉。平口钳安装好后，把工件放入钳口内，并在工件的下面垫上比工件窄、厚度适当且要求较高的等高垫块，然后把工件夹紧。为了使工件紧密

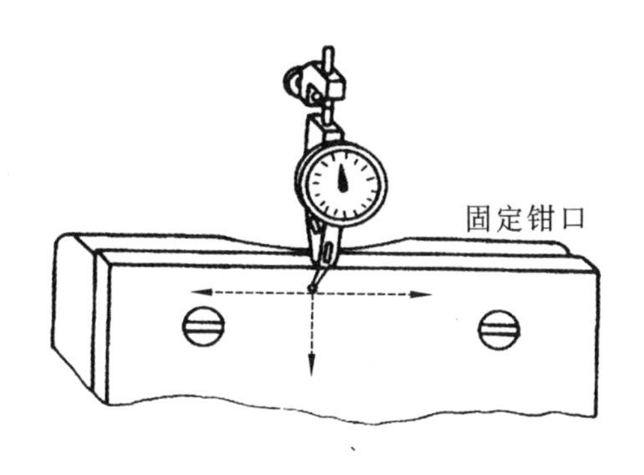

图 3-13　机用平口钳的校正

地靠在垫块上，应用铜锤或木槌轻轻地敲击工件，直到用手不能轻易推动等高垫块，再将工件夹紧在平口钳内。工件应当紧固在钳口比较中间的位置，装夹高度以铣削尺寸高出钳口平面 3～5 mm 为宜，用平口钳装夹表面粗糙度较差的工件时，应在两钳口与工件表面之间垫一层铜皮，以免损坏钳口，并能增加接触面。图 3-14 所示为使用机用平口钳装夹工件的几种情况。

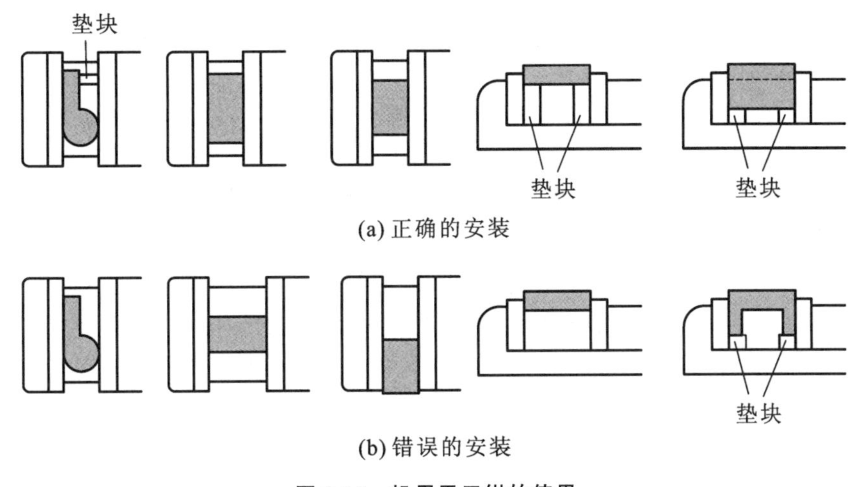

图 3-14　机用平口钳的使用

2）用组合压板安装工件

对于体积较大的工件大都用组合压板来装夹，根据图纸的加工要求，可将工件直接压在工作台面上，如图 3-15(a)所示，这种装夹方法不能进行贯通的挖槽或钻孔加工等；也可在工件下面垫上厚度适当且要求较高的等高垫块后再将其压紧，如图 3-15(b)所示，这种装夹方法可进行贯通的挖槽或钻孔加工。

使用压板时应注意以下几点：

(1) 必须将工作台面和工件底面擦干净，不能拖拉粗糙的铸件、锻件等，以免划伤台面。在工件的光洁表面或材料硬度较低的表面与压板之间，必须安置垫片(如铜片或厚纸片)，这样可以避免表面因受压力而损伤。

(2) 压板的位置要安排得妥当，要压在工件刚性最好的地方，不得与刀具发生干涉，夹紧力的大小也要适当，不然会产生变形。

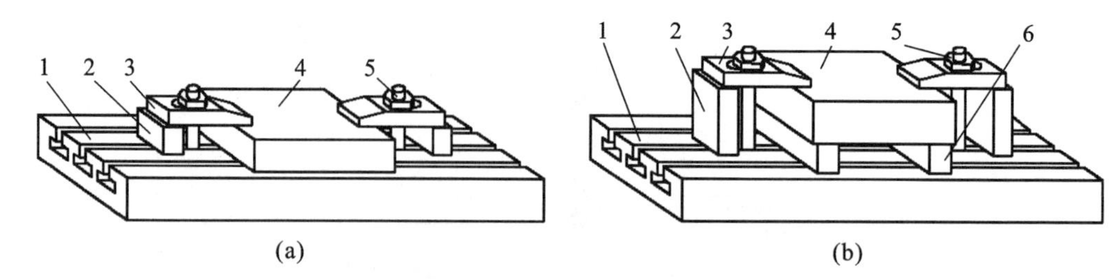

图 3-15　组合压板安装工件的方法

1—工作台;2—支承块;3—压板;4—工件;5—双头螺柱;6—等高垫块

(3) 支撑压板的支承块高度要与工件相同或略高于工件,压板螺栓必须尽量靠近工件,并且螺栓到工件的距离应小于螺栓到支承块的距离,以便增大压紧力。螺母必须拧紧,否则将会因压力不够而使工件移动,以致损坏工件、机床和刀具,甚至发生意外事故。

3) 用其他装置安装工件

(1) 用万能分度头安装。

分度头是铣床常用的重要附件,能使工件绕分度头主轴轴线回转一定角度,在一次装夹中完成等分或不等分零件的分度工作,如加工四方、六角等。

(2) 用三爪卡盘安装。

将三爪卡盘利用压板安装在工作台面上,可装夹圆柱形零件。在批量加工圆柱工件端面时,装夹快捷方便,例如铣削端面凸轮、不规则槽等。

4) 用组合夹具安装工件

为了保证工件的加工质量,提高生产率,减轻劳动强度,根据工件的形状和加工方式可采用专用夹具安装。

近年来,为了解决专用夹具的专用性和产品品种的多变性之间的矛盾,按"积木"的方法而设想发展了组合夹具。它是由各种不同形状、规格、尺寸的标准件,根据被加工工件的形状和工序要求,装配成的各种夹具。用完之后,可拆开、清洗,再重新组装成其他夹具。

四、任务实施

根据上述数控铣床的知识点,并结合数控铣床的学习内容,确定该零件选用数控铣床加工,使用机用平口钳装夹。

任务二　数控铣床对刀

一、学习目标

(1) 掌握数控铣床坐标系的建立方式,会使用机床参考点相关指令。

(2) 了解数控铣床对刀的原理。

(3) 掌握数控铣床对刀的操作方式。

二、任务引入

毛坯尺寸 60 mm×60 mm×20 mm，使用 ϕ16 mm 立铣刀，在数控机床中输入以下程序后，如何能够加工出图 3-16 所示的零件？

```
O3201;
N010 G54 G17 G90;
N020 M03 S1000;
N030 G00 Z100.;
N040X40. Y40.;
N050Z5.;
N060Z－5. F50;
N070 G41 G01 X25. F150 D01;
N080 Y－25.;
N90 X－25.;
N100 Y25.;
N110 X40.;
N170 G40 G01 Y40.;
N180 G00 Z100.;
N190 M30;
```

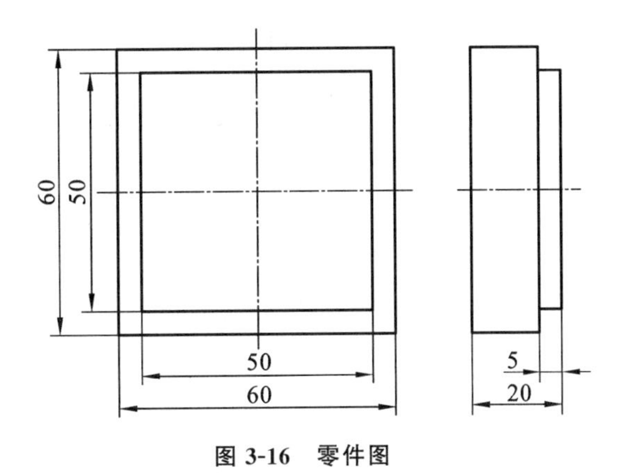

图 3-16　零件图

三、相关知识

1. 数控铣床的坐标系

数控铣床的坐标系是以机床零点为坐标系原点建立的右手直角笛卡儿坐标系，Z 轴平行于机床主轴，正方向为刀具远离装夹面的方向。当 Z 轴水平时，从刀具主轴后向工件看，X 轴正方向向右，如图 3-17(a)所示；当 Z 轴竖直时，从刀具主轴向机床立柱看，X 轴正方向向右，如图 3-17(b)所示。Y 轴正方向根据 X 轴和 Z 轴的正方向，按照标准笛卡儿直角坐标系判断。

在数控铣床上，机床参考点一般取在 X、Y、Z 三个直角坐标轴正方向的极限位置上，在数控机床执行回零操作后，数控机床根据显示的参考点在机床坐标系中的坐标，确定机床原点的位置，建立机床坐标系。大多数数控铣床的机床参考点与机床原点重合。

2. 机床参考点相关指令

1) 返回参考点指令——G28

G28 指令用于刀具从当前位置返回机床参考点。返回参考点指令格式如下：

(G90/G91) G28 X_ Y_ Z_；回参考点

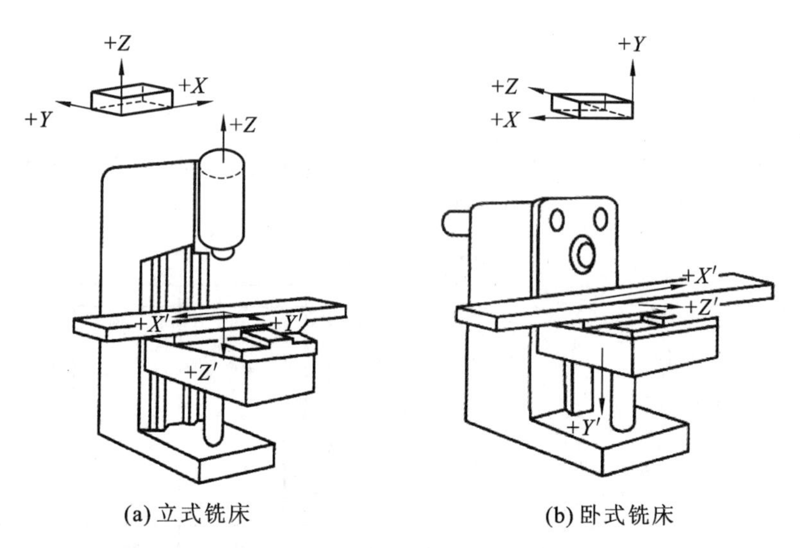

(a) 立式铣床　　(b) 卧式铣床

图 3-17　数控铣床坐标系

其中 X、Y、Z 坐标设定值为返回参考点时的中间点,G90 表示中间点为绝对坐标,G91 表示中间点为相对坐标。

与数控车床编程相同,使用 G28 执行回参考点操作时,刀具先运动到中间点,再从中间点到达参考点。不经过中间点,直接由当前点回参考点的指令如下:

G91 G28 Z0.;(Z 轴方向回参考点)

2) 参考点返回校验指令——G27

G27 指令用于检验 X 轴、Y 轴、Z 轴是否正确返回参考点,指令格式如下:

(G90/G91) G27 X_ Y_ Z_; 参考点校验

其中 X、Y、Z 为参考点的坐标。执行 G27 指令的前提是机床通电后必须返回过一次参考点(手动返回或自动返回)。

3) 从参考点返回指令——G29

G29 指令使刀具以快速移动速度,从机床参考点经过 G28 指令设定的中间点,移动到 G29 指令设定的目标点,指令格式如下:

(G90/G91) G29 X_ Y_ Z_;

3. 数控铣床工件坐标系零点的确定

在数控铣床上,G92 指令和 G54～G59 指令都是用于设定工件加工坐标系的,但它们在使用中是有区别的:G92 指令是通过程序来设定工件加工坐标系的;G54～G59 指令是通过 CRT/MDI 在设置参数方式下设定工件加工坐标系的,一经设定,加工坐标原点在机床坐标系中的位置是不变的,它与刀具的当前位置无关,除非再通过 CRT/MDI 方式更改,G54～G59 指令程序段可以和 G00、G01 指令组合在选定的加工坐标系中进行位移。

1) 用 G92 确定工件坐标系

指令格式:G92 X_ Y_ Z_;

G92 指令用来确定刀具当前位置在工件坐标系中的坐标值。X_ Y_ Z_为刀具刀位点

在工件坐标系中的初始位置。G92 指令是将加工原点设定在相对于刀架起始点的某一空间点上。G92 指令为非模态指令，一般放在一个零件程序的第一段。该指令只改变当前位置的用户坐标，不产生任何机床移动，该坐标系在机床重开机时消失。

如图 3-18 所示，用 G92 指令设置加工坐标系的程序段如下：

G92 X20. Y10. Z10.；

其确立的加工原点在距离刀具起始点 $X=-20$，$Y=-10$，$Z=-10$ 的位置上。

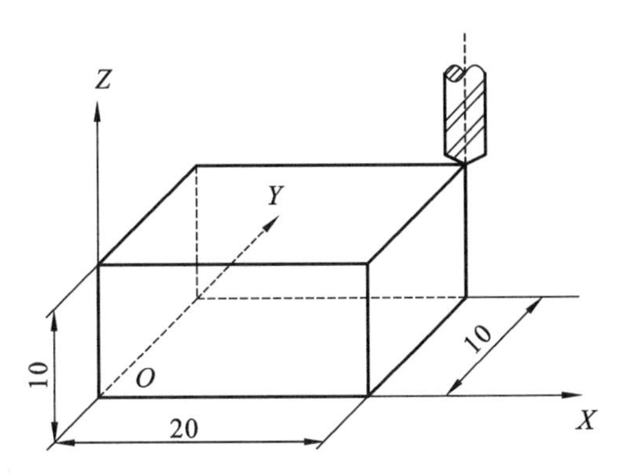

图 3-18 G92 设置工件坐标系

2）用 G54～G59 确定工件坐标系

G54～G59 指令可以分别用来建立相应的工件坐标系，工件坐标系的设定可采用输入每个坐标系距机械原点的 X、Y、Z 轴的距离来实现。

在图 3-19(a)中分别设定 G54 和 G59 时可采用下列方式：

G54 存储器设置 X=－X1，Y=－Y1，Z=Z1；

G59 存储器设置 X=－X2，Y=－Y2，Z=Z2。

当工件坐标系设定后，如果在程序中写成“G90 G54 X20. Y15.；”，机床会向预先设定的 G54 坐标系中的 A 点(20,15)处移动。同样，当写成“G90 G59 X10. Y20.；”时，机床会向预先设定的 G59 中的 B 点(10,20)处移动，如图 3-19(b)所示。

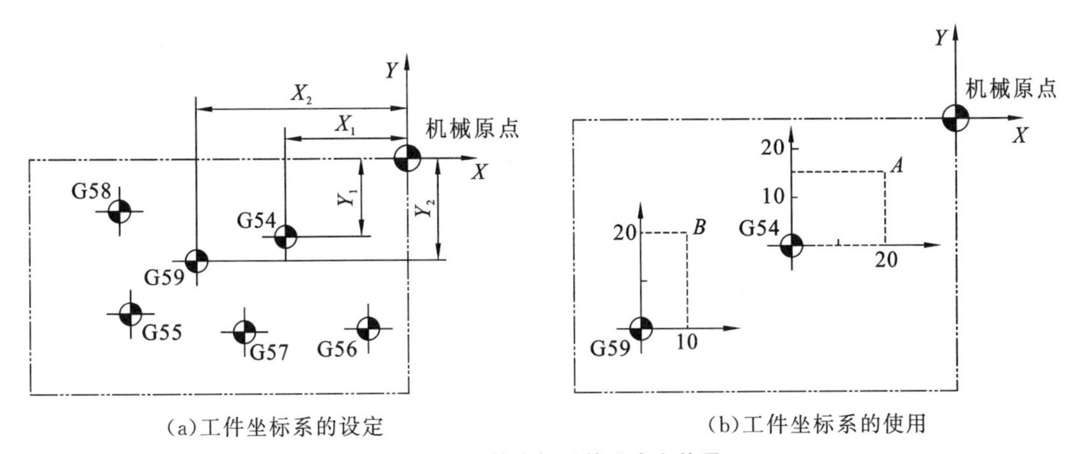

(a)工件坐标系的设定　　(b)工件坐标系的使用

图 3-19 工件坐标系的设定和使用

4．数控铣床对刀原理

数控操作人员确定工件原点相对机床原点位置关系的操作过程称为对刀，其实质是找到编程原点在机床坐标系中的坐标值，然后通过执行 G54～G59 等工件坐标系建立指令创建和编程坐标系一致的工件坐标系。

刀位点是指在加工程序编制中，用以表示刀具特征的点，编程时通常用这一点代替刀具，而不需要考虑刀具的实际大小形状。刀位点也是对刀和加工的基准点。各类铣刀的刀位点如图 3-20 所示。

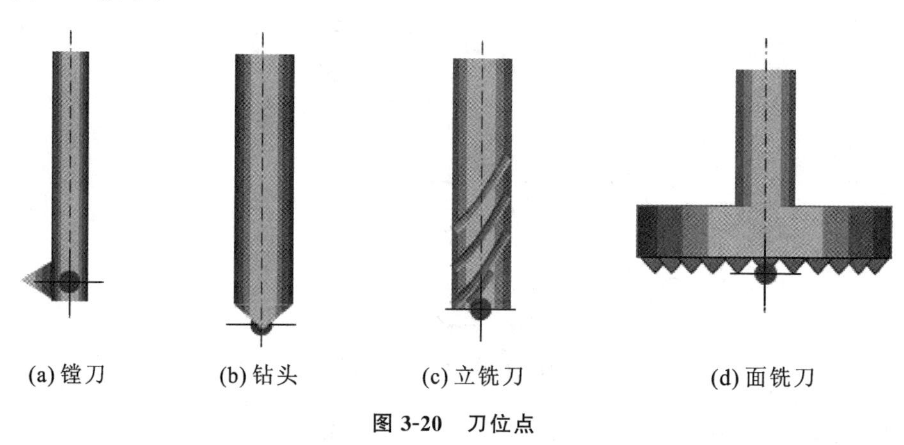

图 3-20　刀位点

由于机床回零后，刀具刀位点的位置距离机床原点是固定不变的，因此，为便于对刀和加工，可将机床回零后刀位点的位置看作机床原点。如图 3-21 所示，O 是程序原点，O' 是机床回零以后刀位点位置为参照的机床原点。通过对刀测量程序原点与机床原点之间的偏移距离并设置程序原点在以刀位点为参照的机床坐标系里的坐标，即得到图中 O 点在机床坐标系中的 X、Y、Z 坐标值(相对 O' 点的坐标)并输入对应的原点偏置寄存器中。

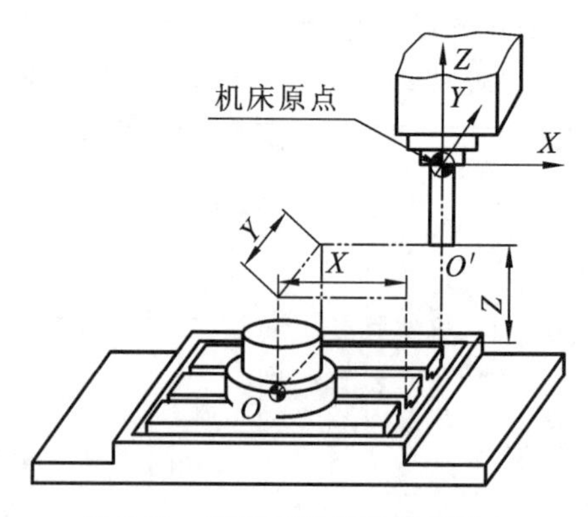

图 3-21　铣床工件坐标系的建立

对刀方法如下。

1) X、Y 轴方向对刀

(1) 试碰工件右端面，此时刀具所处位置在机床坐标系中的 X 坐标为 X_1，试碰工件左端面，此时刀具所处位置在机床坐标系中的 X 坐标为 X_2，则编程原点 O 在机床坐标系中的 X 坐标值为 $(X_1 + X_2)/2$。

(2) 试碰工件前端面，此时刀具所处位置在机床坐标系中的 Y 坐标为 Y_1，试碰工件后端面，此时刀具所处位置在机床坐标系中的 Y 坐标为 Y_2，则编程原点 O 在机床坐标系中的 X 坐标值为$(Y_1+Y_2)/2$。

2) Z 轴方向对刀

试碰工件上表面，此时刀具所处位置的在机床坐标系中的 Z 坐标为 Z_0，则编程原点 O 在机床坐标系中的 Z 坐标值为 Z_0。

拓展知识

华中系统数控铣床对刀操作如图 3-22 所示。

采用试切对刀法，使用 G54 设定工件坐标系：

在“增量”方式下，主轴正转→按“设置”→按“坐标系设定”→“G54”坐标系。

(1)对 X 轴：摇动手轮→使刀具侧边刃轻碰工件面①后，保持 X 轴不动，摇动手轮上升 Z 轴(使刀具上升高出工件上表面)→在机床面板上按“分中” 键(此时提示为分中的第一参考点)→按“Y”(确认按“Y”，否定按“N”，此时提示要确定分中第二参考点)→摇动手轮使刀具轻碰工件面②，保持 X 轴不动，摇动手轮上升 Z 轴→按“Y”(确认按“Y”，否定按“N”，此时确定分中第二参考点)。

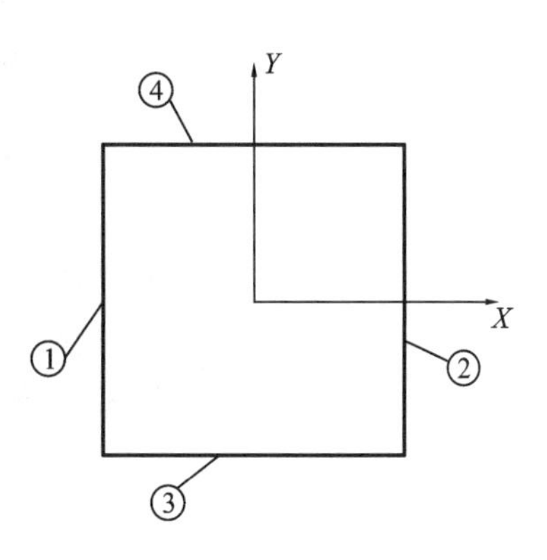

图 3-22　华中系统数控铣床对刀

(2)Y 轴对法与 X 轴相同(把 X 轴对法中的 X 改为 Y，把工件面①改为工件面③，把工件面②改为工件面④即可)。

(3)对 Z 轴：摇动手轮使刀具端面轻碰工件上表面(选择加工中会被切去的位置对刀，否则会留下对刀痕迹)→把数值直接输入 Z 光栅。

G56、G57、G58、G59 的使用方法与 G54 的相同。

四、任务实施

本任务中编程零点取在工件上表面中心，试切法对刀步骤如下：

(1) 选择操作面板上的手动进给方式，然后选择主轴正转，使其指示灯亮，主轴启动。

(2)选择手动进给方式，使刀具分别沿 X、Y、Z 轴负方向快速进给，从右侧靠近工件右端面，当刀具快接近工件时，取消快速，当刀具距离工件很近时，也可选择增量进给或手轮进给，并通过调整倍率按钮、、、设置进给速度，沿 X 轴负方向进给直到刀具接触右端面→记录此时刀具所在位置在机床坐标系中的 X 坐标值 X_1，抬刀后沿 X 轴负方向进给，直到刀具到达左端面左侧→下刀后沿 X 轴正方向进给，直到刀具接触左端面→记录此时刀具所在位置在机床坐标系中的 X 坐标值 X_2，按键进入参数设置界面，如图 3-23 所示，单击[坐标系]后移动光标至 G54～G59 坐标系中的一处(一般输入 G54)，将$(X_1+X_2)/2$ 输入 X 坐标寄存器，此时即找到工件坐标系 X 轴的零点位置。

(3) 与步骤(2)操作类似，使刀具接触工件前、后端面，分别记录 Y_1 和 Y_2 坐标值，并将

$(Y_1+Y_2)/2$ 输入 Y 坐标寄存器。

(4) 选择手动进给方式,移动刀具,使刀具与工件上表面接触,进入坐标系参数设置界面,将光标移至对于存储器 Z 坐标值位置,输入刀具当前刀位点,在所要建立的工件坐标系中的 Z 坐标值"Z0"处,单击[测量],此时即找到工件坐标系 Z 轴的零点位置。

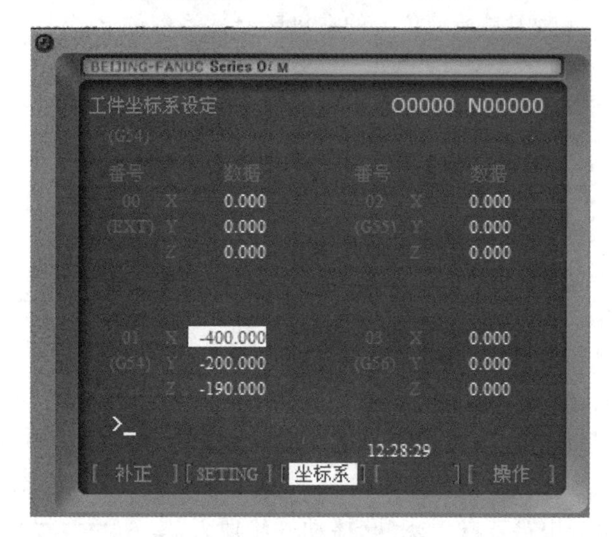

图 3-23 工件坐标系设定

任务三 外轮廓铣削加工

一、学习目标

(1) 理解坐标平面选择指令的含义。

(2) 掌握数控铣床绝对坐标和相对坐标的表示方式及编程指令。

(3) 掌握 G00、G01、G02、G03 指令的用法。

(4) 理解刀具半径补偿的含义,掌握刀具补偿指令的应用方法。

(5) 学会外轮廓铣削加工的编程方法。

二、任务引入

如图 3-24 所示,毛坯尺寸 120 mm×100 mm×15 mm,底面、顶面及周边轮廓已加工,材料为 Q235,根据技术要求,分析加工工艺及编写凸台轮廓的铣削加工程序。

三、相关知识

1. 铣削外轮廓的进给路线

铣削平面零件时,一般采用立铣刀侧刃进行切削。为减少接刀痕迹,保证零件表面质

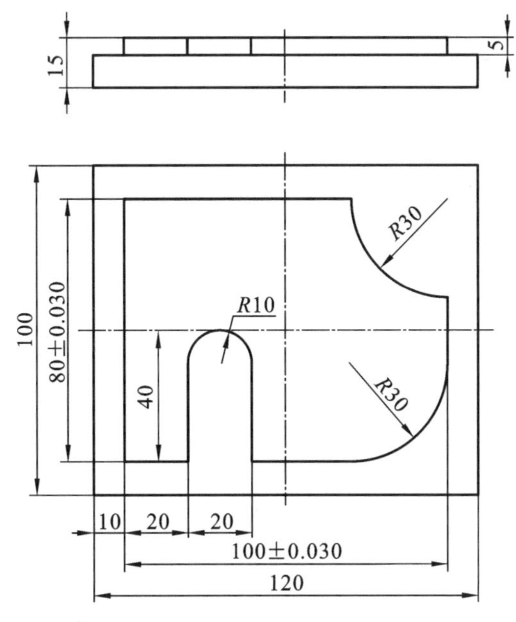

图 3-24　零件图

量，对刀具的切入和切出程序需要精心设计。如图 3-25 所示，铣削外轮廓时，铣刀的切入点和切出点应沿零件轮廓曲线的延长线切向切入或切出零件表面，而不应沿法向直接切入零件，以避免加工表面产生刀痕，保证零件轮廓光滑。

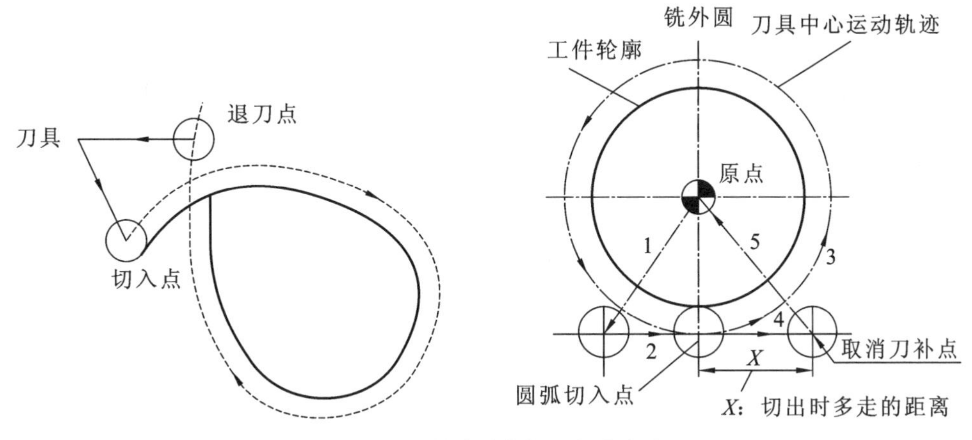

图 3-25　外轮廓铣削切入切出方式

2. 坐标平面选择指令——G17、G18、G19

G17 指令表示选择 *XY* 平面，G18 指令表示选择 *ZX* 平面，G19 指令表示选择 *YZ* 平面。各坐标平面如图 3-26 所示，一般情况下，数控铣床默认在 *XY* 平面内加工。

坐标平面选择指令用于选择圆弧插补平面和刀具补偿平面。

3. 绝对编程与增量编程指令——G90、G91

用 G90 编程时，程序段中的坐标尺寸为绝对值，即在工件坐标系中的坐标值。用 G91 编

程时,程序段中的坐标尺寸为增量坐标值,即刀具运动的终点相对于前一位置的坐标增量。

例如:要求刀具由 *A* 点直线插补到 *B* 点(如图 3-27 所示),用 G90、G91 编程时,程序段分别为:

绝对坐标编程:G90 G01 X15. Y30. F100;

相对坐标编程:G91 G01 X-20. Y10. F100;

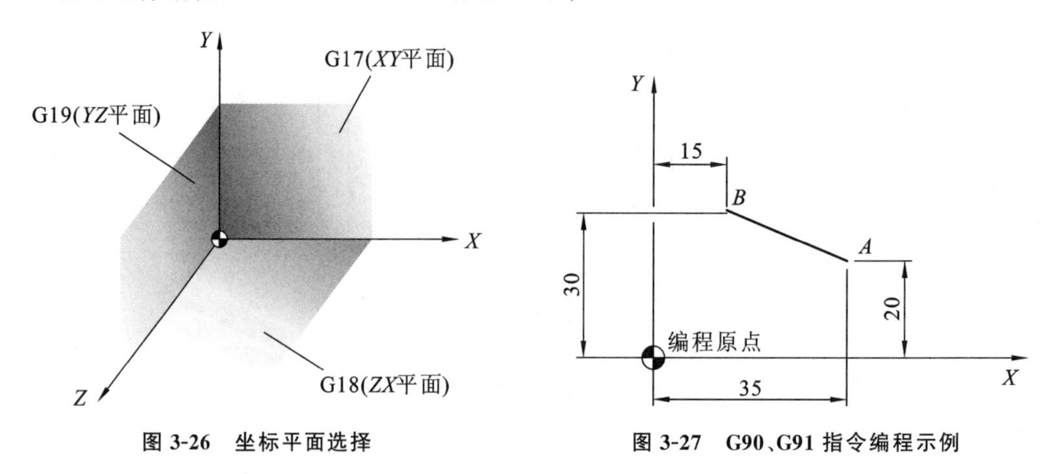

图 3-26 坐标平面选择　　**图 3-27 G90、G91 指令编程示例**

数控系统通电后,机床一般处于 G90 状态。此时所有输入的坐标值是以工件原点为基准的绝对坐标值,并且一直有效,直到在后面的程序段中出现 G91 指令为止。

4. 快速定位指令——G00

指令格式:G00 G90/G91 X_ Y_ Z_;

其中:X、Y、Z 为快速定位终点,在 G90 时为终点在工件坐标系中的坐标,在 G91 时为终点相对于起点的位移量。(空间折线移动)

说明:

(1) G00 一般用于加工前快速定位或加工后快速退刀。

(2) 为避免干涉,通常的做法是:不轻易三轴联动。一般先移动一个轴,再在其他两轴构成的面内联动。

如:进刀时,先在安全高度 *Z* 上,移动(联动)*X*、*Y* 轴,再下移 *Z* 轴到工件附近;退刀时,先抬 *Z* 轴,再移动 *X*、*Y* 轴。

5. 直线进给指令——G01

指令格式: G01 G90/G91 X_ Y_ Z_ F_;

其中,X、Y、Z 为终点,在 G90 时为终点在工件坐标系中的坐标,在 G91 时为终点相对于起点的位移量。

说明:

(1) G01 指令刀具从当前位置以联动的方式,按程序段中 F 指令规定的合成进给速度,按合成的直线轨迹移动到程序段所指定的终点。

(2) 实际进给速度等于指令速度 F 与进给速度修调倍率的乘积。

(3) G01 和 F 都是模态代码,如果后续的程序段不改变加工的线型和进给速度,可以不

再书写这些代码。

(4) G01 可由 G00、G02、G03 或 G33 功能注销。

6. 圆弧插补指令——G02、G03

指令格式：

圆心坐标编程：

G17 G02/G03 X_ Y_ I_ J_ F_；

G18 G02/G03 X_ Z_ I_ K_ F_；

G19 G02/G03 Y_ Z_ J_ K_ F_；

半径编程：

G17 G02/G03 X_ Y_ R_ F_；

G18 G02/G03 X_ Z_ R_ F_；

G19 G02/G03 Y_ Z_ R_ F_；

说明：

(1) 圆弧插补只能在某平面内进行。

(2) G17 代码进行 *XY* 平面的指定，省略时就默认 G17。

(3) 当在 ZX(G18)和 YZ(G19)平面上编程时，平面指定代码不能省略。

(4) G02/G03 判断：沿垂直圆弧所在坐标平面的负方向看，G02 为顺时针圆插补，G03 为逆时针圆插补，如图 3-28 所示。

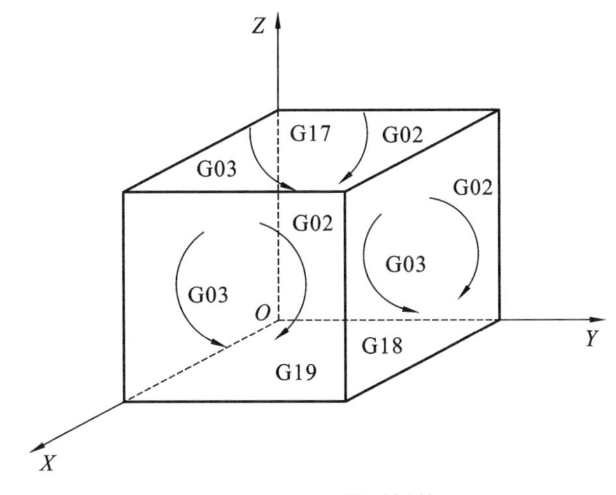

图 3-28　平面圆弧插补

(5) I,J,K 分别表示 *X*,*Y*,*Z* 轴圆心的坐标减去圆弧起点的坐标，如图 3-29 所示，某项为零时可以省略。

(6) 当圆弧圆心角小于等于 180°时，R 为正值，当圆弧圆心角大于 180°而小于 360°时，R 为负值。

如图 3-30 所示，加工大圆弧 *AB* 的程序段为：G17 G90 G03 X0 Y25. R－25. F80；

加工小圆弧 *AB* 的程序段为：G17 G90 G03 X0 Y25. R25. F80；

(7) 整圆编程时不可以使用 R，只能用 I、J、K。

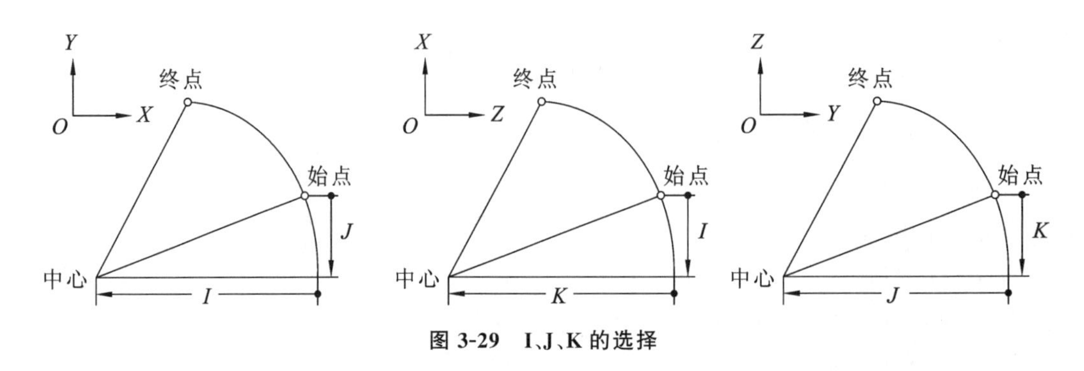

图 3-29　I、J、K 的选择

如图 3-31 所示,刀具由编程零点顺时针沿 *OABCD* 轮廓铣削,按零件轮廓编程如下:

G90 G01 Y10. F100;(*O* 点→*A* 点)
X20. Y20.;(*A* 点→*B* 点)
G91 G03 X10. Y−10. R10.;(*B* 点→*C* 点,也可写为:G03 X30. Y10. R10.)
G02 X−10. Y−10. R10.;(*C* 点→*D* 点,也可写为:G02 X20. Y0. R10.)
G90 G01 X0.;(*D* 点→*O* 点)

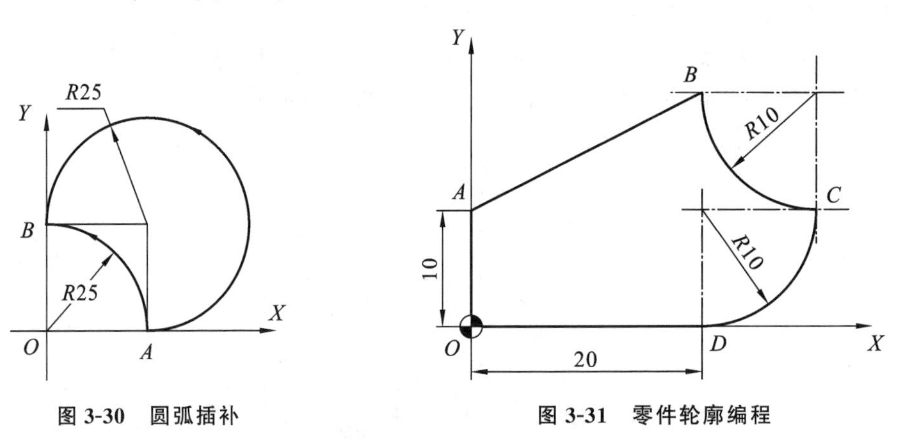

图 3-30　圆弧插补　　　　**图 3-31　零件轮廓编程**

7. 刀具半径补偿指令——G41、G42、G40

在实际加工中由于刀具半径的影响,零件的轮廓与刀具轨迹并不重合,如图 3-32 所示。在编程过程中,为了避免复杂的数值计算,一般按零件实际轮廓来编写数控程序,但刀具具有一定的半径尺寸,如果不考虑刀具半径尺寸,加工出来的实际轮廓会与图纸要求轮廓相差一个刀具半径值。因此,采用刀具半径补偿功能后,数控编程只需按工件轮廓进行,数控系统自动计算刀心轨迹,使刀具偏离工件轮廓一个刀具半径值,即进行刀具半径补偿。

1) 指令格式

指令格式:

G41/G42 G00/G01 X_ Y_ D_ F_;

G40 G00/G01 X_ Y_ F_;

说明:

(1) G41 表示刀具半径左补偿,G42 表示刀具半径右补偿,G40 表示取消刀具半径补偿。

(2) D 为刀具半径补偿号,对应存储器中存有刀具半径补偿数值。

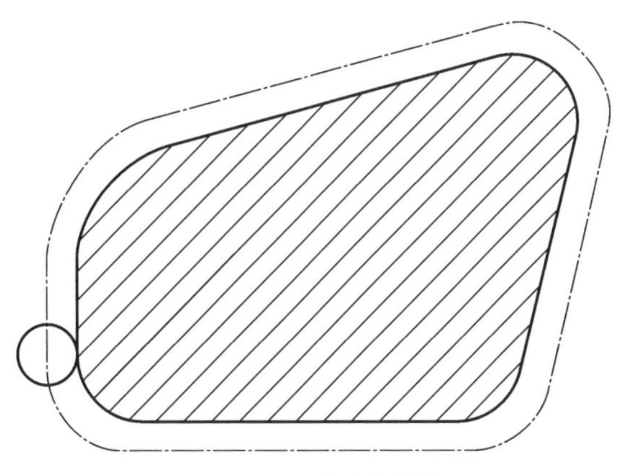

图 3-32 刀具半径补偿

(3) 这是一组模态指令,可相互注销。

2) 刀具半径补偿方向判定

G41、G42 指令刀具补偿方向的判定如图 3-33 所示,观察视角垂直于补偿平面(如 *XOY* 平面)的负方向看去,沿刀具的移动方向看,当刀具处在切削轮廓的右侧时,称为刀具半径右补偿;反之为刀具半径左补偿。

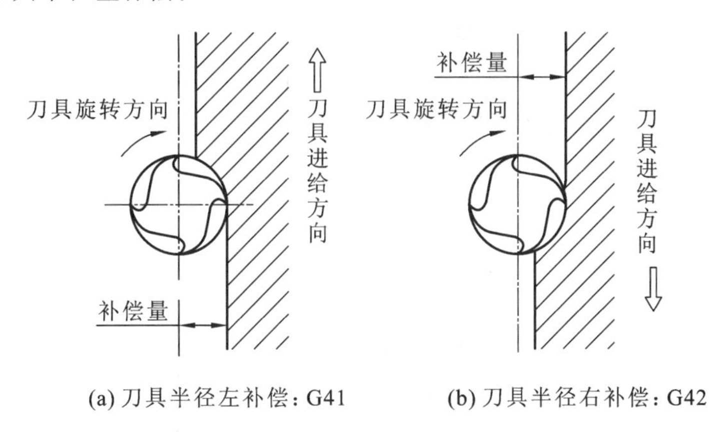

(a) 刀具半径左补偿:G41 (b) 刀具半径右补偿:G42

图 3-33 刀具半径补偿方向

使用刀具半径补偿应注意以下事项:

(1) G40、G41、G42 只能与 G00 或 G01 一起使用,不能和 G02、G03 一起使用,使用 G01 指令来建立和取消刀补更安全,遵循先下刀再建立刀补,先撤刀补再抬刀的原则;

(2) 刀具半径补偿建立和取消过程中不要在两线段交接处进行;

(3) 可用切线配合圆弧切入切出方式建立和取消刀补;

(4) 建撤刀补的位置一般放在毛坯的一半+1.5 倍的刀具直径位置处;

(5) 在刀具补偿模式下,每个完整的封闭轮廓加工,有建必有撤。

3) 刀具半径补偿的过程

刀具半径补偿过程分为刀补的建立、刀补进行、刀补的取消,如图 3-34 所示。其中:

1~2 阶段是建立刀具半径补偿阶段;

2~13 阶段是维持刀具半径补偿状态阶段;

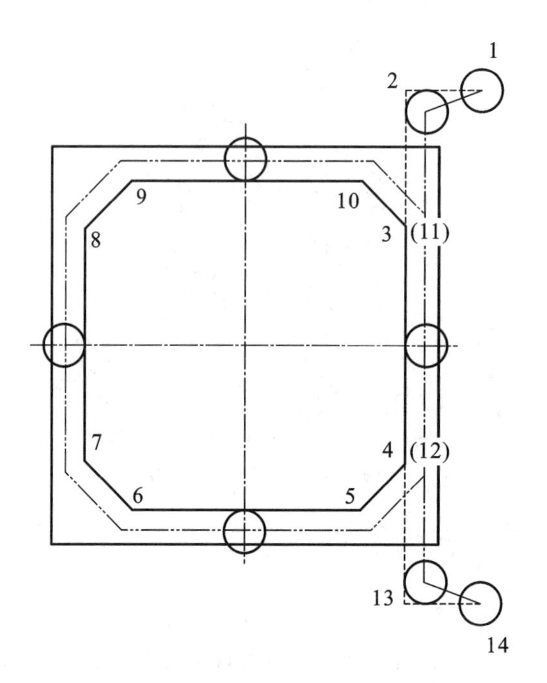

图 3-34 刀具半径补偿的过程

13～14 阶段是撤销刀具半径补偿阶段；

编程时坐标按照从 1～14 轨迹计算，刀具中心沿图中点画线走刀。

如图 3-35 所示，刀具从(0,0)开始，使用 01 号刀具半径补偿值，顺时针方向走刀加工如图所示轮廓，程序如下：

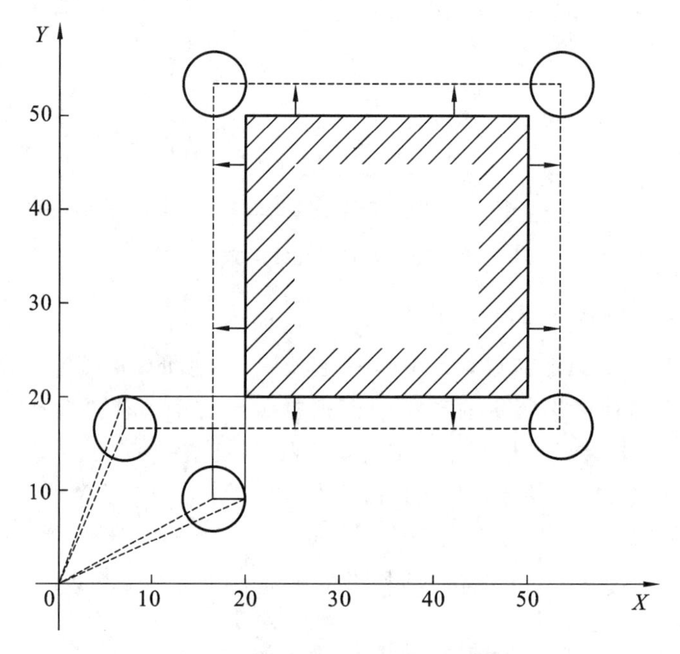

图 3-35 刀具半径补偿加工的轮廓

G41 G01 X20. Y10. D01 F200;

Y50.;

X50.;

Y20.;

X10.;

G40 G01 X0. Y0.;

四、任务实施

1. 数控加工工序卡片

工厂名称	数控加工工序卡片	产品及型号	零件名称	零件图号	材料名称	材料牌号	第　页	共　页
					钢	Q235		
工序号	工序名称	程序编号	夹具名称	夹具编号	设备名称	设备型号	设备规格	加工车间
			平口钳	01	数控铣床			实训中心
工步号	工步内容	刀具名称	刀具号	主轴转速/(r/min)	进给量/(mm/min)	背吃刀量/mm	备注	
1	粗铣轮廓	ϕ18 立铣刀	01	800	150	5	留 0.5 mm 余量	
2	精铣轮廓	ϕ18 立铣刀	01	1000	120	5		
编制	抄写		校对		审核		批准	

2. 数控加工程序

编程零点取在零件上表面中心，通过设置不同的刀具半径补偿实现零件的粗、精加工。加工时在 *A* 点下刀，沿 *AB* 建立刀具半径补偿，接着顺时针沿着零件轮廓走刀，加工完成后，沿 *CA* 取消刀具半径补偿，最后抬刀结束。工件坐标系设置及加工路线如图 3-36 所示。

O3301;(程序号)

N010 G54 G17 G90 G40 G49 G80;(建立工件坐标系，程序初始化)

N020 G00 Z100.;(*Z* 轴下刀至安全高度)

N030 M03 S800;(主轴正转，转速 800 r/min，精加工时转速设置为 S1000)

N040 X−68. Y56.;(刀具快速定位到下刀位置)

N050 Z5.;(刀具下刀离工件上表面 5 mm 处)

N060 G01 Z−5. F50;(以 50 mm/min 的速度切削入零件 5 mm 深)

N070 G41 G01 Y40. F150 D01;(建立刀具半径补偿，粗、精加工用同一个程序。粗加工时 D01 为 9.5 mm，精加工时设置 F120，刀补 D01 为 9 mm)

N080 X20.;(向 X 向移动至 X20 mm 处)
N090 G03 X50. Y10. R30;(铣削 R30 的圆弧)
N100 G01 Y−10.;(切削至 Y−10 mm 处)
N110 G02 X20. Y−30. R30.;(铣削 R30 的圆弧)
N120 G01 X−10.;(切削至 X−10 mm 处)
N130 G03 X−30. Y−10. R10.;(铣削 R10 的圆弧)
N140 G01 Y−40.;(直线切削至 Y−40 mm 处)
N150 X−50.;(直线切削至 Y−50 mm 处)
N160 Y50.;(直线切削至 Y50 mm 处)
N170 G40 G01 X−68. Y65.;(取消刀补,回至下刀点)
N180 G00 Z100.;(快速抬刀至 100 mm 处)
N190 M30;(程序结束)

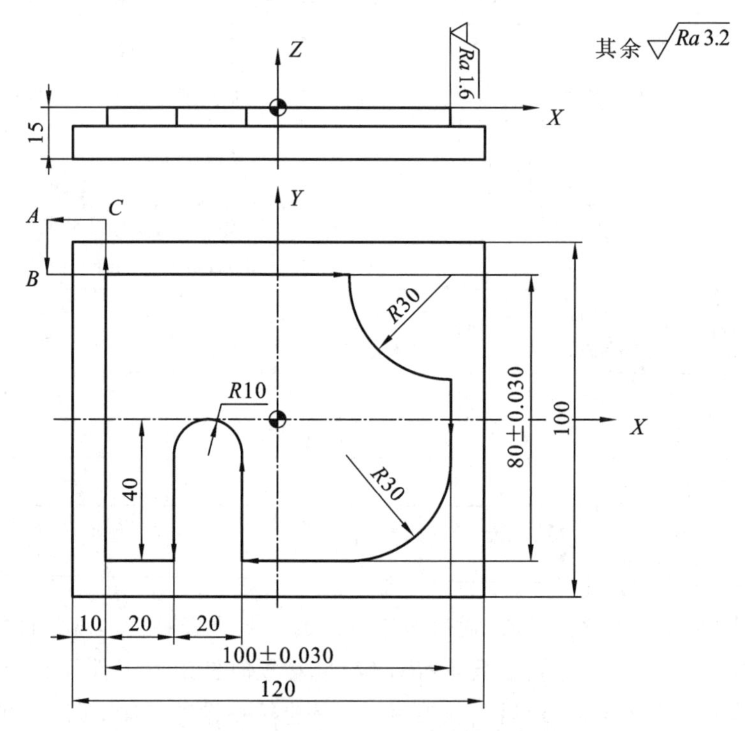

图 3-36　工件坐标系设置及加工路线

拓展知识

华中系统中的程序指令如下:
O3301;(主程序)
N010G54 G17 G90(建立工件坐标系)
……
(接下来的程序指令与上面的相同。)

任务四 内轮廓铣削加工

一、学习目标

(1) 加深刀具半径补偿的理解,进一步熟悉刀具半径补偿指令的应用方法。

(2) 学会内轮廓铣削加工的编程方法。

二、任务引入

如图 3-37 所示,毛坯尺寸 80 mm×80 mm×20 mm,底面、顶面及周边轮廓已加工,编程零点取在上表面,材料为 Q235,根据技术要求,分析加工工艺及编写槽的铣削加工程序。

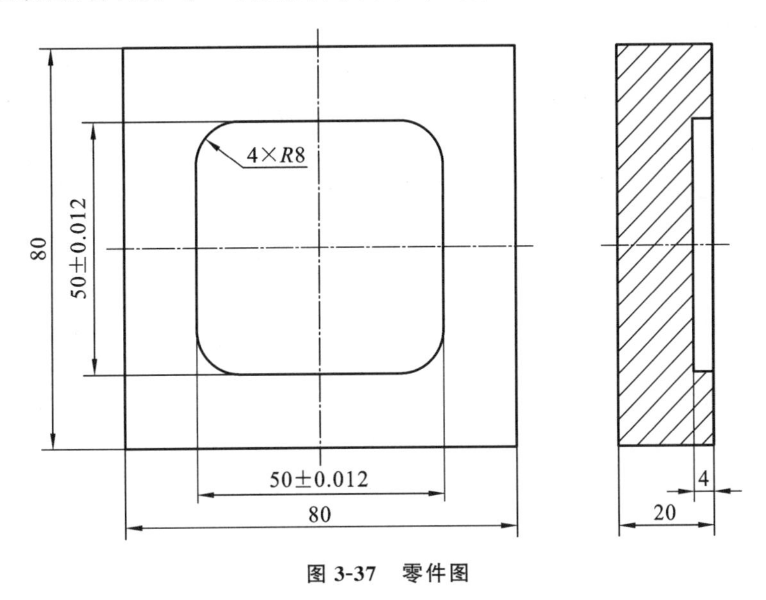

图 3-37 零件图

三、相关知识

1. 铣削内轮廓的进给路线

铣削封闭的内轮廓时,切入切出无法外延,这时尽量由圆弧过渡到圆弧,如图 3-38 所示。在无法实现时铣刀可沿零件轮廓的法线方向切入和切出,并将其切入切出点选在零件轮廓两几何元素的交点处。

2. 铣削内槽的进给轮廓

内槽是指以封闭曲线为边界的平底凹槽。内槽一律用平底立铣刀加工,刀具圆角半径应符合内槽的图纸要求,所使用的刀具半径不得超过轮廓内圆弧半径。

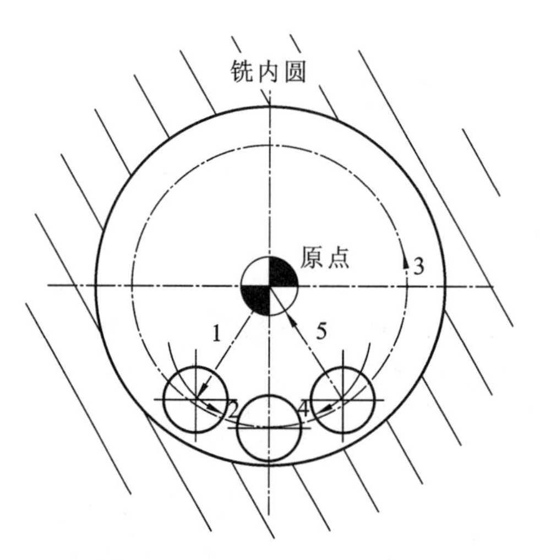

图 3-38　内轮廓加工刀具切入切出

加工凹槽通常有三种进给路线,图 3-39(a)和图 3-39(b)分别为用行切法和环切法加工内槽。行切法的进给路线比环切法短,但行切法将在每两次进给的起点与终点间留下残留面积,而达不到所要求的表面粗糙度;用环切法获得的表面粗糙度要好于行切法。采用图 3-39(c)所示的进给路线,即先进行行切法去中间部分余量,最后环切法环切一刀光整轮廓表面,既能使总的进给路线较短,又能获得较好的表面粗糙度。

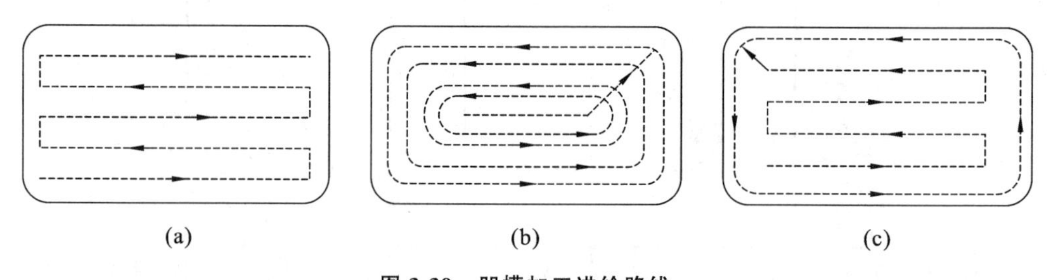

图 3-39　凹槽加工进给路线

四、任务实施

1. 数控加工工序卡片

工厂名称	数控加工工序卡片	产品及型号	零件名称	零件图号	材料名称	材料牌号	第　页	共　页
					钢	Q235		
工序号	工序名称	程序编号	夹具名称	夹具编号	设备名称	设备型号	设备规格	加工车间
			平口钳	01	数控铣床			实训中心

续表

工步号	工步内容	刀具名称	刀具号	主轴转速 /(r/min)	进给量 /(mm/min)	背吃刀量 /mm	备注
1	粗铣槽	ϕ12 立铣刀	01	800	200	4	留 0.5 mm 余量
2	精铣槽	ϕ12 立铣刀	01	1000	150	4	
编制		抄写	校对		审核		批准

2. 数控加工程序

编程零点取在零件上表面中心，采用环切法的进给路线，通过设置不同的刀具半径补偿实现零件的粗、精加工。加工时在 *O* 点下刀，沿 *OA* 建立刀具半径补偿，接着沿圆弧 *AB* 将刀具引入，然后逆时针沿零件轮廓走刀，加工完成后，沿圆弧 *BC* 将刀具引出，沿 *CO* 取消刀具半径补偿，最后抬刀结束。工件坐标系设置及加工路线如图 3-40 所示。

O3401；(程序号)

N010 G54 G17 G90 G40 G49 G80；(建立工件坐标系，程序初始化)

N020 G00 Z80.；(快速定位到离工件 80 mm 处)

N030 M03 S800；(主轴正转，转速 800 r/min，精加工时转速设置为 S1000)

N040X0. Y0.；(快速定位到下刀位置)

N050Z5.；(刀具下刀离工件上表面 5 mm 处)

N060 G01 Z−4. F50；(以 50 mm/min 的速度切入零件 4 mm 深)

N070 G41 G01 X10. Y15. F200 D01；(建立刀具半径补偿，粗、精加工用同一个程序。粗加工时 D01 为 6.5 mm，精加工时设置 F150，刀补 D01 为 6 mm)

N080 G03 X0. Y25. R10.；(刀具沿 *AB* 圆弧引入)

N090 G01 X−17.；(沿轮廓走刀)

N100 G03 X−25. Y17. R8.；

N110 G01 Y−17；

N120 G03 X−17. Y−25. R8.；

N130 G01 X17.；

N140 G03 X25. Y−17. R8.；

N150 G01 Y17.；

N160 G03 X17. Y25. R8.；

N170 G01 X0.；

N180 G03 X−10. Y15. R10.；(刀具沿 *BC* 圆弧引出)

N190 G40 G01 X0. Y0.；(取消刀补，回至下刀点)

N200 G00 Z80.；(快速抬刀至 80 mm 处)

N210 M30；(程序结束)

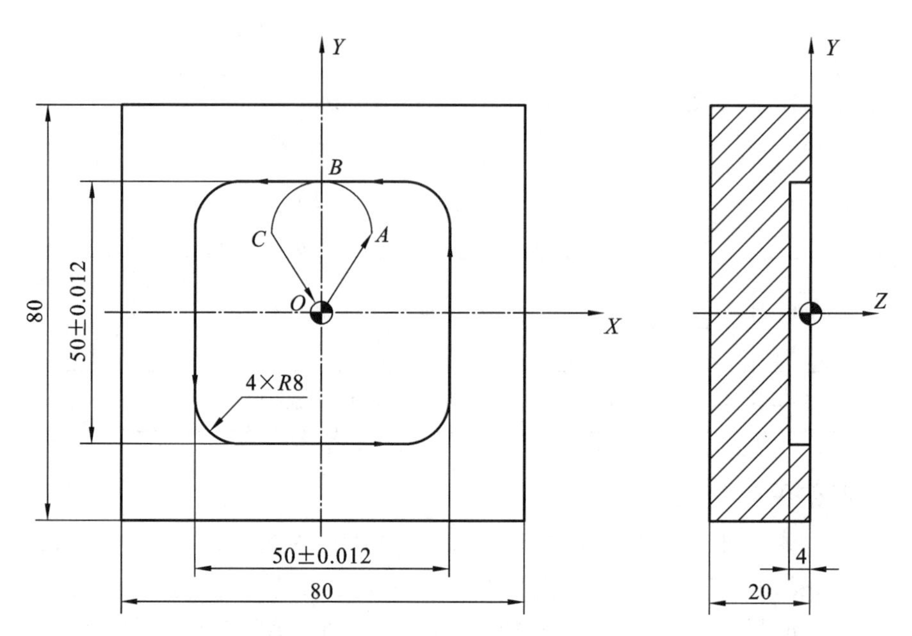

图 3-40　工件坐标系设置及加工路线

拓展知识

华中系统中的程序指令如下：

O3401;(主程序)

N010G54 G17 G90(建立工件坐标系)

……

(接下来的程序指令与上面的相同。)

五、任务拓展

整圆铣削加工

整圆铣削加工可以使用刀具半径补偿编程,也可按刀心轨迹编程。

图 3-41 所示的零件,编程零点取在上表面中心,使用 ϕ 12 mm 键槽铣刀加工整圆内轮廓。

刀心运动轨迹如图 3-42 点划线所示,刀具在 P 点下刀,逆时针铣削,按刀具中心轨迹编程。

程序如下：

O3402;(程序号)

N10 G54 G17 G90 G40 G49 G80;(建立工件坐标系,程序初始化)

N20 G00 Z100.;(快速定位到离工件 100 mm 处)

N30 M03 S1000;(启动主轴正转,转速 1000 r/min)

N40X0. Y0.;(快速定位到下刀位置)

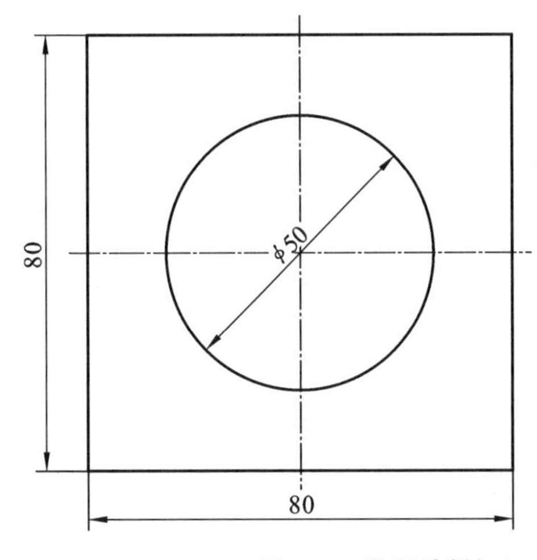

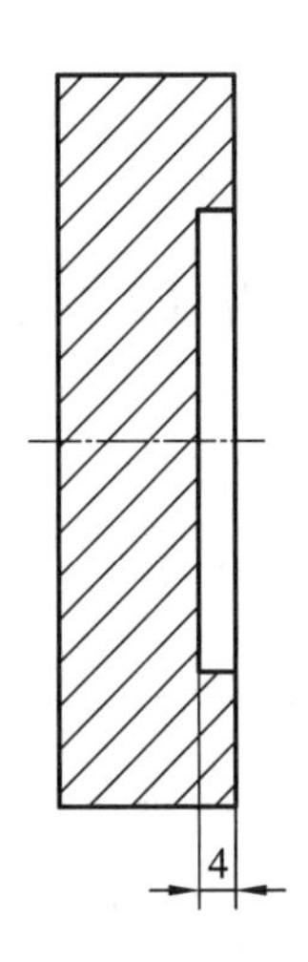

图 3-41　整圆铣削加工

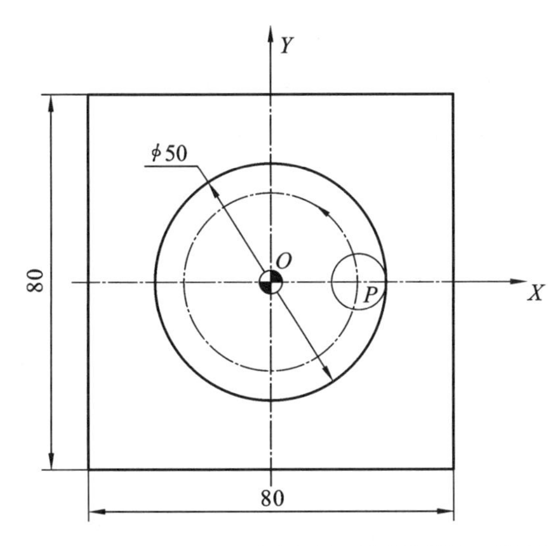

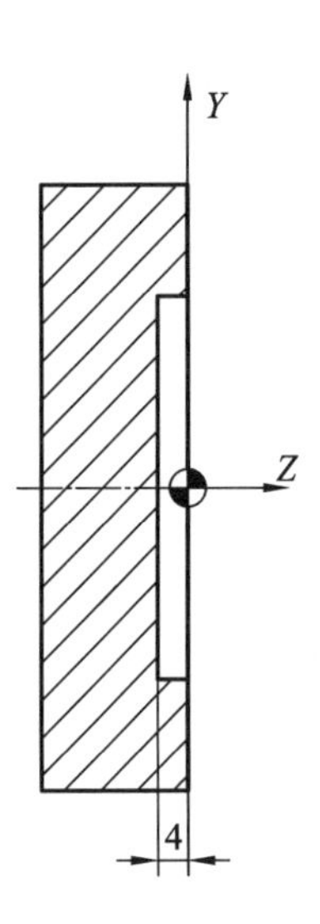

图 3-42　整圆铣削加工路线

N50Z5.；(刀具下刀离工件上表面 5 mm 处)

N60 G01 Z—4. F80；(以 50 mm/min 的速度切入零件 4 mm 深)

N70 X19. Y0. F200；

N80 G03 I—19.；(加工整圆)

N90 G01 X0. Y0.；

N100 G00 Z100.；(抬刀)

N110 M30；(程序结束)

拓展知识

华中系统中的程序指令如下：

O3402;(主程序)

N10G54 G17 G90(建立工件坐标系)

……
(接下来的程序指令与上面的相同。)

任务五　平面铣削加工

一、学习目标

(1) 理解子程序的格式及指令含义,掌握子程序编程的使用方法。
(2) 学会平面铣削加工的编程方法。

二、任务引入

编制图 3-43 所示工件的加工程序,毛坯尺寸 120 mm×120 mm×30 mm,材料为 Q235,编程零点取在上表面,完成上表面的平整加工,切削深度为 3 mm。

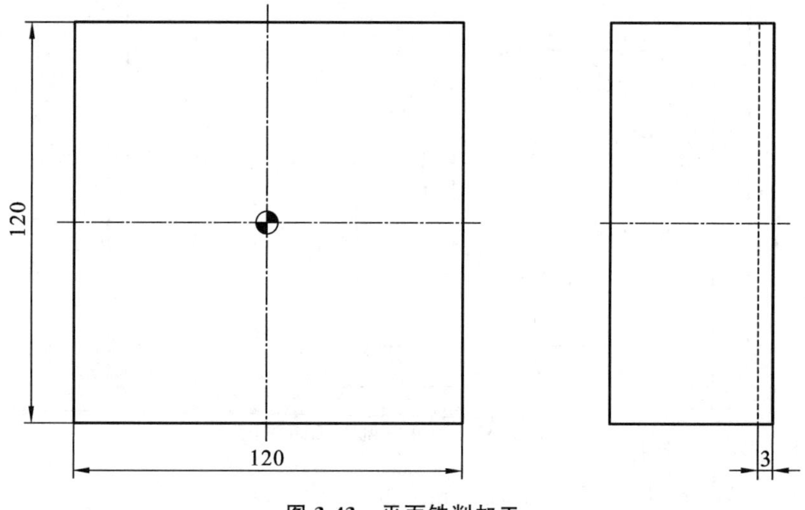

图 3-43　平面铣削加工

三、相关知识

1. 主/子程序相关概念

主程序:一个完整的零件加工程序,或是零件加工程序的主体部分。
子程序:重复的一组程序段组成的固定程序,并单独加以命名。

2. 调用子程序格式

M98 P_ L_;

其中:P 表示被调用的子程序号,L 表示重复调用次数。

3. 子程序格式

O××××;(子程序号)

……;

……;

M99;

说明:在子程序开头,必须规定子程序号,作为调用入口地址。在子程序的结尾使用“M99”指令,以控制该子程序执行后返回主程序。

4. 子程序的特殊用法

返回到主程序中的某一程序段:

子程序 M99 P*n*;

例如“M99 P100;”子程序结束返回到 N100 程序段。

四、任务实施

1. 数控加工工序卡片

工厂名称	数控加工工序卡片	产品及型号	零件名称	零件图号	材料名称	材料牌号	第　页	共　页
					钢	Q235		
工序号	工序名称	程序编号	夹具名称	夹具编号	设备名称	设备型号	设备规格	加工车间
			平口钳	01	数控铣床			实训中心
工步号	工步内容	刀具名称	刀具号	主轴转速/(r/min)	进给量/(mm/min)	背吃刀量/mm	备注	
1	铣平面	ϕ100 面铣刀	01	1000	100	1		
编制	抄写		校对		审核		批准	

2. 数控加工程序

编程零点取在零件上表面中心,采用分层铣削的加工方式。加工时刀具在 A 点下刀铣削深度 1 mm,按照从 $A \rightarrow B \rightarrow C \rightarrow D$ 的走刀顺序加工平面,每层平面铣削的运动轨迹如图 3-44 所示,一层加工完成后从 D 快速点定位到 A,接着下刀 1 mm,铣削第二层,如此重复加工,直至铣削到指定深度。

O3501;(主程序)
N10 G54 G17 G90 G40 G49 G80;(建立工件坐标系,程序初始化)
N20 G00 Z100.;(快速定位到离工件 100 mm 处)
N30 M03 S1000;(启动主轴正转,转速 1000 r/min)
N40X−120. Y−30.;(刀具快速定位)
N50 Z10.;
N60 G01 Z0 F100;(下刀至工件上表面)
N70 M98 P3502 L3;(调用子程序)
N80 G90 G00 Z100.;(抬刀)
N90 M30;(程序结束)
O3502;(子程序)
N10 G91 G01 Z−1. F100;(在当前位置下刀 1 mm)
N20 G01 X240 F200;(沿 *X* 轴正方向运动 240 mm 铣平面)
N30 G00 Y80.;(沿 *Y* 轴方向进刀)
N40 G01 X−240. F200;(沿 *X* 轴负方向运动 240 mm 铣平面)
N50 G00 Y−80.;(返回 *A* 点)
N60 M99;(子程序结束)

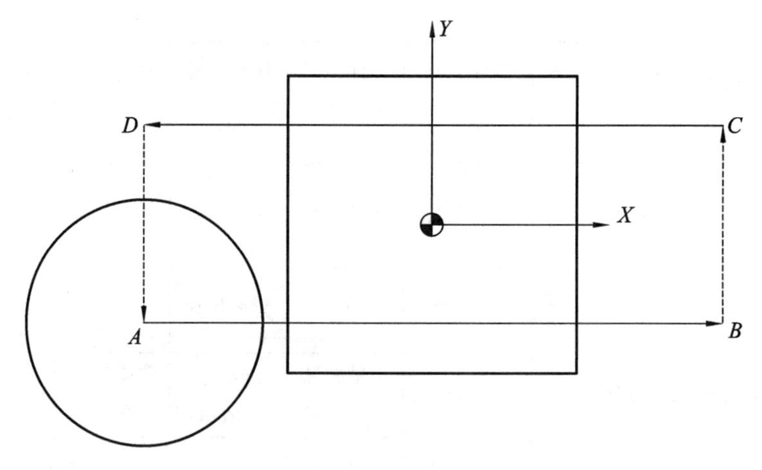

图 3-44 平面铣削每层加工路线

拓展知识

华中系统中的程序指令如下:
O3501;(主程序)
N10G54 G17 G90(建立工件坐标系)
……
(接下来的程序指令与上面的相同。)

五、任务拓展

分层铣削

编制图 3-45 所示工件的加工程序，编程零点取在零件上表面中心，使用 ϕ 10 mm 立铣刀实现零件的分层切削加工，毛坯 60 mm×60 mm×30 mm，每层切削深度为 2 mm。

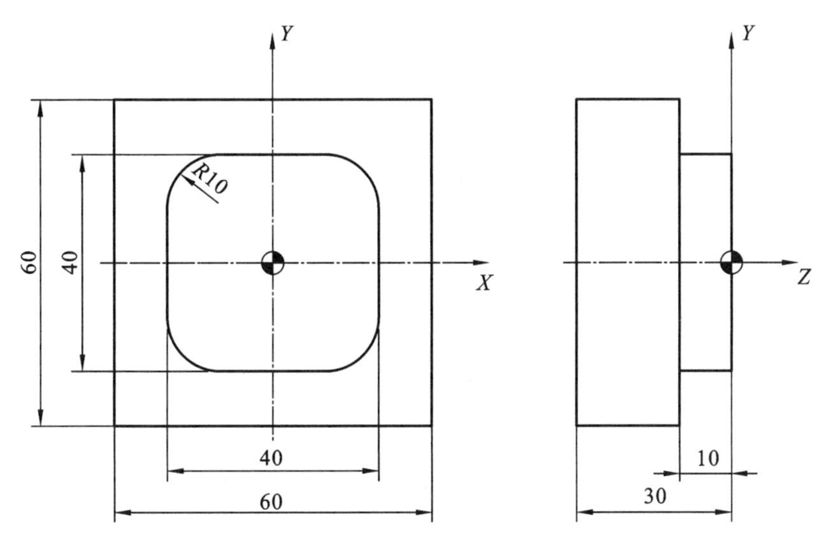

图 3-45　分层铣削

该零件铣削深度为 10 mm，采用分层铣削，每次铣削 2 mm 深，每层加工的走刀轨迹如图 3-46 所示。加工每层时，从 *A* 点下刀，沿 *AB* 建立刀具半径补偿，沿圆弧 *BC* 将刀具引入，然后按零件轮廓顺时针走刀编程，铣削完成后刀具沿圆弧 *CD* 引出，沿 *DA* 取消刀具半径补偿。该零件加工程序如下：

O3503；（主程序）
N10 G54 G17 G90 G40 G49 G80；（建立工件坐标系，程序初始化）
N20 G00 Z100.；（快速定位到离工件 100 mm 处）
N30 M03 S1000；（启动主轴正转，转速 1000 r/min）
N40X40. Y0.；（刀具快速定位）
N50 Z10.；
N60 G01 Z0. F100；（下刀至工件上表面高度）
N70 M98 P3504 L5；（调用子程序 5 次）
N80 G90 G00 Z100.；（切换为 G90，抬刀）
N90 M30；（程序结束）
O3504；（子程序）
N10 G91 G01 Z−2. F100；（增量下刀，每次下刀 2 mm）
N20 G90 G41 G01 X30. Y10. D01 F200；（建立刀具半径补偿，D01＝5）
N30 G03 X20. Y0. R10.；（沿圆弧 *BC* 将刀具引入）

N40 G01 Y－10.；
N50 G02 X10. Y－20. R10.；
N60 G01 X－10.；
N70 G02 X－20. Y－10. R10.；
N80 G01 Y10.；
N90 G02 X－10. Y20. R10.；
N100 G01 X10.；
N110 G02 X20. Y10. R10.；
N120 G01 Y0.；
N130 G03 X30. Y－10. R10.；(沿圆弧 CD 将刀具引出)
N140 G40 G01 X40. Y0.；(取消刀具半径补偿)
N150 M99；(子程序结束)

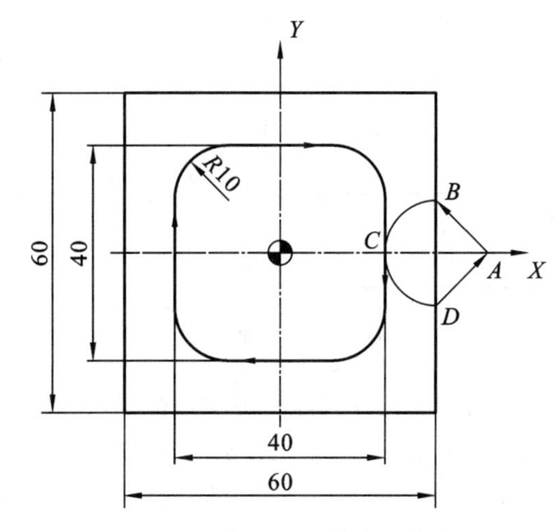

图 3-46 每层加工的走刀轨迹

拓展知识

华中系统中的程序指令如下：
O3503；(主程序)
N10G54 G17 G90(建立工件坐标系)
……
(接下来的程序指令与上面的相同。)

任务六 镜像指令编程应用

一、学习目标

(1) 掌握镜像功能指令的结构格式、编程技巧及加工方法。

（2）使用镜像功能指令可以简化编程，提高编程速度，要配合子程序使用。

（3）熟练应用机床镜像功能，并按要求完成程序的编写。

二、任务引入

编写图 3-47 所示工件的加工程序，毛坯尺寸为 100 mm×100 mm×30 mm，材料 Q235。

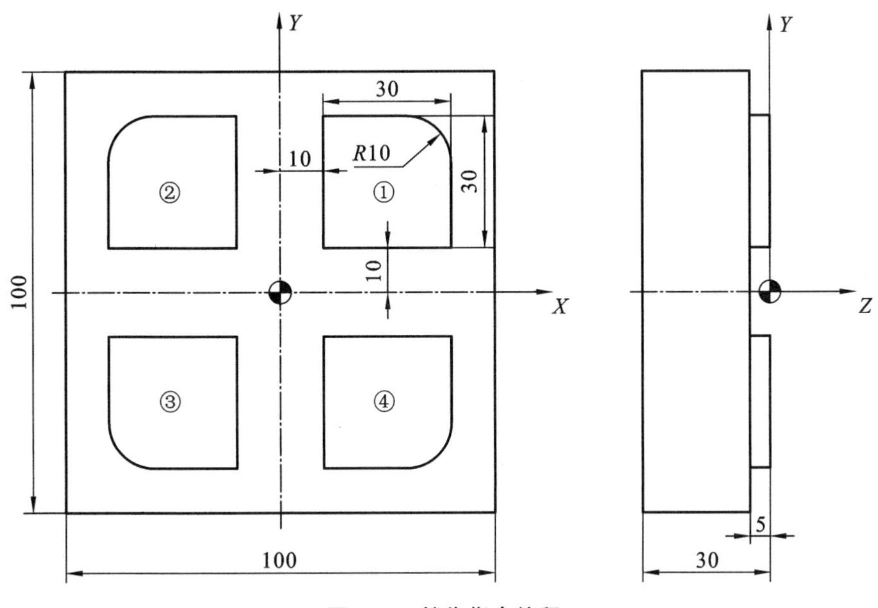

图 3-47　镜像指令编程

三、相关知识

使用编程的镜像指令可实现沿某一坐标轴或某一坐标点的对称加工。

1. 指令格式一

指令格式：

G17 G51.1 X_ Y_；

G50.1 X_ Y_；

X、Y 用于指定对称轴或对称点。当 G51.1 指令后仅有一个坐标字时，该镜像是以某一坐标轴为镜像轴的。例如：

G51.1 X20.；

该指令表示以 X=20 为轴线进行镜像。

G50.1 表示取消镜像。

2. 指令格式二

指令格式：

G17 G51 X_ Y_ I_ J_;

G50;

X、Y 用于指定镜像中心的坐标值。I、J 分别为 1、－1，以 X 方向为对称轴镜像；I、J 分别为－1、1，以 Y 方向为对称轴镜像；I、J 分别为－1、－1，关于镜像中心镜像。

如果 I、J 值为不等于－1 的负值，则执行该指令时，既进行镜像又进行缩放。例如：

G17 G51 X10. Y20. I－2. J－1.5;

执行该指令时，程序在以坐标点(10,20)进行镜像的同时，还要进行比例缩放，其中 X 轴方向缩放 2 倍，Y 轴方向缩放 1.5 倍。

G50 表示取消镜像。

拓展知识

华中系统中的镜像指令格式：

－G24 X Y ;

G25;

X、Y 用于指定对称轴或对称点。

G25 表示取消镜像。

说明：

(1) 在镜像方式中，不能指定参考点相关的 G 代码(G27～G30)，也不能指定坐标系的 G 代码(G54～G59、G92)，若一定要指定这些 G 代码，应在取消镜像功能后指定。

(2) 在使用镜像功能时，Z 轴一般不进行镜像加工。

四、任务实施

1. 数控加工工序卡片

工厂名称	数控加工工序卡片	产品及型号	零件名称	零件图号	材料名称	材料牌号	第 页	共 页
					钢	Q235		
工序号	工序名称	程序编号	夹具名称	夹具编号	设备名称	设备型号	设备规格	加工车间
			平口钳	01	数控机床			实训中心
工步号	工步内容	刀具名称	刀具号	主轴转速/(r/min)	进给量/(mm/min)	背吃刀量/mm	备注	
1	粗铣轮廓	ϕ12 mm 立铣刀	01	800	200	5	留 0.5 mm 精铣余量	
2	精铣轮廓	ϕ12mm 立铣刀	01	1000	120	5		
编制	抄写		校对		审核		批准	

2. 加工程序

编程零点取在零件上表面中心，用 ϕ 12 mm 的立铣刀粗、精加工轮廓，轮廓①加工作为子程序，采用镜像指令编程加工②、③、④轮廓（见图 3-47）。加工轮廓①编程时，刀具从 *O* 点下刀，沿 *OA* 建立刀具半径补偿，沿轮廓顺时针铣削完成后，沿 *BO* 取消刀具半径补偿，加工走刀轨迹如图 3-48 所示。

（1）使用 G51 X_ Y_ I_ J_；格式进行镜像加工程序如下：

```
O3601；（主程序）
N10 G54 G17 G90 G40 G49 G80；（建立工件坐标系，程序初始化）
N20 G00 Z100.；（快速定位到离工件 100 mm 处）
N30 M03 S800；（主轴正转 800 r/min，精铣时设置 S1000）
N40 X0. Y0.；（刀具快速定位）
N50 G00 Z10.；
N60 M98 P3702；（加工轮廓①）
N70 G51 X0. Y0. I−1. J1.；（关于 Y 轴镜像有效）
N80 M98 P3702；（加工轮廓②）
N90 G51 X0. Y0. I−1. J−1.；（关于原点镜像有效）
N100 M98 P3702；（加工轮廓③）
N110 G51 X0. Y0. I1. J−1.；（关于 X 轴镜像有效）
N120 M98 P3702；（加工轮廓④）
N130 G50；（取消镜像）
N140 G00 Z100.；
N150 M30；（程序结束）
O3702；（子程序，轮廓①的加工）
N10 G01 Z−5. F100；（下刀）
N20 G41 G01 X10. Y0. D01 F200；（建立刀具半径补偿，粗铣时 D01＝6.5，精铣时 D01＝6，精铣时设置 F120）
N30 Y40.；
N40 G01 X30.；
N50 G02 X40. Y30. R10.；
N60 G01 Y10.；
N70 X0.；
N80 G40 G01 X0. Y0.；（取消刀具半径补偿）
N90 G00 Z10.；
N100 M99；（子程序结束）
```

R10
①
B
O　A

图 3-48　轮廓加工路线

拓展知识

华中系统中的程序指令（部分修改）如下：

```
O3601;(主程序)
N10 G54 G17 G90(建立工件坐标系)
……
N60 M98 P3702(加工轮廓①)
N70 G24 X0(建立 Y 轴镜像)
N80 M98 P3702(加工轮廓②)
N90 G24 Y0(建立原点镜像)
N100 M98 P3702(加工轮廓③)
N110 G25 X0(取消 Y 轴镜像)
N120 M98 P3702(加工轮廓④)
N130 G25 Y0(取消镜像)
……
```

(2) 使用 G51.1 X_ Y_;格式进行镜像加工时,子程序与使用 G51 X_ Y_ I_ J_;格式编程完全相同,主程序如下:

```
O3703;(主程序)
N10 G54 G17 G90 G40 G49 G80;(建立工件坐标系,程序初始化)
N20 G00 Z100.;(快速定位到离工件 100 mm 处)
N30 M03 S800;(主轴正转 800 r/min,精铣时设置 S1000)
N40 X0. Y0.;(刀具快速定位)
N50 G00 Z10.;
N60 M98 P3702;(加工轮廓①)
N70 G51.1 X0.;(X0 镜像有效)
N80 M98 P3702;(加工轮廓②)
N90 G51.1 Y0.;(X0Y0 镜像有效)
N100 M98 P3702;(加工轮廓③)
N110 G50.1 X0.;(X0 镜像取消,即 Y0 镜像有效)
N120 M98 P3702;(加工轮廓④)
N130 G50.1 Y0.;(Y0 镜像取消)
N140 G00 Z100.;
N150 M30;(程序结束)
```

任务七 旋转指令编程应用

一、学习目标

(1) 掌握旋转功能指令的结构格式、编程技巧及加工方法。

(2) 使用旋转功能指令可以简化编程,提高编程速度,要配合子程序使用。

(3) 熟练应用机床旋转功能,并按要求完成程序的编写。

二、任务引入

编写图 3-49 所示工件的加工程序,切削深度为 5 mm,材料 Q235。

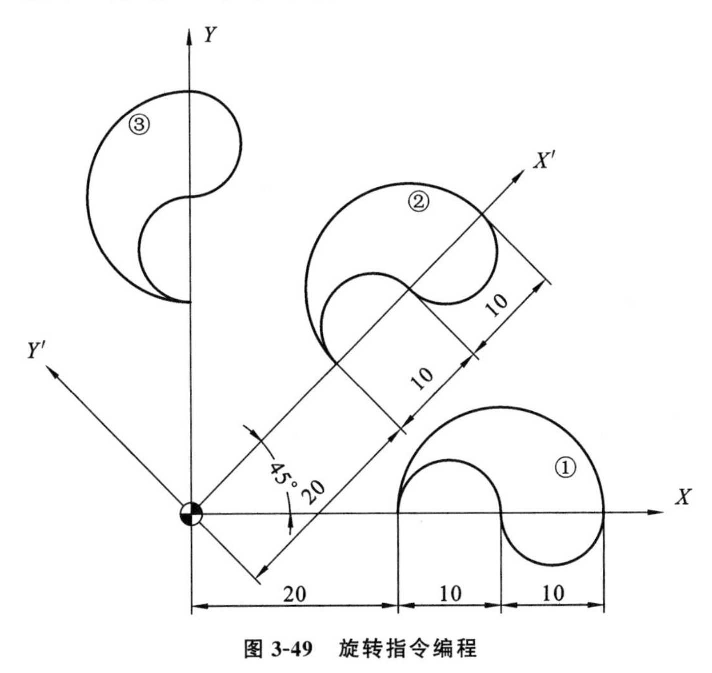

图 3-49　旋转指令编程

三、相关知识

编程形状可以被旋转。如图 3-50 所示,在机床上,当工件的加工位置由编程的位置旋转相同的角度,使用旋转指令修改一个程序。更进一步,如果工件的形状由许多相同的图形组成,则可将图形单元编成子程序,然后用主程序的旋转调用,这样可简化程序,省时,省存储空间。

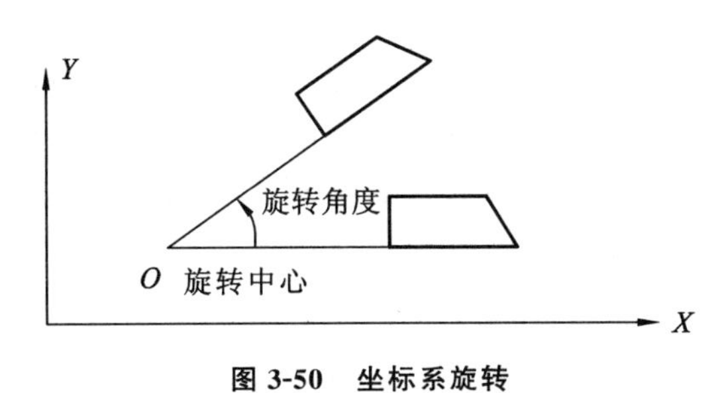

图 3-50　坐标系旋转

指令格式:

G68 X_ Y_ R_;

G69;

其中:G68 为坐标旋转功能指令,G69 为取消坐标旋转功能指令;

X、Y 表示旋转中心坐标;R 表示旋转的角度,逆时针为正,顺时针为负,满足 0°

≤R≤360°。

拓展知识

华中系统中旋转指令格式：

—G68 X　Y　P　；

G69；

其中：X、Y 表示旋转中心坐标；P 表示旋转的角度，逆时针为正，顺时针为负，满足 0°≤P ≤360°。

G69 表示取消旋转。

四、任务实施

1. 数控加工工序卡片

工厂名称	数控加工工序卡片		产品及型号	零件名称	零件图号	材料名称	材料牌号	第　页	共　页
						钢	Q235		
工序号	工序名称		程序编号	夹具名称	夹具编号	设备名称	设备型号	设备规格	加工车间
				平口钳	01	数控机床			实训中心
工步号	工步内容		刀具名称	刀具号	主轴转速 /(r/min)	进给量 /(mm/min)	背吃刀量 /mm	备注	
1	粗铣轮廓		ϕ10 mm 立铣刀	01	800	200	5	留 0.5 mm 精铣余量	
2	精铣轮廓		ϕ10 mm 立铣刀	01	1000	120	5		
编制		抄写		校对		审核		批准	

2. 加工程序

编程零点取在零件上表面，用 ϕ 10 mm 立铣刀粗、精加工轮廓，轮廓①加工作为子程序，轮廓②、③使用旋转指令进行加工(见图 3-49)。加工轮廓①时，刀具从 *A* 点下刀，沿 *AB* 建立刀具半径补偿，将刀具沿 *BC* 引入，沿轮廓顺时针铣削完成后，将刀具沿 *CD* 引出，并沿 *DE* 取消刀具半径补偿，走刀轨迹如图 3-51 所示。

O3701；(主程序)

N10 G54 G17 G90 G40 G49 G80；(建立工件坐标系，程序初始化)

N20 G00 Z100.；(快速定位到离工件 100 mm 处)

N30 M03 S800；(主轴正转 800 r/min，精铣时设置 S1000)

N40 X60. Y10.；(刀具快速定位)

N50 G00 Z10.；

N60 G01 Z—5. F100；(下刀)

```
N70 M98 P3802；(加工①)
N80 G68 X0. Y0. R45.；(旋转 45°)
N90 M98 P3802；(加工②)
N100 G68 X0. Y0. R90.；(旋转 90°)
N110 M98 P3802；(加工③)
N120 G69；(取消旋转)
N130 G00 Z100.；
N140 M30；(程序结束)
O3802；(子程序,轮廓①的加工)
N10 G90 G01 G41 X40. D01 F200；(建立刀具半径补偿)
N20Y0；
N30 G02 X30. Y0. R5.；
N40 G03 X20. Y0. R5.；
N50 G02 X40. Y0. R10.；
N60 G01 Y-10.；
N70 G40 G01 X60.；(取消刀具半径补偿)
N80 M99；(子程序结束)
```

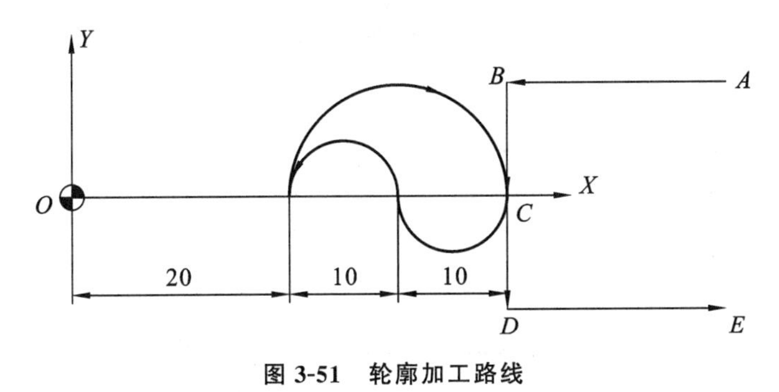

图 3-51　轮廓加工路线

拓展知识

华中系统中的程序指令(部分修改)如下：

```
O3701;(主程序)
N10 G54 G17 G90(建立工件坐标系)
……
N70 M98 P3802(加工①)
N80 G68 X0 Y0 P45(旋转 45°)
N90 M98P3802(加工②)
N100 G68 X0 Y0 P90(旋转 90°)
N110 M98 P3802(加工③)
N120 G69(取消旋转)
……
```

任务八　数控铣削加工综合编程

一、学习目标

(1) 培养学生根据零件图进行数控铣削加工编程的能力。
(2) 了解零件数控铣削加工的基本工艺过程。
(3) 综合运用各种指令的编程方法。

二、任务引入

编写图 3-52 所示工件的加工程序,毛坯为 95 mm×85 mm×10 mm 铝合金。编程原点如图 3-52 所示,取在零件上表面,其中 A、B 两点坐标为 A(−19.46,64.62),B(19.46,64.62)。

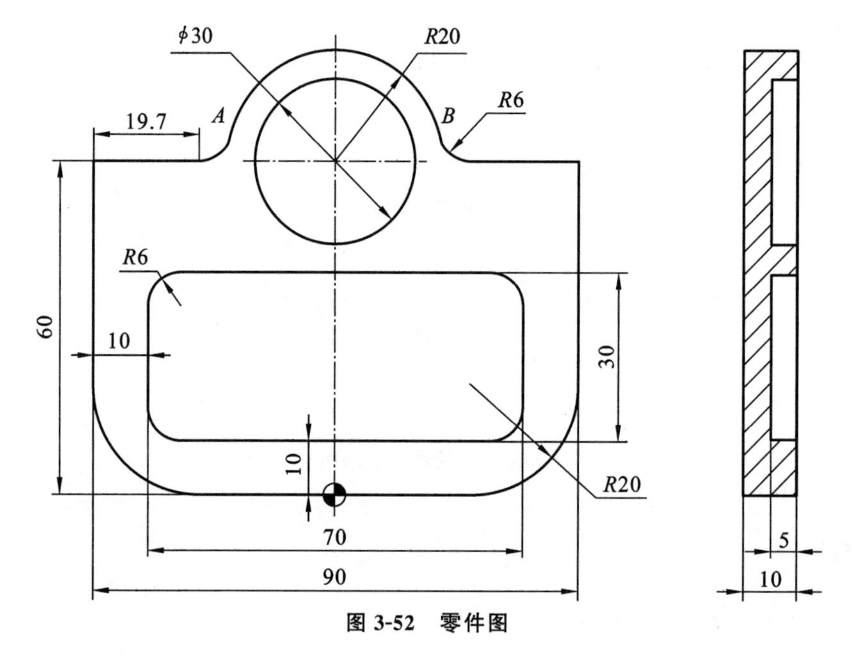

图 3-52　零件图

三、任务实施

1. 数控加工工序卡片

工厂名称	数控加工工序卡片	产品及型号	零件名称	零件图号	材料名称	材料牌号	第　页	共　页
					钢	Q235		
工序号	工序名称	程序编号	夹具名称	夹具编号	设备名称	设备型号	设备规格	加工车间
			平口钳	01	数控机床			实训中心

续表

工步号	工步内容		刀具名称	刀具号	主轴转速/(r/min)	进给量/(mm/min)	背吃刀量/mm	备注	
1	粗铣外轮廓		ϕ10 mm 立铣刀	01	800	200	5	留 0.5 mm 精铣余量	
2	粗铣内轮廓		ϕ10 mm 键槽铣刀	02	800	200	5	留 0.5 mm 精铣余量	
3	精铣外轮廓		ϕ10 mm 立铣刀	01	1000	150	10		
4	精铣内轮廓		ϕ10 mm 键槽铣刀	02	1000	150	5		
编制		抄写		校对		审核		批准	

2. 加工程序

1）外轮廓铣削

该零件铣削深度为 10 mm，采用分层铣削，每次铣削 5 mm 深，每层加工的走刀轨迹如图 3-53 所示。加工每层时，从 *P* 点下刀，沿 *PM* 建立刀具半径补偿，然后按零件轮廓顺时针走刀编程，铣削完成后刀具沿 *NP* 取消刀具半径补偿。该零件加工程序如下：

```
O3801;(主程序)
N10 G54 G17 G90 G40 G49 G80;(建立工件坐标系,程序初始化)
N20 G00 Z100.;(快速定位到离工件 100 mm 处)
N30 M03 S800;
N40X65. Y95.;(刀具快速定位)
N50 G00 Z5.;
N60 G01 Z0. F100;(下刀至工件上表面高度)
N70 M98 P3102 L2;(调用外轮廓加工子程序 2 次)
N60 G90 G00 Z100.;(切换为 G90,抬刀)
N90 M30;(程序结束)
O3102;(子程序)
N10 G91 G01 Z-5. F100;(增量下刀,每次下刀 2 mm)
N20 G90 G41 G01 X45. D01 F200;(建立刀具半径补偿,粗铣 D01=5.5)
N30Y20.;(铣外轮廓)
N40 G02 X25. Y0. R20.;
N50 G01 X-25.;
N60 G03 X-45. Y20. R20.;
```

N70 G01 Y60.;
N80 G91 X19.7.;
N90 G90 G03 X－19.46 Y64.62. R6.;
N100 G02 X19.46 R20.;
N110 G03 X25.3 Y60. R6.;
N120 G01 X65.;
N130 G40 G01 Y95.;(取消刀具半径补偿)
M99;(子程序结束)

拓展知识

华中系统中的程序指令如下：
O3801;(主程序)
N10G54 G17 G90(建立工件坐标系)
……
(接下来的程序指令与上面的相同。)

精铣轮廓时，设置主轴转速 S1000，进给速度 F150，不需要分层铣削，下刀至 Z－10，铣削轮廓，刀具半径补偿 D01＝6。

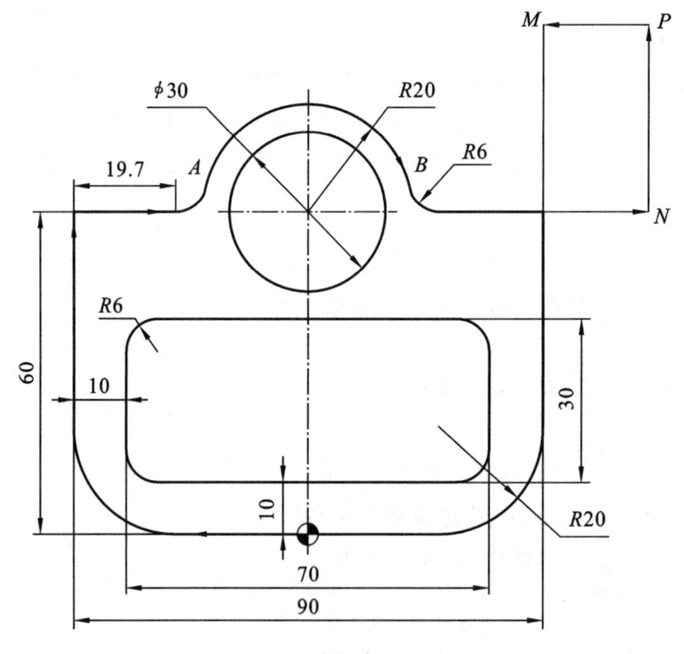

图 3-53　外轮廓加工路线

2）内轮廓铣削

铣圆槽采用走两个整圆的方式进行加工：第一刀不使用刀具半径补偿进行编程，刀具中心走刀轨迹如图 3-54(a)所示；第二刀使用刀具半径补偿，编程走刀轨迹如图 3-54(b)所示，刀具沿 *AB* 建立刀具半径补偿，沿圆弧 *BC*(*R*8 圆弧)将刀具引入，铣整圆后，刀具沿圆弧 *CD*(*R*8 圆弧)将刀具引出，然后沿 *DA* 取消刀具半径补偿。

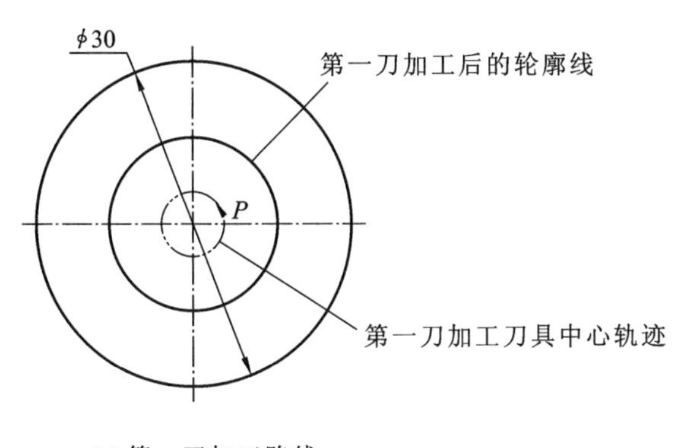

(a) 第一刀加工路线

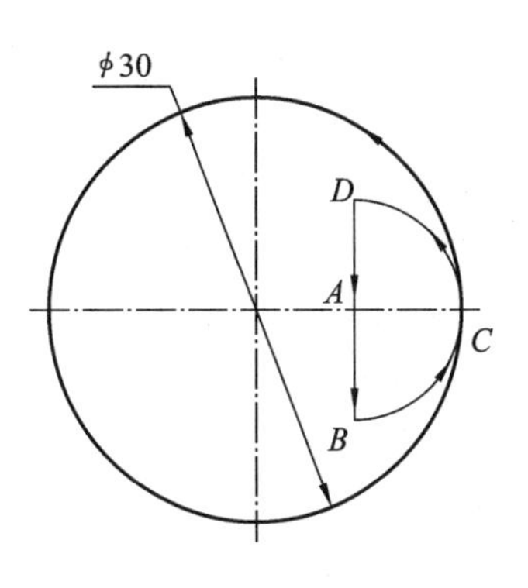

(b) 铣整圆轮廓加工路线

图 3-54　铣圆槽加工路线

铣矩形圆角槽采用先行切再环切的方式进行粗加工，行切加工不使用刀具半径补偿，走刀轨迹如图 3-55(a)所示，刀具从 P 点开始行切，至 Q 点加工完成。环切加工使用刀具半径补偿，编程走刀轨迹如图 3-55(b)所示，刀具沿 AB 建立刀具半径补偿，沿圆弧 BC(R10 圆弧)将刀具引入，铣整圆后，刀具沿圆弧 CD(R10 圆弧)将刀具引出，然后沿 DA 取消刀具半径补偿。

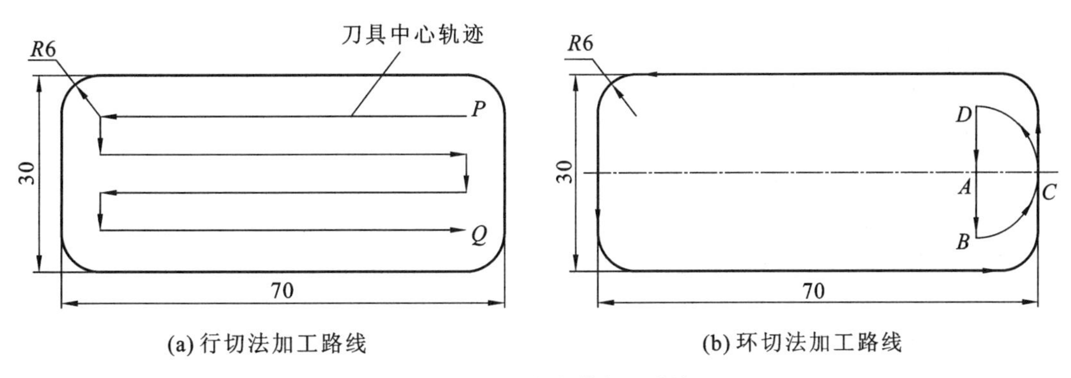

(a) 行切法加工路线　　　　(b) 环切法加工路线

图 3-55　矩形圆角槽加工路线

```
O3803;(主程序)
N10 G54 G17 G90 G40 G49 G80;(建立工件坐标系,程序初始化)
N20 G00 Z100.;(快速定位到离工件 100 mm 处)
N30 M03 S800;
N40X3. Y0.;(刀具快速定位)
N50 G00 Z10.;
N60 G01 Z-5. F100;(下刀至指定深度 5 mm)
N70 G03 I-3. F200;(铣圆槽第一刀,顺指针铣整圆,加工后铣出 ϕ16 mm 整圆)
N80 G01 X7.;
N90 G41 G01 Y52. D01;(建立刀具半径补偿,粗铣 D01=5.5)
N100 G03 X15. Y60. R8.;(沿圆弧将刀具引入)
N110 I-15.;(铣 ϕ30 mm 整圆)
N120 X7. Y68. R8.;(沿圆弧将刀具引出)
```

N130 G40 G01 Y60.;(取消刀具半径补偿)
N140 G00 Z10.;(抬刀)
N150 X29. Y34.;(刀具快速定位)
N160 G01 Z−5. F100;(下刀至指定深度 5 mm)
N170 G91 X−58. F200;(行切法铣矩形圆角槽)
N180 Y−6.;
N190 X58.;
N200 Y−6.;
N210 X−58.;
N220 Y−6.;
N230 X58.;
N240 G90 X25. Y25.;(刀具定位到铣矩形圆角槽起点)
N250 G91 G41 G01 Y10. D01 F200;(建立刀具半径补偿,粗铣 D01=5.5)
N260 G03 X10. Y10. R10.;(沿圆弧将刀具引入)
N270 G01Y9.;(铣矩形圆角槽轮廓)
N280 G03 X−6. Y6. R6.;
N290 G01 X−58.;
N300 G03 X−6. Y−6. R6.;
N310 G01Y−18.;
N320 G03 X6. Y−6. R6.;
N330 G01 X58.;
N340 G03 X6. Y6. R6.;
N350 G01 Y9.;
N360 G03 X−10. Y10. R10.;
N370 G40 G01 Y−10.;(取消刀具半径补偿)
N380 G90 G00 Z100.;(绝对坐标,抬刀)
N390 M30;(程序结束)

此程序按粗铣加工进给路线编程,精铣加工只需沿槽轮廓走刀,将刀具半径补偿值设置为刀具半径值 5 即可。

拓展知识

华中系统中的程序指令如下:
O3803;(主程序)
N10G54 G17 G90(建立工件坐标系)
……
(接下来的程序指令与上面的相同。)

练　习　题

1. 如图 3-56 所示凸轮，材料 45＃钢，编写零件加工程序。其中 A(−7.59,20.765)、B(−14.118,7.529)、C(−14.118,−7.529)、D(−7.59,−20.765)。

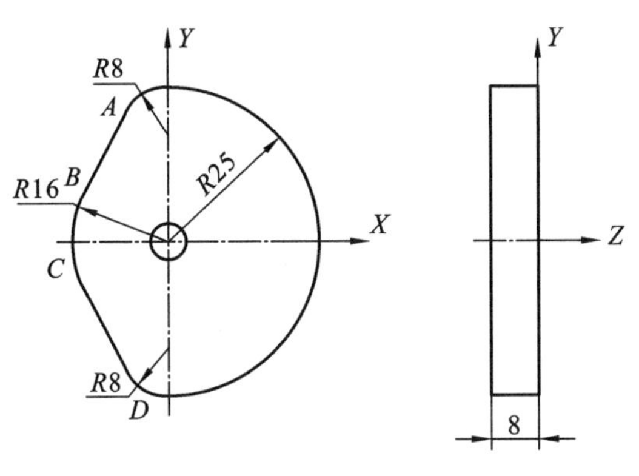

图 3-56　题 1 图

2. 编写图 3-57 所示零件的加工程序，毛坯尺寸 140 mm×100 mm×20 mm，材料铝合金。

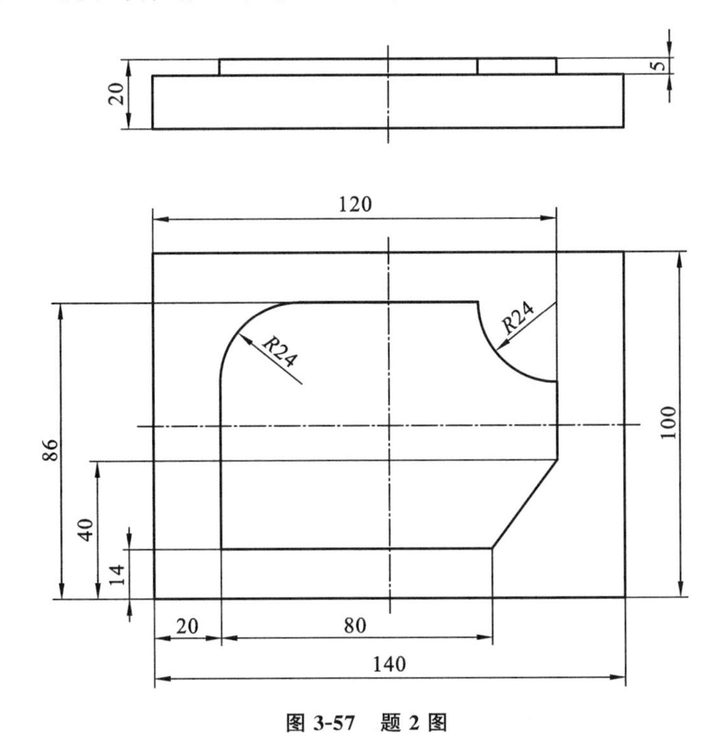

图 3-57　题 2 图

3. 编写图 3-58 所示零件槽的加工程序，深度 5 mm，毛坯尺寸 80 mm×80 mm×40 mm，零件六个面均已铣削加工，材料 Q235。

4. 编写图 3-59 所示零件的加工程序，毛坯尺寸 110 mm×110 mm×20 mm，零件六个面均已铣削加工，材料 Q235。

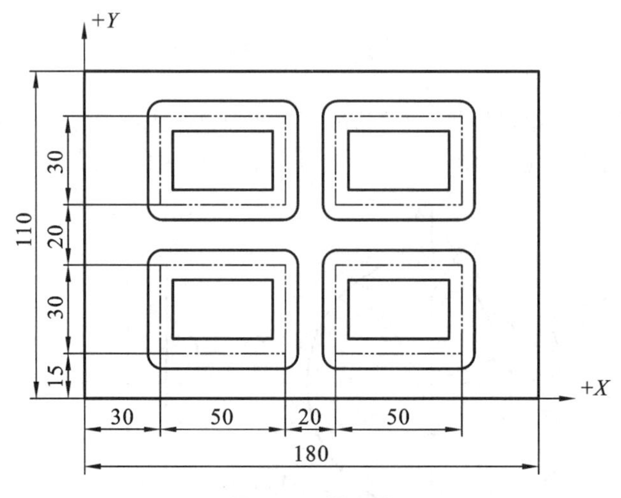

图 3-58　题 3 图

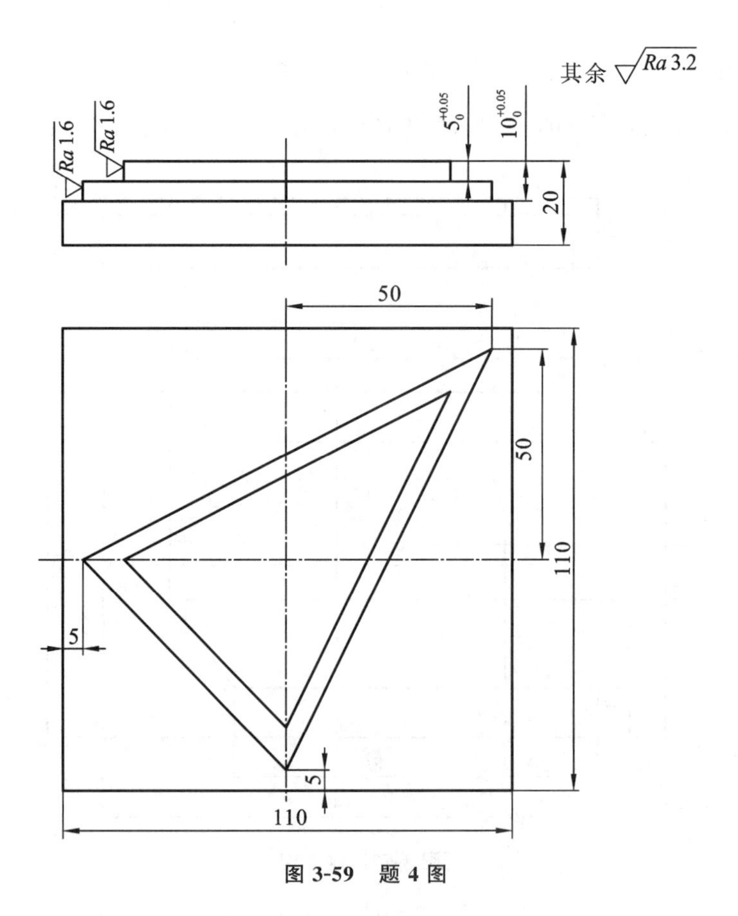

图 3-59　题 4 图

5. 编写图 3-60 所示零件槽的加工程序,材料铝合金。

6. 加工图 3-61 所示零件,毛坯 120 mm×120 mm×14 mm,材料 45＃钢。

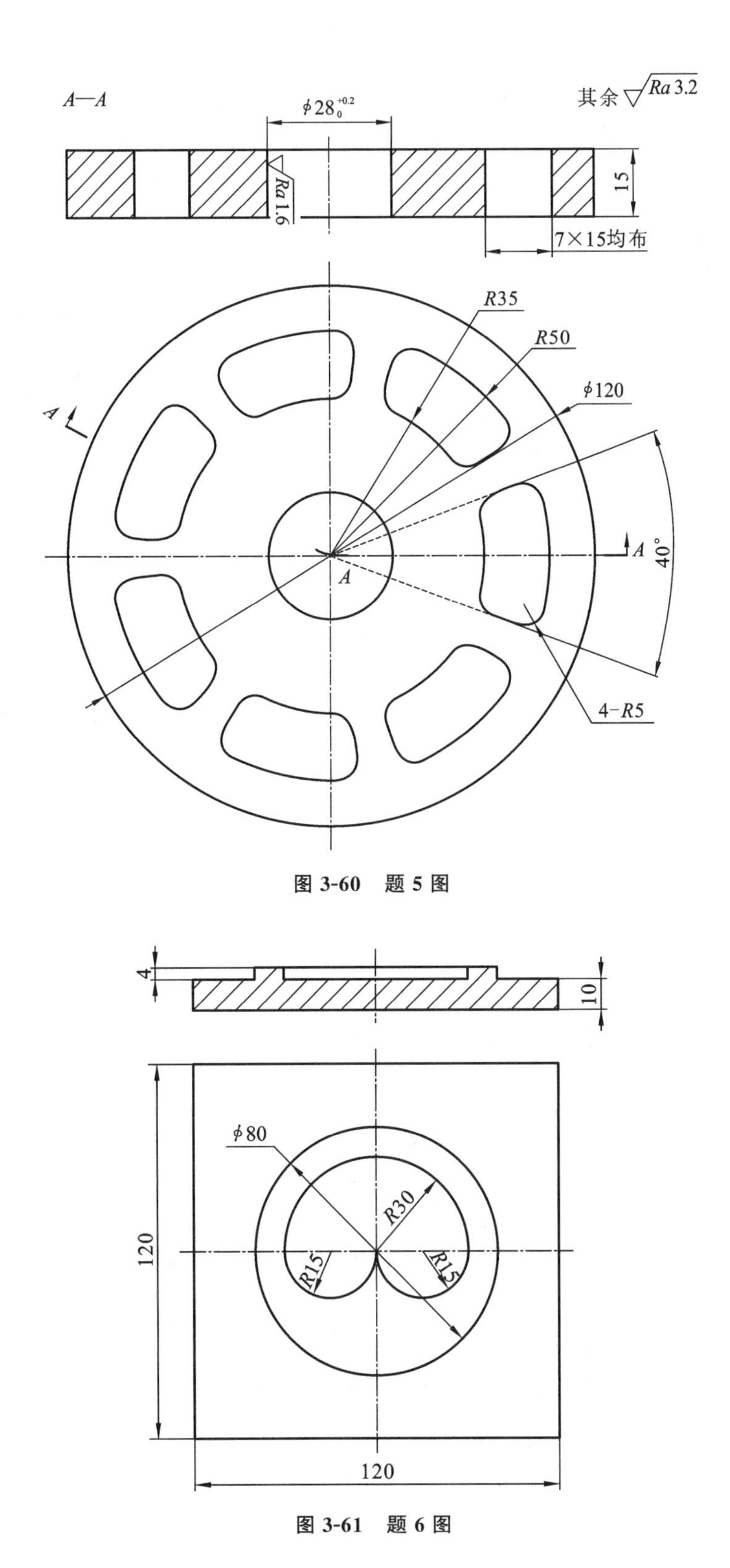

图 3-60　题 5 图

图 3-61　题 6 图

7. 加工图 3-62 所示零件，毛坯尺寸 80 mm×80 mm×40 mm，材料铝合金。

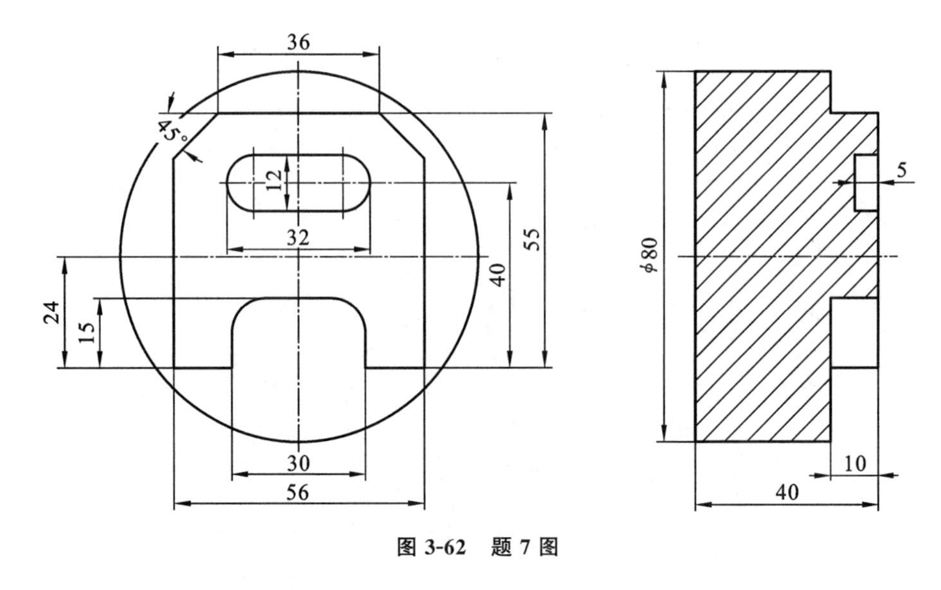

图 3-62　题 7 图

8. 加工图 3-63 所示零件，毛坯尺寸 100 mm×100 mm×50 mm，材料铝合金。

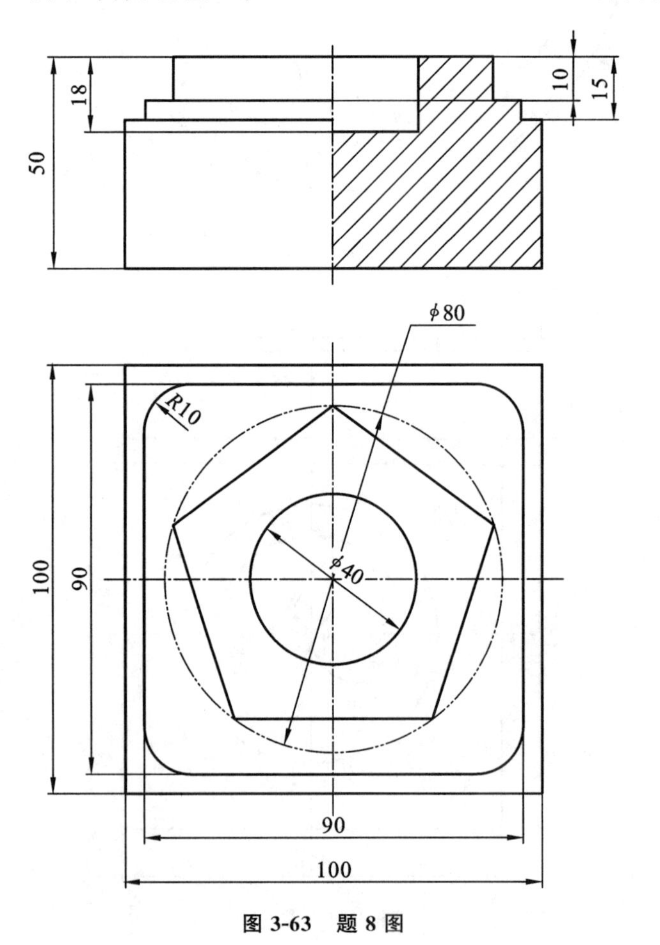

图 3-63　题 8 图

项目四　数控加工中心编程

任务一　数控加工中心概述

一、学习目标

（1）了解数控车床的结构组成及分类。

（2）掌握数控加工中心主要加工对象的特点，学会根据零件特点选择合适内容在数控加工中心进行加工。

二、任务引入

如图 4-1 所示零件，使用 105 mm×105 mm×22 mm 毛坯，适合使用何种机床加工？

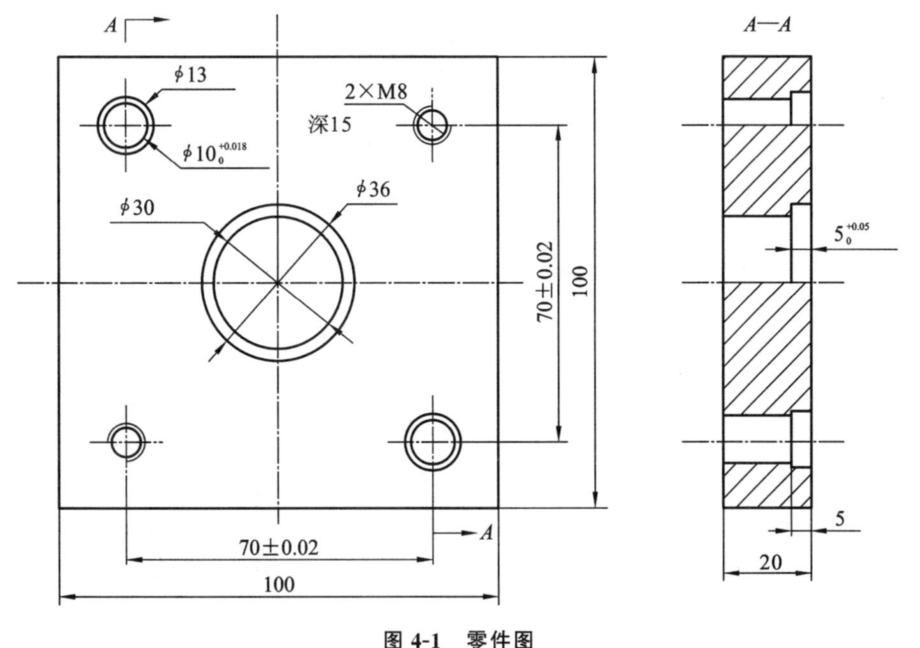

图 4-1　零件图

三、相关知识

加工中心是一种功能较为全面的数控加工机床，它把铣削、镗削、钻削和攻螺纹等功能集中在一台设备上，使其具有多种工艺手段。加工中心是从数控铣床发展而来的，与数控铣床最大的区别在于加工中心具有自动交换刀具的功能，通过在刀库内安装不同用途的刀具，可在一次装夹中通过自动换刀装置改变主轴上的加工刀具，实现多种加工功能。

1. 加工中心的结构

加工中心有各种类型，虽然外形结构各异，但总体上由基础部件、主轴部件、数控系统、自动换刀系统和辅助装置等几大部分组成，其主要组成如图 4-2 所示。

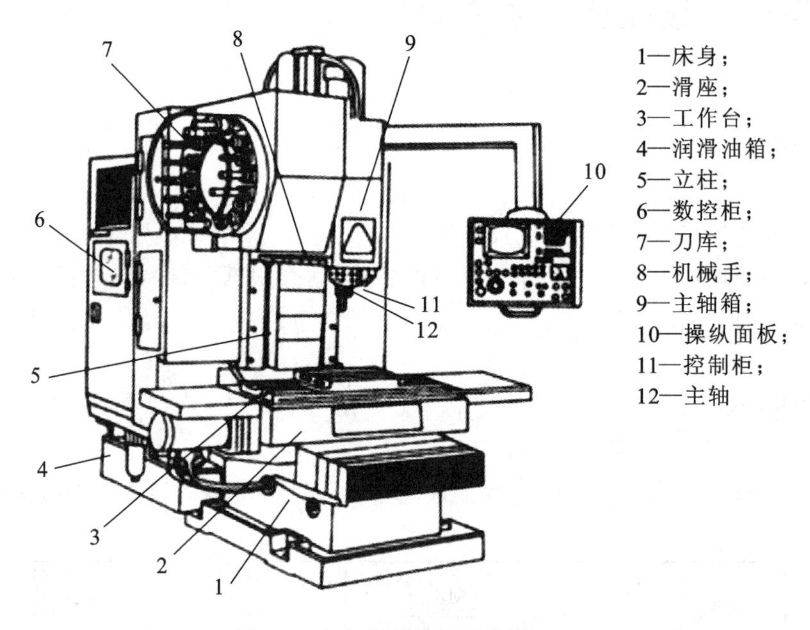

图 4-2 加工中心结构组成图

2. 加工中心的分类

加工中心常按主轴在空间所处的状态划分，可分为立式加工中心、卧式加工中心、龙门加工中心和万能加工中心。

1）立式加工中心

立式加工中心主轴在空间处于垂直状态，如图 4-3 所示。其结构形式多为固定立柱式，工作台为长方形，无分度回转功能，适合加工盘、套、板类零件。一般具有 3 个直线运动坐标，并可在工作台上安装一个水平轴的数控回转台，用以加工螺旋线零件。立式加工中心装夹工件方便，便于操作，易于观察加工情况，但加工时切屑不易排除，且受立柱高度和换刀装置的限制，不能加工太高的零件。立式加工中心的结构简单，占地面积小，价格相对较低，应用广泛。

2）卧式加工中心

主轴在空间处于水平状态，如图 4-4 所示，通常都带有可进行分度回转运动的工作台。

卧式加工中心一般具有3～5个运动坐标，常见的是3个直线运动坐标加一个回转运动坐标，它能使工件在一次装夹后完成除安装面和顶面以外的其余4个面的加工，最适合加工箱体类零件。卧式加工中心调试程序及试切时不便观察，加工时不便监视，零件装夹和测量不方便，但加工时排屑容易，对加工有利。与立式加工中心相比，卧式加工中心的结构复杂，占地面积大，价格也较高。

3）龙门加工中心

龙门加工中心的形状与数控龙门铣床相似，如图4-5所示，其应用范围比数控龙门铣床更大。主轴多为垂直设置，除自动换刀装置外，还带有可更换的主轴头附件，数控装置的功能也较齐全，能够一机多用，尤其适用于加工大型或形状复杂的零件，如飞机上的梁、框、壁板等。

图4-3　立式加工中心

图4-4　卧式加工中心

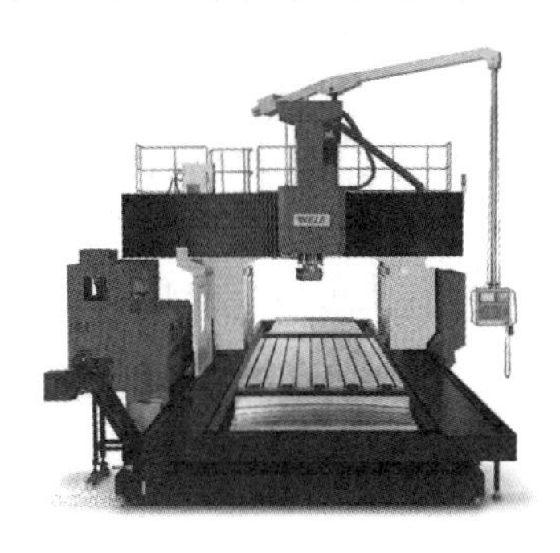

图4-5　龙门加工中心

4）万能加工中心

万能加工中心也称为立卧式加工中心或五面加工中心，一次装夹能完成除安装面以外所有面的加工，具有立式和卧式加工中心的功能，如图4-6所示。常见的万能加工中心有两种形式：一种是主轴可以旋转90°；另一种是主轴方向不改变，而工作台带着工件旋转90°完成对五个面的加工。在万能加工中心上，工件安装避免了二次装夹带来的安装误差，所以效率和精度高，但结构复杂、造价高。

图4-6　万能加工中心

3. 加工中心的主要加工对象

数控加工中心机床是指具有刀库、自动换刀装置并能对工件进行多工序加工的数控机床。加工中心主要适用于加工形状复杂、工序多、精度要求高的工件。

1) 箱体类零件

箱体类零件一般具有一个以上的孔系,组成孔系的各孔本身有形状精度要求,同轴孔系和相邻孔系之间及孔系与安装基准之间又有位置精度要求。通常箱体类零件需要进行钻削、扩削、铰削、攻螺纹、镗削、铣削、锪削等工序的加工,工序多、过程复杂,还需用专用夹具装夹。这类零件在加工中心上加工,一次装夹可完成普通机床60%～95%的工序内容,并且精度一致性好、质量稳定。

2) 复杂曲面类零件

复杂曲面一般可用球头铣刀进行三坐标联动加工,加工精度较高,但效率低。如果工件存在加工干涉区或加工盲区,则需采用四坐标或五坐标联动的机床。

3) 异形件

异形件是外形不规则的零件,大多需要点、线、面多工位混合加工。加工异形件时,采用普通机床加工或精密铸造无法达到预定的加工精度,而使用多轴联动的加工中心,配合自动编程技术和专用刀具,可大大提高其生产效率并保证曲面的形状精度。形状越复杂,精度要求越高,使用加工中心越能显示其优越性。

4. 盘、套、板类零件

盘、套、板类零件包括带有键槽和径向孔,端面分布有孔系、曲面的盘套或轴类工件。

四、任务实施

该零件加工内容较多,需要使用较多刀具,采用数控加工中心加工实现自动换刀,可以提高加工效率。

任务二　数控加工中心对刀

一、学习目标

(1) 了解加工中心对刀的原理。
(2) 掌握加工中心对刀的操作方式。
(3) 掌握刀具长度补偿的指令和使用方法。

二、任务引入

如图4-7所示,加工中心要用多把刀具加工,而刀具长度各不相同,如何设置原点偏置寄存器的数值和刀具补偿的数值?

三、相关知识

加工中心编程与数控铣削加工编程几乎是一样的,它们的区别主要在于加工中心增加

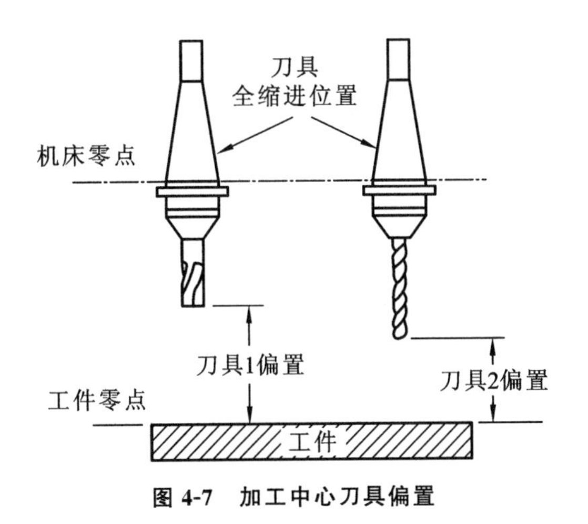

图 4-7　加工中心刀具偏置

了自动换刀的功能指令，也就是说，除了换刀程序外，加工中心的编程方法和普通数控机床的编程方法是相同的。

1. 换刀指令

由于加工中心的加工特点，在编写加工程序前，首先要注意换刀指令的应用。不同的加工中心，其换刀过程是不完全相同的，但通常都分为选刀和换刀两个动作。只有换刀完毕启动主轴后，才可以进行下面程序段的加工内容。选刀动作可与机床的加工同步，即利用切削时间进行选刀。多数加工中心都规定了固定的换刀点位置，各运动部件只有移动到这个位置，才能开始换刀动作。

多数加工中心都规定了换刀点位置，即定距换刀。主轴只有运动到这个位置，机械手才能执行换刀动作。一般立式加工中心规定换刀点的位置在 Z0 处(机床 Z 轴零点)。

加工中心采用 T 指令来实现刀具的选择，把刀库内指定刀号的刀具转到换刀位置，为下一次换刀做好准备。自动交换刀具的指令为 M06，要实现换刀动作，程序中需写入 M06 指令。编程时可使用以下两种换刀指令。

1) 换刀指令一

G28 Z_；

T×× M06；

执行本程序段，在 Z 轴自动返回参考点的同时，刀库先将 T××号刀具转出，然后进行刀具交换，换刀主轴上的刀具为 T××。若刀具沿 Z 轴返回参考点的时间小于 T 功能的执行时间，则要等到刀库中相应的刀具转到换刀刀位后才能执行 M06。因此，这种方法占用时间较长。例如：

```
N180 G01 X_ Y_ Z_ M03 S_;
……
N230 G28 Z_ T02 M06;
……
```

在执行 N230 程序段时，主轴回参考点的同时，刀库转动。若主轴已回到参考点而刀库还没有转出 T02 号刀，此时不执行 M06，直到刀库转出 T02 号刀后，才执行 M06，将 T02 号刀换到主轴上。

2) 换刀指令二

T××;

……

G28 Z_ M06;

执行本程序段,先将 T××号刀由刀库中转至换刀刀位,做换刀准备,此时执行 T 指令时占用加工时间,即在加工过程中将下次要用到的刀具转到换刀位。执行 M06 指令时将选好的 T××刀具换到主轴上。例如:

N110 G01 X_ Y_ Z_ T01;

……

N190 G28 Z_ M06 T02;

N200……

……

N290……

N300 G28 Z_ M06;

执行 N110 程序段时,T01 号刀转到换刀刀位,执行 N190 程序段时将 T01 号刀换到主轴,并将 T02 号刀转到换刀刀位。在 N200~N290 程序段中加工所用的是 T01 号刀。在 N300 程序段换上 N190 程序段选出的 T02 号刀,即从 N300 下段开始用 T02 号刀加工。

2. 刀具长度补偿

刀具长度补偿使刀具在 Z 轴方向上的实际位移量比程序给定值增加或减少一个偏置量。当刀具在长度方向的尺寸发生变化时,可在不改变程序的情况下,通过改变偏置量,加工出所要求的零件尺寸。

例如,要钻一个深度为 20 mm 的孔,指令为"G01 Z-20. F100;",若使用的钻头磨损,假设磨损长度为 1 mm,则在执行此指令时实际钻孔深度为 19 mm,此时可在该钻孔的程序段使用刀具长度补偿,使加工的孔深度达到要求。

加工中心加工零件需要使用多把不同规格的刀具,也可通过刀具长度补偿指令补偿刀具长度尺寸的变化,使刀具在 Z 轴方向补偿一个刀具长度修正值。

如图 4-7 所示,要钻一个深度为 40 mm 的孔,然后攻丝深度为 35 mm,分别用一把长度为 100 mm 的钻头和一把长度为 120 mm 的丝锥。先用钻头钻孔深 50 mm,机床已经设定工件零点,当换上丝锥攻丝时,如果两把刀都从设定零点开始加工,丝锥因为比钻头长而攻丝过长,损坏刀具和工件。如果设定刀具补偿,把丝锥和钻头的长度进行补偿,此时机床零点设定之后,即使丝锥和钻头长度不同,因补偿的存在,在调用丝锥工作时,零点 Z 坐标已经自动向 Z+(或 Z-)补偿丝锥的长度,保证了加工零点的正确。

G43、G44 分别为刀具长度正补偿与负补偿,G49 为取消刀具长度补偿。

1) 刀具长度补偿的建立

指令格式:G43(G44) G00(G01) Z_ H_;

Z 值为编程值,H 为长度补偿值的寄存器号码。偏置量与偏置号相对应,由操作面板预

先设置在偏置寄存器中。

使用 G43、G44 指令编程时，无论用绝对坐标还是增量坐标编程，程序中指定的 Z 轴移动的终点坐标值都要把指令终点的坐标加上(G43)或减去(G44)补偿存储器 H 设定的补偿值。由于把编程时设定的刀具长度值和实际加工所使用的刀具长度值的差设定在补偿存储器中，因此无须变更程序便可以对刀具长度值的差进行补偿。G43 和 G44 均为模态代码。

执行 G43 时：Z 实际值＝Z 指令值＋(H××)

执行 G44 时：Z 实际值＝Z 指令值－(H××)

其中 H××指编号为××的寄存器中刀具长度补偿量，补偿号 H00 表示补偿量为 0，即不使用刀具长度补偿。

例如：若 01 存储器中值为 20，则执行程序段“G90 G43 Z100. H01；”后，终点坐标 Z 为 100＋20＝120(mm)，即 Z 运动到 120。

2) 刀具长度补偿的取消

指令格式：G49 G00(G01) Z_；或 G43(G44) G00(G01) Z_ H00；

注意：刀具长度补偿的建立和取消只有在移动指令下才能生效。

四、任务实施

加工中心中所用刀具长度各不相同，可用刀具长度补偿指令设定工件坐标系 Z 向零点，以编程零点取在工件上表面为例，具体操作步骤如下。

(1) 用 G54 设定工件坐标系时，仅在 X、Y 方向进行零点偏置，其操作方式与铣床 X、Y 轴方向对刀操作相同，Z 轴方向寄存器中的值置零，如图 4-8 所示。

(2) 将用于加工的 T01 换到主轴，沿 Z 轴负方向移动刀具，使刀具靠近工件上表面，用块规找正 Z 轴，将块规置于刀具与工件上表面之间松紧合适后读取机床坐标系 Z 值 Z1，减去块规高度后，输入刀具长度补偿存储器 H01 中。

(3) 将 T02 换到主轴，用块规找正，读取 Z2，减去块规高度后输入 H02 中。

(4) 将加工所有要使用的刀具分别用块规找正，并将计算得到的数值输入对应存储器中，参数输入界面如图 4-9 所示。

工件坐标系设定
O0000 N00000
(G54)
番号
数据
番号
数据
00 X 0.000
(EXT) Y 0.000
Z 0.000
02 X 0.000
(G55) Y 0.000
Z 0.000
01 X -400.000
(G54) Y -200.000
Z 0.000
03 X 0.000
(G56) Y 0.000
Z 0.000
11:13:38
[No检索][测量][ ][+输入][输入]

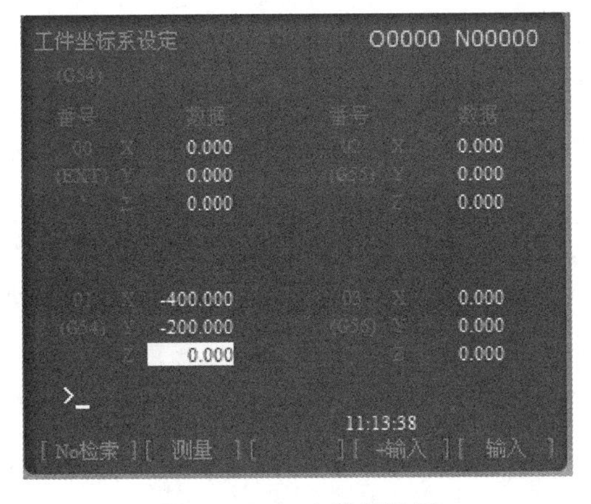

图 4-8　G54 存储器设置

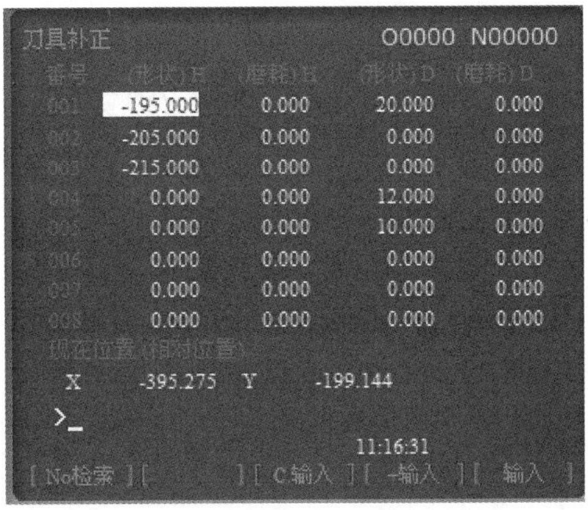

刀具补正
O0000 N00000
番号 (形状)H (磨耗)H (形状)D (磨耗)D
001 -195.000 0.000 20.000 0.000
002 -205.000 0.000 0.000 0.000
003 -215.000 0.000 0.000 0.000
004 0.000 0.000 12.000 0.000
005 0.000 0.000 10.000 0.000
006 0.000 0.000 0.000 0.000
007 0.000 0.000 0.000 0.000
008 0.000 0.000 0.000 0.000
现在位置(相对位置)
X -395.275 Y -199.144
11:16:31
[No检索][ ][C输入][+输入][输入]

图 4-9　刀具长度补偿参数输入界面

对刀时也可将各刀具分别安装到主轴,将 G54 原点偏置寄存器中 Z 轴方向的值置零,使刀具的刀位点移动到工件坐标系的 Z0 处,将此时显示的机床坐标值输入各刀具对应的长度补偿存储器中,作为该刀具的长度补偿值,如图 4-10 所示,则三把刀具的长度补偿值分别设置为:H01=$-A$,H02=$-B$,H03=$-C$。

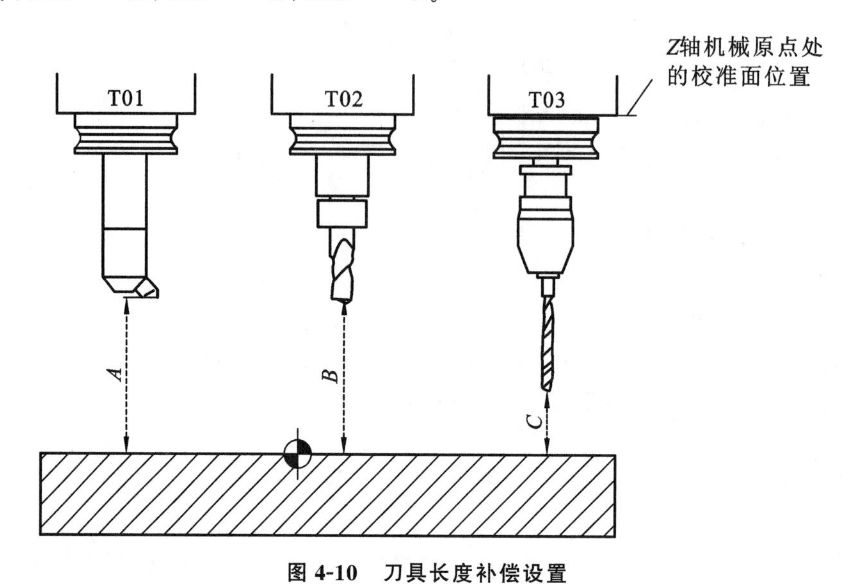

图 4-10　刀具长度补偿设置

采用以上方法进行对刀操作,编程时,程序如下:

T01 M06;

G54 G17 G49 G90 G00 X0. Y0.;

G43 Z50. H01 T02;(刀位点运动到编程零点上方 50 mm 处,同时 2 号刀转到换刀位)

……(使用 1 号刀进行加工)

G28 G91 Z0.;(取消刀具长度补偿,返回 Z 轴参考点换刀)

M06;(换 2 号刀)

G54 G17 G49 G90 G00 X0. Y0.;

G43 Z50. H02 T03;(刀位点运动到编程零点上方 50 mm 处,同时 3 号刀转到换刀位)

……(使用 2 号刀进行加工)

五、任务拓展

上述对刀方式为绝对对刀法,也可采用相对对刀法,通过对刀依次确定每把刀具与工件在机床坐标系中的相互位置关系,具体操作步骤如下:

(1) 将刀具长度进行比较,找出最长的刀作为基准刀(假设为 3 号刀),进行 Z 向对刀,并把此时的对刀值 C 作为工件坐标系的 Z 值输入原点偏置寄存器 G54 中,此时 G54 原点偏置寄存器中 $Z=-C$,3 号刀长度补偿值 H03=0。

(2) 把 T01、T02 号刀具依次装上主轴,通过对刀确定 A、B 的值,作为长度补偿值。

（3）把确定的长度补偿值填入设置页面，1 号刀长度补偿 H01＝$C-A$，2 号刀长度补偿 H02＝$C-B$，编程时使用 G43 进行长度补偿。

这种对刀方式的对刀效率高、精度高、投资少，但工艺文件编写不便，对生产组织有一定影响。

任务三　底座的数控加工中心编程

一、学习目标

（1）学会使用自动换刀指令。

（2）掌握加工中心的编程方法。

二、任务引入

用数控加工中心完成图 4-11 所示零件的加工，毛坯尺寸为 95 mm×95 mm×40 mm，上、下底面及侧边表面均已加工，材料为 45 钢。按图样要求完成数控加工程序的编制。

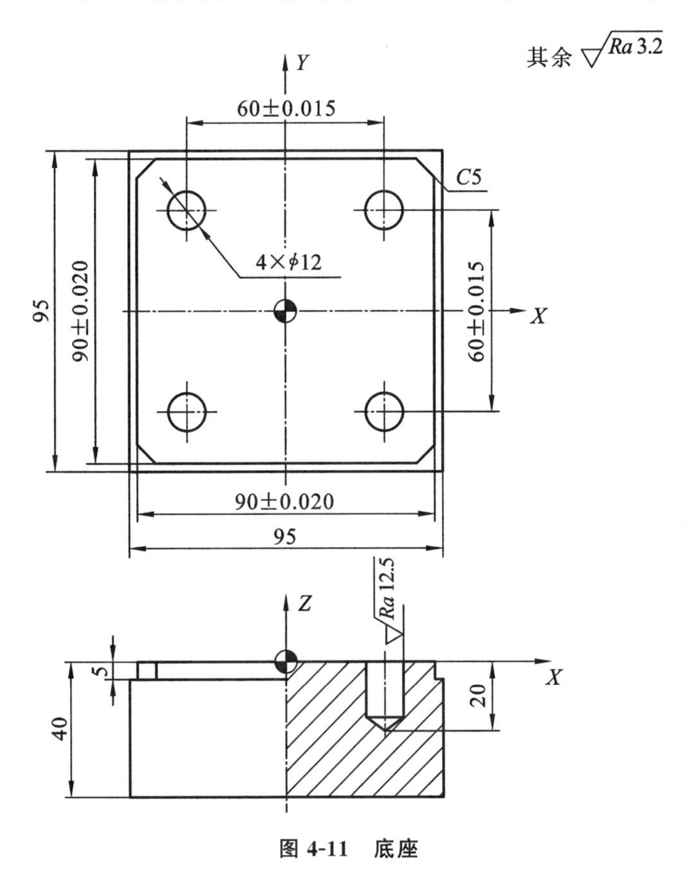

图 4-11　底座

三、任务实施

1. 工艺分析

(1) 刀具的选择。选用 ϕ16 mm 立铣刀、ϕ3 mm 中心钻和 ϕ12 mm 钻头。

(2) 零件装夹方案的确定。需要加工的零件比较规则,采用平口钳夹持。

(3) 加工工序安排。零件图主要包括凸台外轮廓加工和孔加工,以工件顶面中心为工件原点,根据零件图拟定加工工序为:

① 选用 ϕ16 mm 立铣刀粗铣削凸台外轮廓,留 0.5 mm 的精加工余量;

② 选用 ϕ16 mm 立铣刀精铣外轮廓,去除余量至尺寸要求;

③ 选用 ϕ3 mm 中心钻钻 ϕ12 mm 孔的中心孔;

④ 选用 ϕ12 mm 钻头钻孔。

2. 数控加工工序卡片

工厂名称	数控加工工序卡片	产品及型号	零件名称	零件图号	材料名称	材料牌号	第　页	共　页
					钢	Q235		
工序号	工序名称	程序编号	夹具名称	夹具编号	设备名称	设备型号	设备规格	加工车间
			平口钳	01	加工中心			实训中心
工步号	工步内容	刀具名称	刀具号	主轴转速 /(r/min)	进给量 /(mm/min)	背吃刀量 /mm	备注	
1	粗铣凸台轮廓	ϕ16 mm 立铣刀	01	800	200	4.8		
2	精铣凸台轮廓	ϕ16 mm 立铣刀	01	1000	120	5		
3	钻中心孔	ϕ3 mm 中心钻	02	1200	120			
4	钻 ϕ12 mm 孔	ϕ12 mm 钻头	03	600	120	1		
编制	抄写		校对		审核		批准	

3. 加工程序

O4301;(程序号)

N10 G90 G54 G17 G49 G80;(建立工件坐标系,程序初始化)

N20T01;(1 号刀转到换刀位)

N30 M98 P4302;(调用换刀子程序,换 1 号刀 ϕ16 mm 立铣刀)

N40 M03 S800;(启动主轴正转,转速 800 r/min)

N50 G00 G90 X−60. Y−60. M07 T02;(刀具运动到下刀点,冷却液开,2 号刀转到换刀位)

N60 G43 Z5. H01；（Z 轴下刀至工件上表面上方 5 mm 处）

N70 G01 Z－4.8 F200；（下刀至工件上表面下方 4.8 mm 处，进给速度 200 mm/min）

N80 D11；（调用 D11 存储器中所存的粗铣凸台轮廓刀具半径补偿数值，D11＝17）

N90 M98 P4303；（调用 O4102 号子程序，粗加工凸台轮廓）

N100 G01 Z－5. S1000 F120；（下刀至工件上表面下方 5 mm 处，主轴转速 1000 r/min，进给速度 120 mm/min）

N110 D21；（调用 D21 存储器中所存的精铣凸台轮廓刀具半径补偿数值，D21＝16）

N120 M98 P4303；（调用 O4102 号子程序，精加工凸台轮廓）

N130 G00 Z50.；（抬刀至工件上表面上方 50 mm 处）

N140 M98 P4302；（调用换刀子程序，换 2 号刀 ϕ3 mm 中心钻）

N150 G00 G90 X0. Y0. M03 S1200 T03；（刀具靠近工件，运动到 X0、Y0 处，启动主轴正转，转速 1200 r/min，3 号刀转到换刀位）

N160 G43 Z5. H02；（Z 轴下刀至工件上表面上方 5 mm 处）

N170 M98 P4304；（调用中心孔加工子程序）

N180 G00 Z50.；（抬刀至工件上表面上方 50 mm 处）

N190 M98 P4302；（调用换刀子程序，换 3 号刀 ϕ12 mm 钻头）

N200 G00 G90 X0. Y0. M03 S600；（刀具靠近工件，运动到 X0、Y0 处，启动主轴正转，转速 600 r/min）

N210 G43 Z5. H03；（Z 轴下刀至工件上表面上方 5 mm 处）

N220 M98 P4305；（调用孔加工子程序）

N230 G00 Z50.；（抬刀至工件上表面上方 50 mm 处）

N240 G91 G28 Z0.；（Z 轴方向回参考点）

N250 G28 X0. Y0.；（X、Y 轴方向回参考点）

N240 M30；（主程序结束）

O4302；（换刀子程序）

G91 G28 Z0. M05；（Z 轴方向回参考点，主轴停）

M06；（将换刀位的刀具换至主轴）

M99；（子程序结束）

O4303；（凸台轮廓加工子程序）

G41G01X－45.；（建立刀具半径补偿）

Y40.；（车凸台轮廓）

X－40. Y45.；

X40.；

X45. Y40.；

Y－40.；

X40. Y－45.；

X－40.；

X－50. Y－35.；

```
G40 G00 X－60.；(取消刀具半径补偿)
M99;(子程序结束)

O4304;(中心孔加工子程序)
G00 X30. Y30.；(定位到第一个孔处)
G01 Z－1. F120;(钻孔,深度 1 mm)
G04 P1000;(暂停 1s,光整孔表面)
Z5.；(抬刀至工件上表面上方 5 mm 处)
G00 X30. Y－30.；(加工第二个孔)
G01 Z－1. F120;
G04 P1000;
Z5.；
G00 X－30. Y－30.；(加工第三个孔)
G01 Z－1. F120;
G04 P1000;
Z5.；
G00 X－30. Y30.；(加工第四个孔)
G01 Z－1. F120;
G04 P1000;
Z5.；
M99;(子程序结束)

O4305 (孔加工子程序)
G00 X30. Y30.；(定位到第一个孔处)
G01 Z－20. F120;(钻孔)
G04 P1000;(暂停 1s,光整孔表面)
Z5.；(抬刀至工件上表面上方 5 mm 处)
G00 X30. Y－30.；(加工第二个孔)
G01 Z－20. F120;
G04 P1000;
Z5.；
G00 X－30. Y－30.；(加工第三个孔)
G01 Z－20. F120;
G04 P1000;
Z5.；
G00 X－30. Y30.；(加工第四个孔)
G01 Z－20. F120;
G04 P1000;
Z5.；
M99;(子程序结束)
```

任务四　孔板的数控加工中心编程

一、学习目标

(1) 掌握孔类零件的基本加工工艺。

(2) 正确使用钻、铣、镗等加工刀具,合理选择加工用量。

(3) 掌握加工中心典型数控系统常用固定循环指令的编程方法。

二、任务引入

孔板零件如图 4-12 所示,工件外形尺寸为 220 mm×140 mm×60 mm,表面均已加工,并符合尺寸与表面粗糙度要求,材料为 T200。中间 ϕ40 已有粗加工孔。试完成该孔板上孔系的数控加工工艺设计及编程。

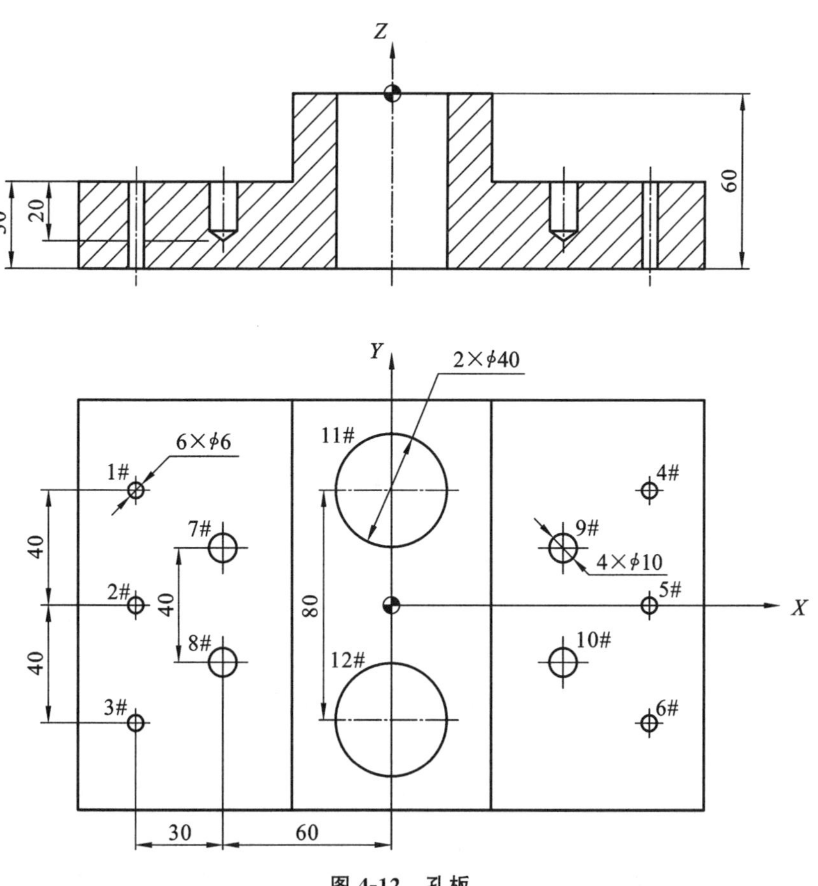

图 4-12　孔板

三、相关知识

1. 孔加工概述

孔加工是最常见的零件结构加工之一,孔加工工艺内容广泛,包括钻削、扩孔、铰孔、锪孔、攻丝、镗孔等工艺方法。

2. 孔加工固定循环

加工中心配备的固定循环功能,主要用于孔加工,包括钻孔、镗孔、攻螺纹等。

1) 孔加工的动作

孔加工固定循环的动作如图 4-13 所示,通常包括以下六个基本动作:

(1) X、Y 坐标快速定位,刀具快速定位到孔加工的位置。

(2) 快进到 R 点。

(3) 孔加工,以切削进给的方式执行孔加工的动作。

(4) 孔底动作,包括暂停、主轴准停、刀具移位等的动作。

(5) 返回到 R 点(继续加工其他孔)。

(6) 返回到初始点(孔加工完成后返回初始点)。

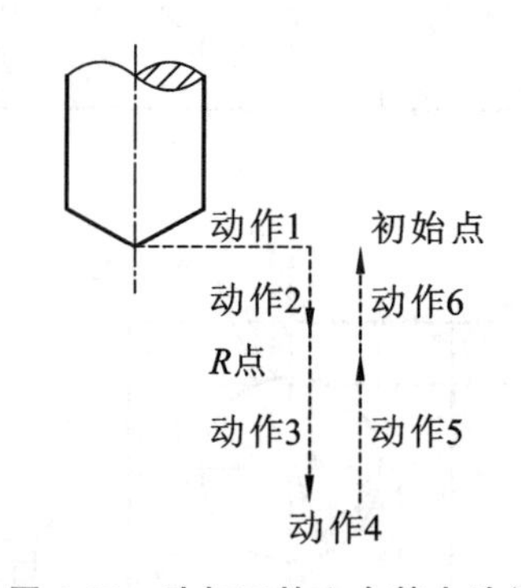

图 4-13　孔加工的六个基本动作

2) 孔加工固定循环的通用格式

G90(G91) G98(G99) G_ X_ Y_ Z_ R_ Q_ P_ F_ K_;

说明:

(1) G98 加工完毕后返回初始点,G99 是返回 R 点。多孔加工时一般加工最初的孔用 G99,最后的孔用 G98。

(2) G_是固定循环代码,主要有 G73、G74、G76、G81～G89 等,属于模态代码。各种不同类型的孔加工动作如表 4-1 所示。

表 4-1　孔加工固定循环及动作一览表

G代码	加工动作（－Z方向）	孔底动作	退刀动作（＋Z方向）	用途
G73	间歇进给		快速进给	高速深孔加工
G74	切削进给	暂停、主轴正转	切削进给	攻左旋螺纹
G76	切削进给	主轴准停	快速进给	精镗
G80				取消固定循环
G81	切削进给		快速进给	钻孔
G82	切削进给	暂停	快速进给	钻、镗阶梯孔
G83	间歇进给		快速进给	深孔加工
G84	切削进给	暂停、主轴反转	切削进给	攻右旋螺纹
G85	切削进给		切削进给	镗孔
G86	切削进给	主轴停	快速进给	镗孔
G87	切削进给	主轴正转	快速进给	反镗孔
G88	切削进给	暂停、主轴停	手动	镗孔
G89	切削进给	暂停	切削进给	镗孔

(3) X_ Y_指定孔加工的坐标位置。

(4) Z_指定孔底坐标值。增量方式时，是孔底相对 R 点的坐标值；绝对值方式时，是孔底的 Z 坐标值。

(5) R 在增量方式中是 R 点相对初始点的坐标值，而在绝对值方式中是 R 点的 Z 坐标值。

(6) Q 在 G73、G83 中是用来指定每次进给的深度，在 G76、G87 中为孔底移动的距离。

(7) P 指定孔底的暂停时间，G76、G82、G89 时有效，单位为 ms。

(8) F 是孔加工的进给速度。

(9) K 指定固定循环的重复次数，K 仅在被指定的程序段内有效，表示对等间距孔进行重复加工。若不指定 K，则只进行一次循环。$K=0$ 时，机床不动作。

并不是每一种孔加工循环的编程都要用到孔加工循环通用格式的所有代码。以上格式中，除 K 代码外，其他所有代码都是模态代码，只有在循环取消时才被清除。因此，这些指令一经指定，在后面的重复加工中不必重新指定。取消孔加工循环采用代码 G80。当固定循环指令不再使用时，应用 G80 指令取消固定循环，而恢复到一般基本指令状态（G00、G01、G02、G03 等），此时固定循环指令中的孔加工数据（如 Z 点、R 点值等）也被取消。另外，如在孔加工循环中出现 01 组的 G 代码（如 G00、G01 等），则孔加工方式会被自动取消。

3) 孔加工固定循环的高度平面

在孔加工运动过程中，刀具运动涉及 Z 向坐标的三个高度平面位置：初始平面高度、R 平面高度、切削深度。孔加工工艺设计时，要对这三个高度位置进行适当选择。

(1) 初始平面高度。

初始平面是为安全定位及安全下刀而规定的一个平面，用 G98 指令指定。安全平面的高度应能确保它高于所有的障碍物。当使用同一把刀具加工多个孔时,刀具在初始平面内的任意点定位移动应能保证刀具不会与夹具、工件凸台等发生干涉,特别防止快速运动中切削刀具与工件、夹具及机床的碰撞。

(2) R 平面高度。

R 平面为刀具切削进给运动的起点高度,即从 R 平面高度开始刀具处于切削状态,用 G99 指令指定。

(3) 孔切削深度。

固定循环中必须包括切削深度,到达这一深度时刀具将停止进给。在循环程序段中以 Z 地址来表示深度,Z 值表示切削深度的终点。

编程时,固定循环中的 Z 值一定要使用通过精确计算得出的 Z 向深度,Z 向深度计算必须考虑的因素有以下几点:图样标注中的孔的直径和深度;绝对或增量编程方法;切削刀具类型和刀尖长度;加工通孔时的工件材料厚度和加工盲孔时的全直径孔深要求;工件上方间隙量和加工通孔时在工件下方的间隙量等。

3. 孔加工固定循环指令

1) 高速深孔钻循环指令——G73

指令格式:G73 X_ Y_ Z_ R_ Q_ F_;

每次切深为 q,快速后退量为 d,变为切削进给时继续切入,直至孔底。Z 轴方向间歇进给,便于断屑排屑。退刀量 d 由参数设置。

G73 固定循环指令适用于深孔加工,用于 Z 轴的间歇进给,如图 4-14 所示。

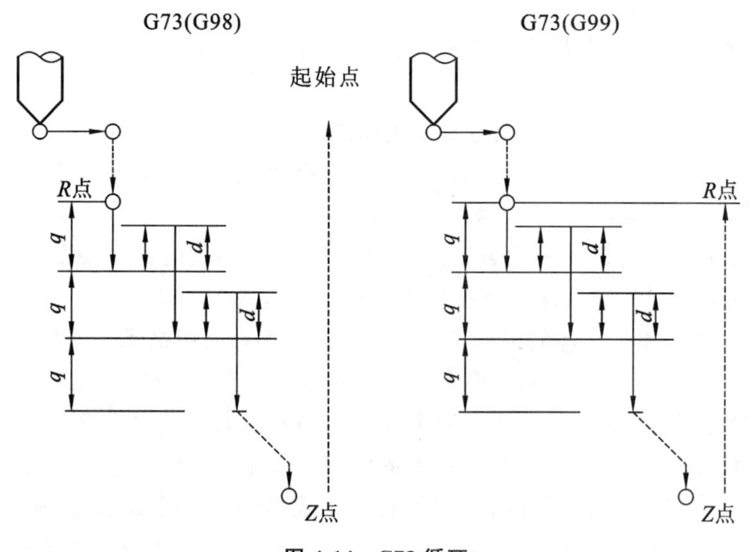

图 4-14　G73 循环

2) 攻左旋螺纹循环指令——G74

指令格式:G74 X_ Y_ Z_ R_ P_ F_;

左旋攻螺纹(攻反螺纹)时主轴反转,到孔底时主轴正转,然后刀具退出,动作过程如图 4-15 所示。

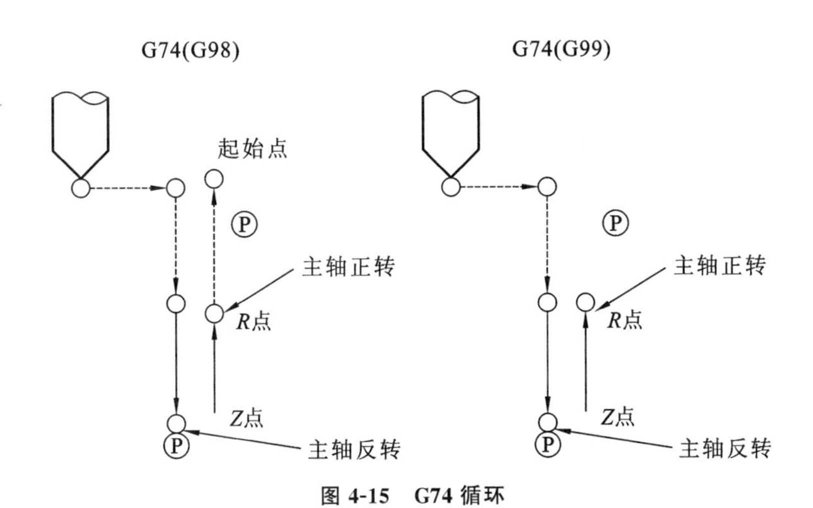

图 4-15　G74 循环

3）精镗循环指令——G76

指令格式：G76 X_ Y_ Z_ R_ Q_ P_ F_；

该指令使主轴在孔底准停，主轴停止在固定的回转位置，向与刀尖相反的方向位移，如图 4-16 所示，然后退刀，这样不擦伤加工表面，实现高效率、高精度镗削加工。达到返回点平面后，主轴再移回，并启动主轴。

用地址 Q 指定位移量，Q 值必须是正值。位移方向由系统参数设置决定。

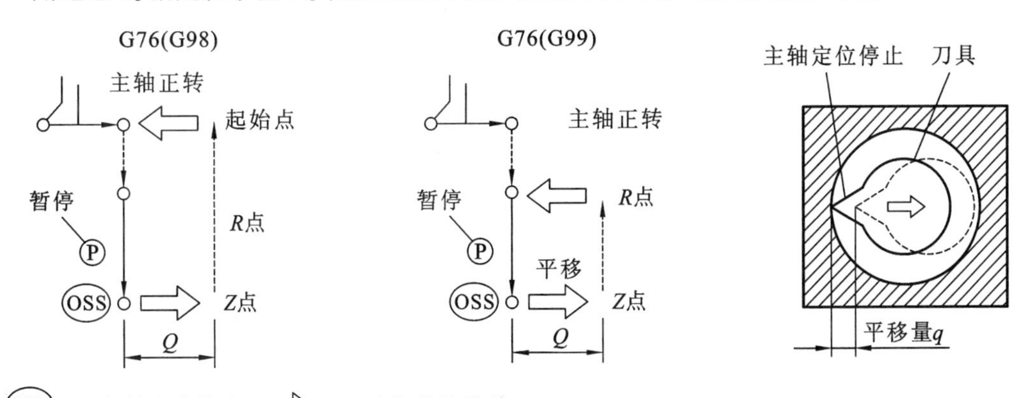

图 4-16　G76 循环

4）钻孔固定循环指令——G81

指令格式：G81 X_ Y_ Z_ R_ F_；

G81 主要用于中心钻加工定位孔和一般孔加工，切削进给执行到孔底，然后刀具从孔底快速移动退回，如图 4-17 所示。

5）钻孔固定循环指令——G82

指令格式：G82 X_ Y_ Z_ R_ P_ F_；

G82 动作类似于 G81，只是在孔底增加了进给后的暂停动作，如图 4-18 所示。因此，在盲孔加工中，可减小孔底表面粗糙度值。该指令常用于正孔加工、锪孔加工和镗阶梯孔加工。

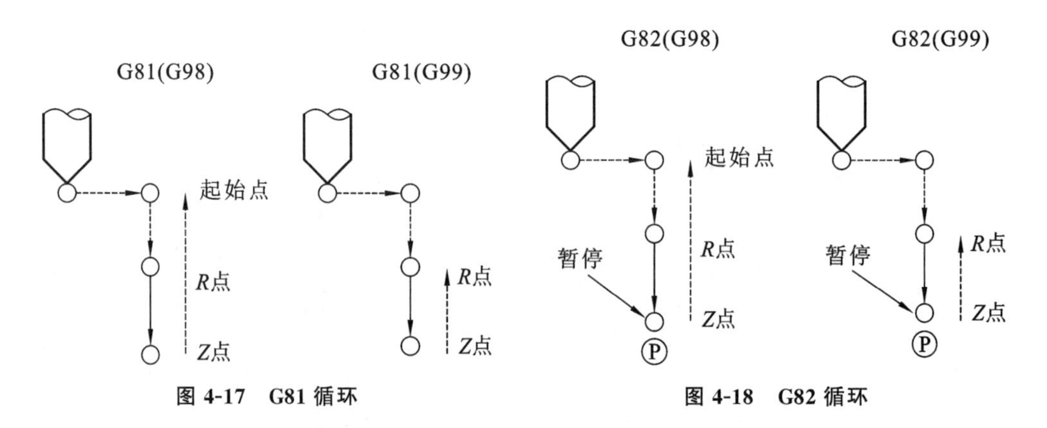

图 4-17　G81 循环　　　　图 4-18　G82 循环

6) 深孔加工循环指令——G83

指令格式:G83 X_ Y_ Z_ R_ Q_ F_;

第一次切入 q 值,快速退回到 R 平面,从第二次以后切入时,先以快速进给到距上次切入位置 d 值后,变为切削进给,切入 q 值后,以快速进给退回到 R 平面,直到孔底。

引入量 d 值由参数设定。G83 指令动作过程如图 4-19 所示。

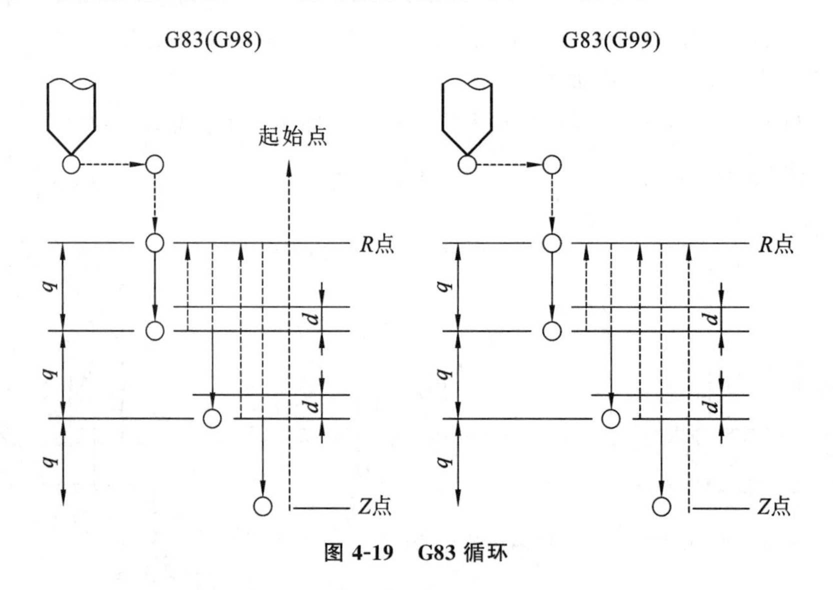

图 4-19　G83 循环

7) 攻右旋螺纹循环指令——G84

指令格式:G84 X_ Y_ Z_ R_ P_ F_;

与 G74 类似,从 R 点到 Z 点攻丝时刀具正向进给,主轴正转。到孔底部时,主轴反转,刀具退出,动作过程如图 4-20 所示。

8) 镗削固定循环指令——G85

指令格式: G85 X_ Y_ Z_ R_ F_;

与 G81 类似,但返回行程中,从 $Z \sim R$ 段为切削进给,该指令属于一般孔镗削加工固定循环指令,通常用于粗镗,其动作过程如图 4-21 所示。

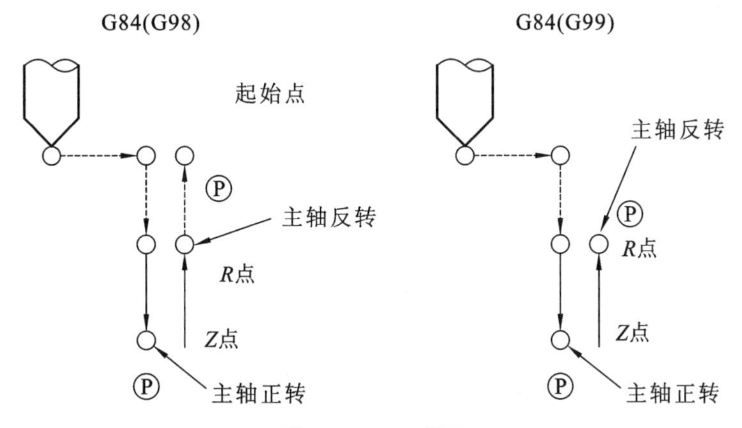

图 4-20　G84 循环

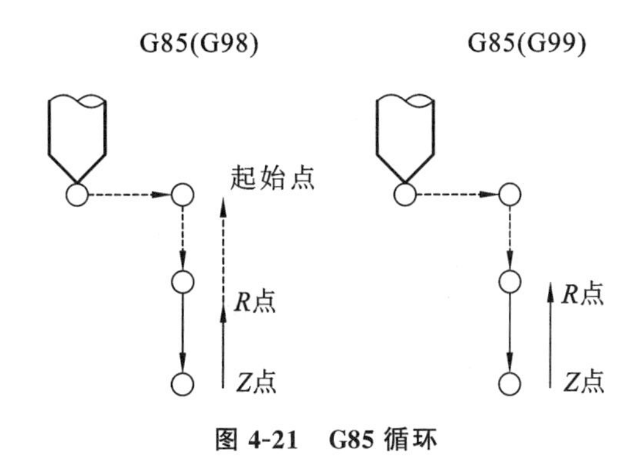

图 4-21　G85 循环

9）镗削固定循环指令——G86

指令格式：G86 X_ Y_ Z_ R_ F_;

与 G81 类似，但进给到孔底后，主轴停转，返回到 *R* 点或初始点后主轴再重新启动，通常用于半精镗，其动作过程如图 4-22 所示。

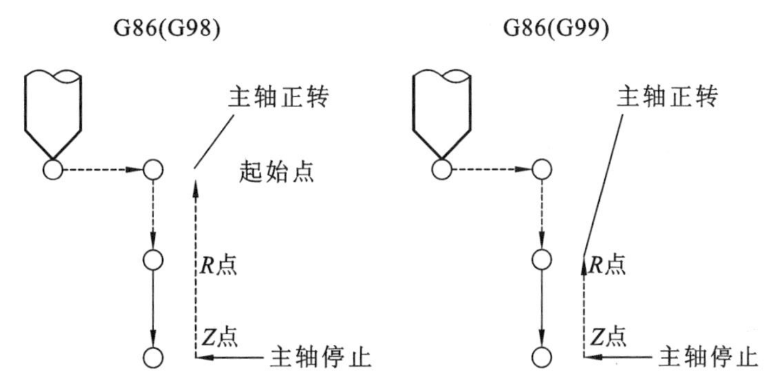

图 4-22　G86 循环

10）反镗循环指令——G87

指令格式：G87 X_ Y_ Z_ R_ Q_ F_;

G87 指令动作过程如图 4-23 所示，在孔位定位后，主轴定向停止，然后向刀尖相反方向位移,用快速进给至孔底(*R* 点)定位,在此位置,主轴返回前面的位移量,回到孔中心,主轴正转,沿 *Z* 轴正方向加工到 *Z* 点。在此位置,主轴再次定向停止,然后向刀尖相反方向位移,刀具从孔中退出。刀具返回到初始平面,再返回一个位移量,回到孔中心,主轴正转,进行下一个程序段动作。孔底的位移量和位移方向,与 G76 完全相同。

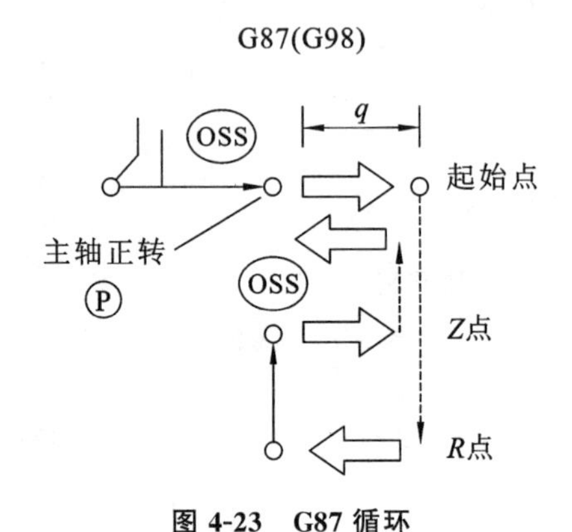

图 4-23　G87 循环

11）镗削固定循环指令——G88

指令格式:G88 X_ Y_ Z_ R_ P_ F_;

G88 用于镗孔,当镗孔完成后,执行暂停;然后主轴停止,刀具从孔底 *Z* 点手动返回到 *R* 点,在 *R* 点主轴正转,并且执行快速移动到初始位置,动作过程如图 4-24 所示。

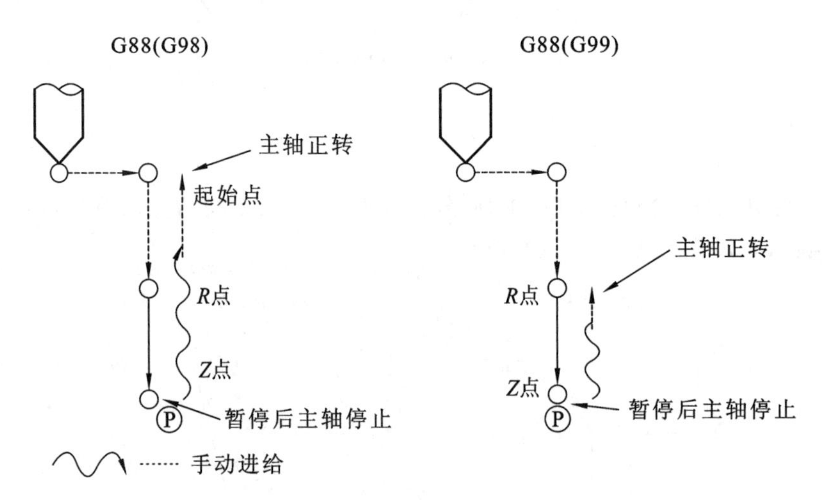

图 4-24　G88 循环

12）镗削固定循环指令——G89

指令格式:G89 X_ Y_ Z_ R_ P_ F_;

G89 指令与 G85 指令类似,从 *Z*→*R* 为切削进给,但在孔底时有暂停动作,动作过程如图 4-25 所示。

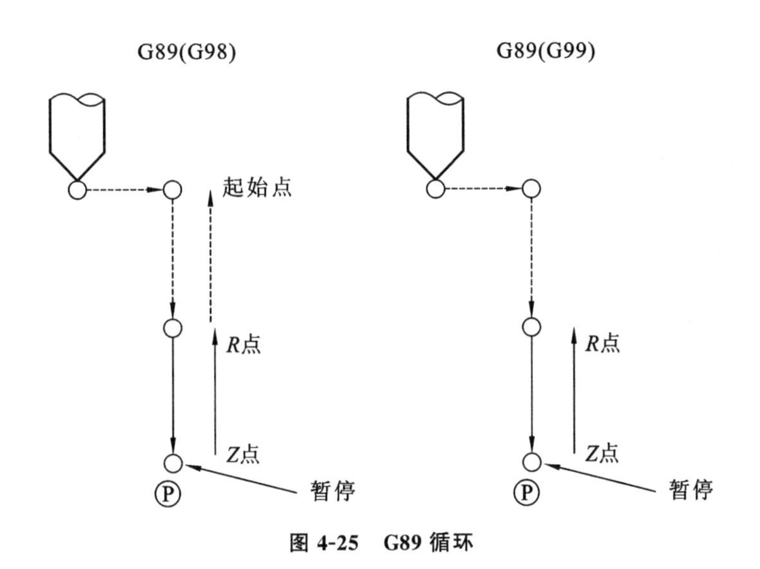

图 4-25 G89 循环

4. 孔加工固定循环取消指令——G80

取消固定循环，以后执行其他指令。R 点、Z 点取消(即增量指令 $R=0$，$Z=0$)，其他孔加工信息也全部取消。

四、任务实施

1. 工艺分析

1) 零件装夹方案的确定

该任务形状比较规则、简单，加工孔系的位置精度要求不高，可采用机用台虎钳夹紧即可。

2) 加工方案的确定

(1) 2×ϕ 40 mm 已有粗加工孔：镗孔。

(2) 6×ϕ 6 mm 孔：钻中心孔→钻孔。

(3) 4×ϕ 10 mm 孔：钻中心孔→钻孔。

3) 加工顺序的选择

钻各中心孔→钻 6×ϕ 6 mm 孔→钻 4×ϕ 10 mm 孔→镗 2×ϕ 40 mm 孔。

4) 刀具的选择

本任务所用刀具如表 4-2 所示。

表 4-2 刀具表

序号	刀具号	规格名称	数量	刀长	加工表面
1	T01	ϕ 3 mm 中心钻	1	实测	钻各中心孔
2	T02	ϕ 6 mm 麻花钻	1	实测	钻 6×ϕ 6 mm 孔
3	T03	ϕ 10 mm 麻花钻	1	实测	钻 4×ϕ 10 mm 孔
4	T04	ϕ 40 mm 镗刀	1	实测	镗 2×ϕ 40 mm 孔

2. 数控加工工序卡片

工厂名称	数控加工工序卡片	产品及型号	零件名称	零件图号	材料名称	材料牌号	第 页	共 页
			孔板		铸铁	HT200		
工序号	工序名称	程序编号	夹具名称	夹具编号	设备名称	设备型号	设备规格	加工车间
			平口钳	01	加工中心			实训中心
工步号	工步内容	刀具名称	刀具号	主轴转速/(r/min)	进给量/(mm/min)	背吃刀量/mm	备注	
1	钻各中心孔	ϕ3 mm 中心钻	01	1000	40			
2	钻 6×ϕ6 mm 孔	ϕ6 mm 麻花钻	02	600	60			
3	钻 4×ϕ10 mm 孔	ϕ10 mm 麻花钻	03	500	60			
4	镗 2×ϕ40 mm 孔	ϕ40 mm 镗刀	04	500	40			
编制	抄写		校对		审核		批准	

3. 加工程序

O4401;

N10 G90 G54 G17 G49 G80;(程序初始化)

N20 T01;(1 号刀转到换刀位)

N30 M98 P4402;(调用换刀子程序,换 1 号刀 ϕ3 mm 中心钻)

N40 M03 S1000;(启动主轴正转,转速 1000 r/min)

N50 G00 G90 X0. Y0. M07 T02;(刀具靠近工件,运动到 X0、Y0 处,冷却液开,2 号刀转到换刀位)

N60 G43 Z50. H01;(Z 轴下刀至钻孔循环的初始点高度,距离工件上表面上方 50 mm)

N70 G99 G82 X−90. Y40. Z−1. R−25. P1000 F40;(钻 1#孔中心孔)

N80 G91 Y−40. K2;(钻 2#、3#孔中心孔)

N90 G90 X−60. Y−20.;(钻 8#孔中心孔)

N100 G98 Y20.;(钻 7#孔中心孔,并返回初始点)

N110 G99 X60.;(钻 9#孔中心孔,返回 R 点)

N120 Y−20.;(钻 10#孔中心孔)

N130 X90. Y−40.;(钻 6#孔中心孔)

N140 G91 Y40. K2;(钻 5#、4#孔中心孔)

N150 G00 Z50.；（抬刀至工件上表面上方 50 mm 处）

N160 M98 P4402；（调用换刀子程序，换 2 号刀 ϕ6 mm 麻花钻）

N170 G00 G90 X0. Y0. M03 S600 T03；（刀具靠近工件，运动到 X0、Y0 处，启动主轴正转，转速 600 r/min，3 号刀转到换刀位）

N180 G43 Z50. H02；（*Z* 轴下刀至工件上表面上方 50 mm 处）

N190 G99 G81 X－90. Y40. Z－33. R－25. F60；（钻 1＃孔）

N200 Y0.；（钻 2＃孔）

N210 G98 Y－40.；（钻 3＃孔，并返回初始点）

N220 G99 X90. Y－40.；（钻 6＃孔）

N230 G91 Y40. K2；（钻 5＃、4＃孔）

N240 G00 Z50.；（抬刀至工件上表面上方 50 mm 处）

N250 M98 P4402；（调用换刀子程序，换 3 号刀 ϕ10 mm 麻花钻）

N260 G00 G90 X0. Y0. M03 S500 T04；（刀具靠近工件，运动到 X0、Y0 处，启动主轴正转，转速 500 r/min，4 号刀转到换刀位）

N270 G43 Z50. H03；（*Z* 轴下刀至工件上表面上方 50 mm 处）

N280 G99 G81 X－60. Y－20. Z－20. R－25. F60；（钻 8＃孔）

N290 G98 Y20.；（钻 7＃孔，并返回初始点）

N300 G99 X60.；（钻 9＃孔，返回 *R* 点）

N310 G98 Y－20.；（钻 10＃孔，返回初始点）

N320 M98 P4402；（调用换刀子程序，换 4 号刀 ϕ40 mm 镗刀）

N330 G00 G90 X0. Y0. M03 S500 T04；（刀具靠近工件，运动到 X0、Y0 处，启动主轴正转，转速 500 r/min，4 号刀转到换刀位）

N340 G43 Z50. H04；（*Z* 轴下刀至工件上表面上方 50 mm 处）

N350 G99 G85 X0. Y40. Z－65. R5. F40；（镗 11＃孔，返回 *R* 点）

N360 G98 Y－40.；（镗 12＃孔，返回初始点）

N370 G80 G49 G00 Z0.；（取消孔加工固定循环，取消长度补偿并抬刀）

N380 M30；（程序结束）

O4402；（换刀子程序）

G91 G28 Z0. M05；（*Z* 轴方向回参考点，主轴停）

M06；（将换刀位的刀具换至主轴）

M99；（子程序结束）

练　习　题

1. 完成图 4-26 所示的零件加工，毛坯外形尺寸为 180 mm×150 mm×25 mm，材料为 45＃钢。按图样要求完成数控加工程序的编制，图中切点坐标为 *A*（－8.507，28.768），*B*（94.328，59.179），*C*（109.162，22.222）。

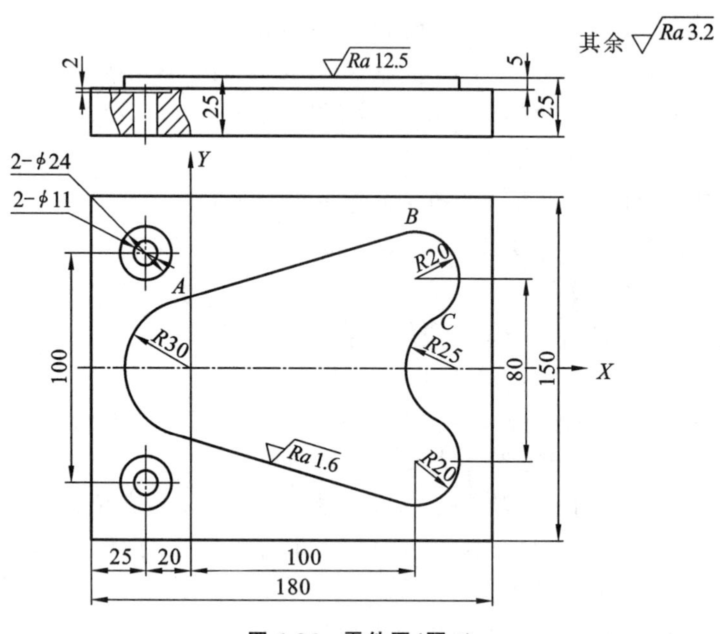

图 4-26　零件图(题 1)

2. 完成图 4-27 所示的零件加工,毛坯外形尺寸为 96 mm×96 mm×50 mm,材料为 45＃钢,按图样要求完成数控加工程序的编制。

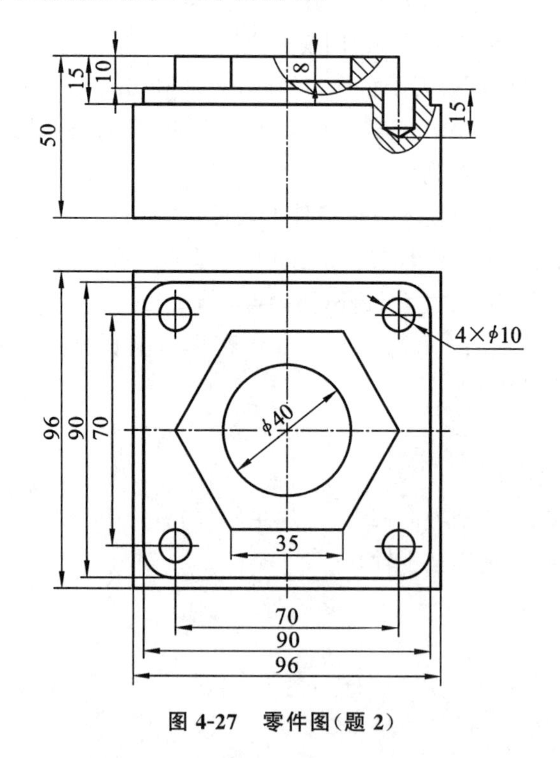

图 4-27　零件图(题 2)

3. 完成图 4-28 所示的零件加工,毛坯外形尺寸为 100 mm×100 mm×20 mm,表面均已加工,并符合尺寸与表面粗糙度要求,材料为 45＃钢,按图样要求完成数控加工程序的编制。

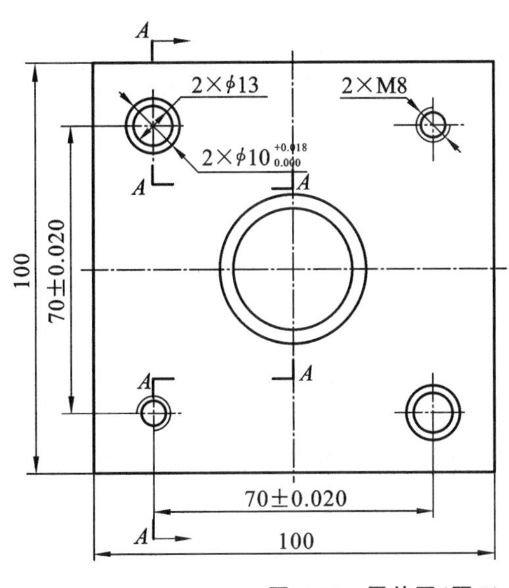

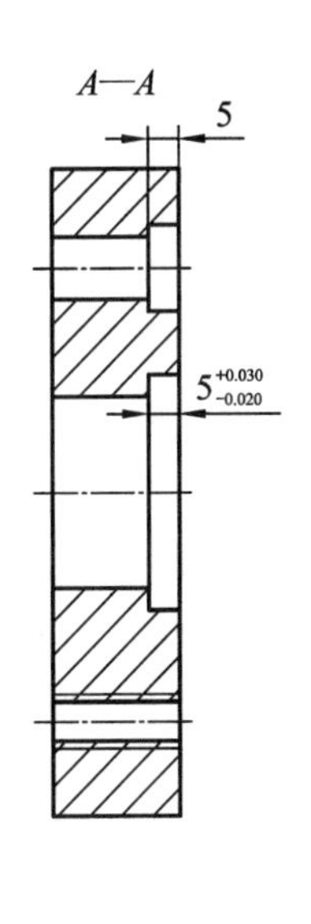

图 4-28　零件图(题 3)

4. 完成图 4-29 所示的零件加工,毛坯外形尺寸为 80 mm×80 mm×40 mm,加工凸台、槽和孔,材料为 45＃钢,按图样要求完成数控加工程序的编制。

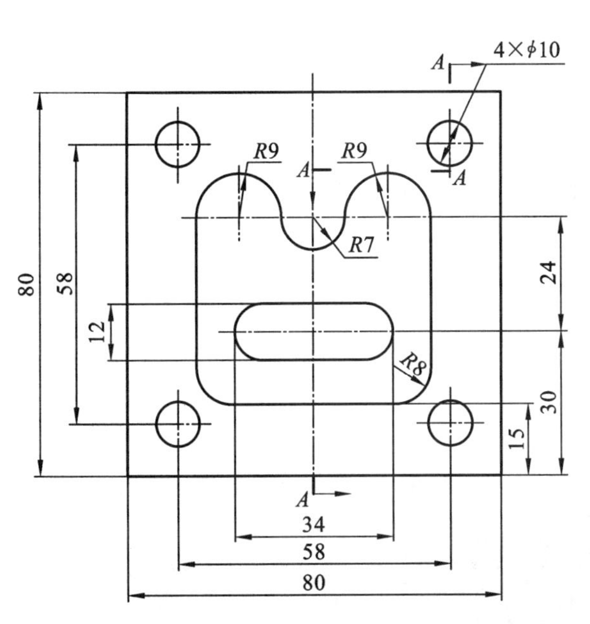

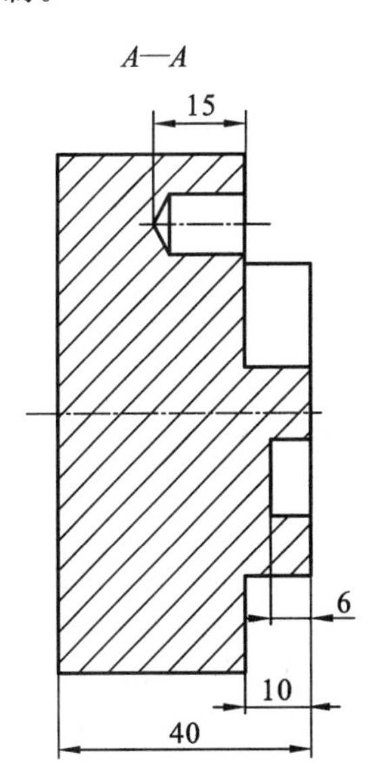

图 4-29　零件图(题 4)

项目五　数控机床的操作

任务一　FANUC 0i 系统数控机床操作面板及功能

一、学习目标

了解 FANUC 0i 数控机床的操作面板及各按钮的功能。

二、任务引入

数控铣床操作面板上的旋钮的作用是什么？

三、相关知识

1. CRT/MDI 标准操作面板及功能

(1) CRT/MDI 标准操作面板。

FANUC 0i 数控系统操作面板位于 CRT 窗口的右侧，如图 5-1、图 5-2 所示。

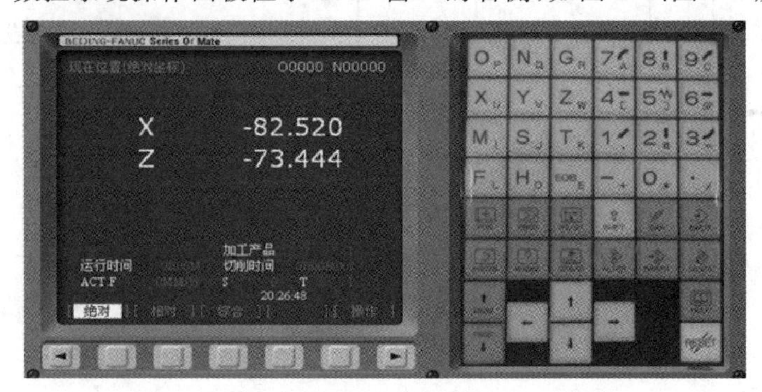

图 5-1　FANUC 0i 数控（车床）机床操作面板

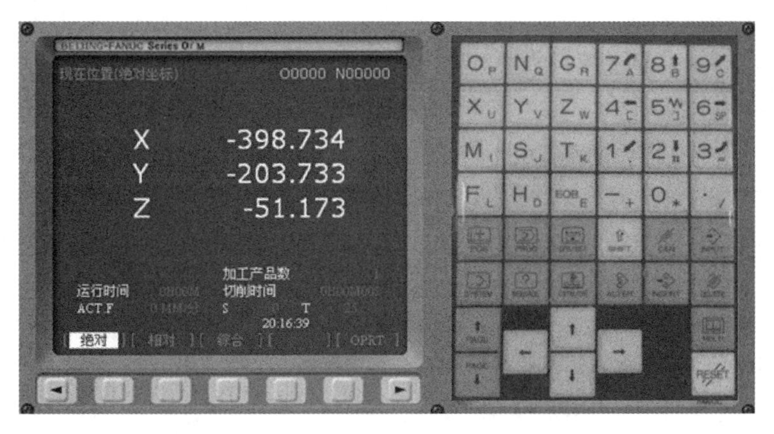

图 5-2　FANUC 0i 数控(铣床)机床操作面板

(2) 系统操作面板区域功能位置分布如图 5-3 所示。

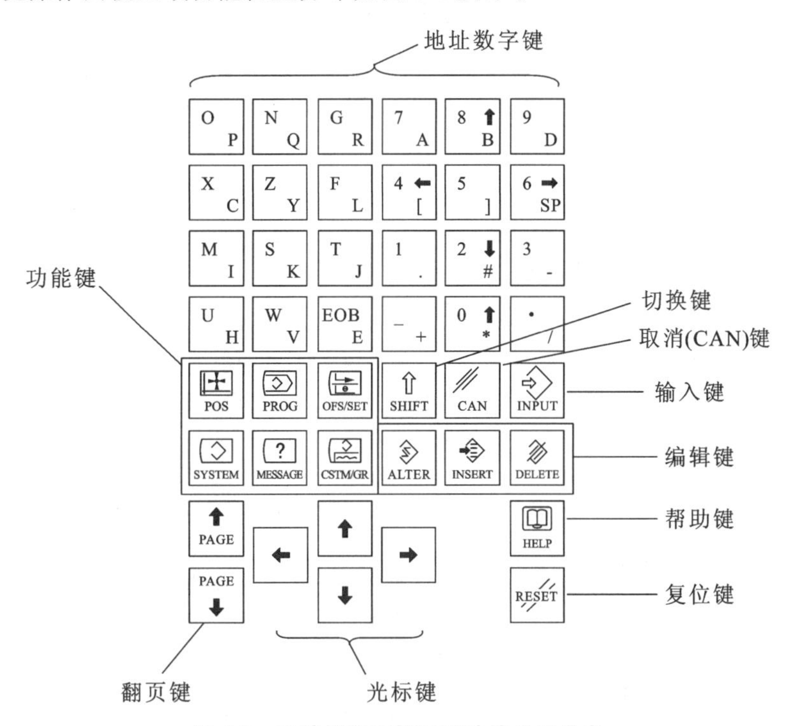

图 5-3　系统操作面板区域功能位置分布

(3) FANUC 0i 系统操作面板上各功能键含义如表 5-1 所示。

表 5-1　FANUC 0i 系统操作面板上各功能键含义

键　图　符	功能名(英文名)	功能简要说明
RESET	复位键 (RESET)	按此键可使 CNC 复位,用于消除报警等

续表

键图符	功能名(英文名)	功能简要说明
N Q　4 ← [　…	地址/数字键	按此键可输入数字、字母以及其他字符
⇧ SHIFT	换挡键 (SHIFT)	在有些键的顶部有两个字符,按 SHIFT 键来选择字符。当一个特色字符 E 在屏幕上显示时,表示键面右下角的字符可以输入
INPUT	输入键 (INPUT)	用于修改程序和修改参数等操作
CAN	取消键 (CAN)	删除输入到缓冲寄存器中的文字或符号。例如缓冲器显示为 N0001 时,按下 CAN 键,则 N0001 被删除
← ↑ ↓ →	光标移动键 (CUSER)	用于将光标朝左、右、上、下方向移动;在左右方向,光标是按一个字符一个字符地移动;在上下方向,光标是按一行一行地移动
↑ PAGE　PAGE ↓	向前、向后翻页键 (PAGE)	多页显示时,用来查看页面
ALTER	替换键 (ALTER)	编辑程序时,按此键可通过将输入到缓存的数据或字母替换光标处的数据或字母
DELETE	删除键 (DELETE)	程序编辑时,按此键可删除光标所在处的数据,或者删除一个数控程序或者全部数控程序
INSERT	插入键 (INSERT)	在 MDI 方式操作时,输入程序;编辑程序时,将输入到缓存的数据字母插入光标处
EOB E	段结束符键 (EOB)	程序段结束时,后面可书写注释
POS	坐标位置键 (POS)	位置显示页面。位置显示有三种方式
PROG	程序键 (PROG)	数控程序显示与编辑页面
OFS/SET	刀偏/设定键 (OFFSET/SETTING)	参数输入页面。按第一次进入坐标系设置页面,按第二次进入刀具补偿参数页面

续表

键　图　符	功能名(英文名)	功能简要说明
SYSTEM	系统画面键 (SYSTEM)	显示系统画面
MESSAGE	信息画面键 (MESSAGE)	显示信息画面
CSTM/GR	用户宏/图形键 (CUSTOM/GRAPH)	显示用户红画面或者显示图形画面

2. FANUC 0i 系统数控机床控制面板及功能

机床控制面板位于窗口CRT显示窗口下方,主要用于控制机床运行状态,由方式选择键(或旋钮)、轴移动、快速和主轴等多个部分组成,如图5-4、图5-5所示。

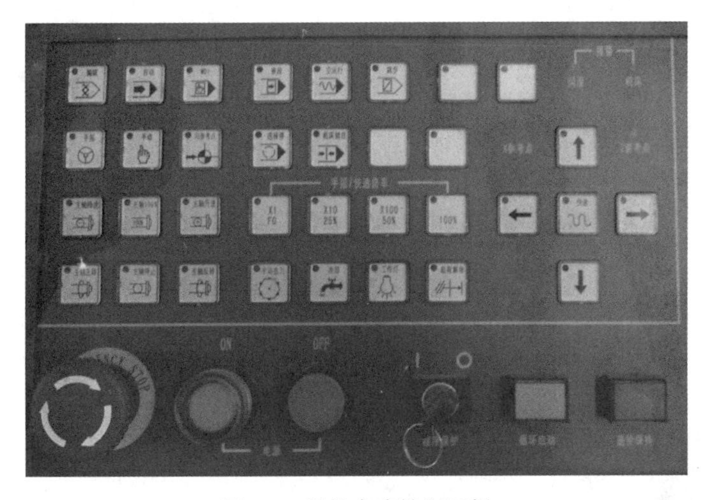

图 5-4　数控车床控制面板

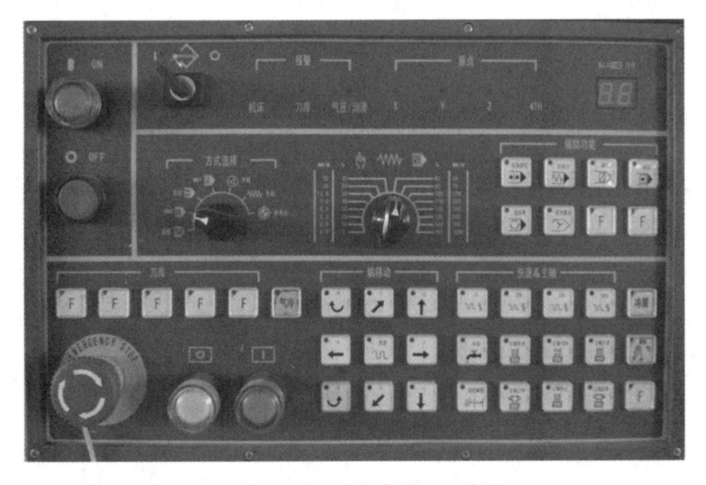

图 5-5　数控铣床控制面板

注意:铣床和车床控制面板的差别就在于“方式选择”,铣床方式选择是通过旋钮来选定的,车床通过每一个按键来选定。

FANUC 0i 系统机床控制面板上各功能键的含义如下。

1) 操作方式选择

FANUC 0i 系统有 7 种操作方式选择,在数控车床控制面板上,有 7 个方式选择按键;在铣床控制面板上,通过旋钮来选择各种操作方式。

车床控制面板上 7 个方式选择按钮分别介绍如下。

:程序编辑模式。

:手动数据、程序输入。

:程序自动加工模式。

:程序单段加工模式。

:手摇工作方式。按下此键,手轮手柄旋转有效。

:手动工作方式。按下此键,控制面板上的【+X】,【-X】,【+Z】,…,移动轴键有效。

:回参考点。按下此键,按【+X】、【+Z】或【+Y】,刀架或导轨自动回到机床零点。

铣床控制面板上方式选择旋钮如下。

:旋钮上白色方向箭头指向哪种方式,哪种方式有效。

2) 程序运行控制开关

:程序运行开始;模式选择旋钮在“自动”和“MDI”位置时按下有效,其余时间按下无效。

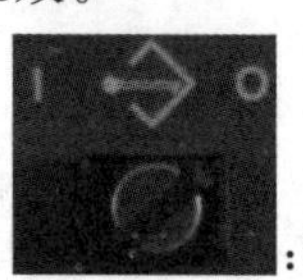
:程序编辑锁定开关,置于位置,可编辑或修改程序。

3) 机床主轴运动控制

:主轴正转。

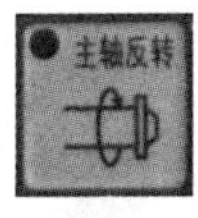

:主轴反转。

:主轴停止。

:机床锁住开关,在自动运行开始前,按下【机床锁住】开关,再按【循环启动】开关,系统继续执行程序,显示屏上的坐标轴位置信息变化,但不输出伺服轴的移动指令,因此机床停止不动,用于校验程序。

:紧急停止旋钮,机床运行时,在危险或紧急情况下按下【急停】键,CNC进入急停状态,进给及主轴运动立即停止工作。

:进给倍率修调开关。

四、任务实施

该旋钮用来设置7种操作方式。

任务二　FANUC 0i 系统数控机床基本操作

一、学习目标

掌握FANUC 0i数控机床的基本操作步骤。

二、任务引入

如何操作数控机床以实现刀具的手动进给?

三、相关知识

1. 数控机床上电、关机、急停操作

1) 数控机床启动

启动数控机床的步骤如下:

(1) 检查电源的柜内空气开关是否完全接通,将电源柜门关好后,方能打开机床主电源开关。

(2) 在操作面板上按下电源【ON】按钮,接通数控系统电源。

(3) 按下机床【RESET】按键,使机床复位。

2) 数控机床复位

按【RESET】按键,解除报警,CNC 复位。

3) 数控机床回参考点

(1) 数控车床回参考点:按【回参考点】按键,依次按下【+X】、【+Z】键进行零点回归,零点回归到达机床零点时相应的指示灯亮,车床一般先回 X 轴,再回 Z 轴。

(2) 数控铣床回参考点:将【方式选择】旋至【参考点】,依次按下【+Z】、【+X】、【+Y】键进行零点回归,零点回归到达机床零点时相应的指示灯亮。铣床先回 Z 轴,再回 X 轴和 Y 轴。

4) 急停

机床无论是在手动或自动运转状态下,遇有不正常情况,需要机床紧急停止时,可通过下面一种操作来实现:

(1) 按下紧急停止键。

按下机床控制面板上的【EMERGENCY STOP】急停按钮,除润滑油泵外,机床的动作及各种功能均被立即停止。同时 CRT 屏幕上出现 CNC 数控未准备好的报警信号。

待故障排除后,顺时针旋转按钮,被压下的键跳起,则急停状态解除。但此时要恢复机床的工作,必须先进行返回机床参考点的操作。

(2) 按下复位键【RESET】。

机床在自动运转过程中,按下【RESET】按键则机床全部操作均停止,因此可用此键完成急停操作。

(3) 按下 CNC 装置电源断开键。

按下控制面板上电源【OFF】红色按钮,机床停止工作。

5) 超程解除

当出现超程,显示"出错",【超程解除】指示灯亮,CRT 显示"超程"报警,且刀具减速停止。此时,用手动将刀具移向安全的方向,然后按【RESET】按键解除报警。

6) 关闭电源

关闭数控机床电源应按以下步骤进行:

(1) 检查操作面板上表示循环启动的显示灯(LED)是否关闭。

(2) 检查数控机床的移动部件是否都已经停止。

(3) 如果外部的输入/输出设备连接到机床上,应先关掉外部输入/输出设备的电源。

(4) 持续按下电源【OFF】红色按钮大概 5 秒钟。

(5) 切断机床的电源。

2. 数控机床手动操作

1) 坐标轴移动

(1) 手动进给:用按动键的方法使 X、Y、Z 轴按调定速度进给或快速进给。操作步骤

如下：

① 将【方式选择】旋至【手动】(或按【手动】按键)。

② 调进给倍率修调开关，选择进给速率。通过旋钮，进给速率在0%～150%内选定。

③ 按进给方向钮开始移动，松开则停止。按【+X】、【-X】、【+Z】、【-Z】或【+Y】、【-Y】其中任一键，机床将向相应的方向移动。手动只能单轴运动。

④ 需要快速手动进给时，需同时按住【快速】按键。

(2) 手摇进给：

① 将【方式选择】旋至【手摇】(或按【手摇】按键)。

② 选择手摇脉冲发生器要移动的轴X、Z。

③ 选择手轮的倍率为：×1、×10和×100。

④ 转动手轮上的手柄，顺时针为正向，逆时针为负向。

2) 主轴控制

(1) 主轴正、反转。

在数控车床中，按下控制面板上的【主轴正转】按键，则主轴正转，是顺时针还是逆时针要看刀架的位置。如果刀架是前置的，那么主轴正转就是逆时针的；反之就是顺时针的。反转同理。

在数控铣床中，按下控制面板上的【主轴正转】按键，则主轴正转，是顺时针的；反之就是反转。

(2) 主轴停止。

在数控机床控制面板上，按下【主轴停止】按键，则主轴停止转动。

(3) 主轴速度修调。

在自动或者手动工作方式下，主轴转速可以从10%～120%修调。通过【主轴降速】或【主轴升速】按键来修调主轴转速。

3) 机床锁住

按下机床操作面板上的【机床锁住】按键，此时，自动运行加工程序时，机床刀架并不移动，只是在CRT上显示各轴的移动位置。该功能可用于加工程序的检查。

注意：只锁住机床刀架，并未锁住主轴。

4) 其他手动操作

(1) 冷却液启动与停止：这个开关的设置方便了操作工在零件加工过程中暂时开停冷却液，进行必要的辅助工作。如：在加工初期，需要观察刀具的首刀切削，进刀和切削或者走刀路线的动态；在执行程序时配合使用单段开关时，检查刀具的磨损状况，工件加工尺寸的检查，对于可转换刀片的刀具进行刀片的转动或更换等。

(2) 工作灯开关：这个开关与常规的开关一样，开启工作灯是为了能仔细地观察工件的加工情况。

5) 手动数据输入(MDI)运行

(1) 将【方式选择】旋至【MDI】(或按【MDI】按键)。

(2) 按下操作面板上的【PROG】按键，使画面的左上角显示MDI。

(3) 依次输入各程序段,每输入一个程序段后,按下操作面板上的【EOB】按键和【INSERT】按键,直到全部程序段输入完成。

(4) 按下【EOB】按键,再按【INSERT】按键,则程序段结束符号";"被输入。

(5) 按下【循环启动】绿色按钮,开始执行。

3. 程序编辑及管理

1) 新建一个 NC 程序

新建一个 NC 程序步骤:

(1) 打开机床电源,开启机床,然后松开【急停】键。

(2) 按下【PROG】按键,再将【方式选择】旋至【编辑】(或按【编辑】按钮)状态下,将【程序保护】锁旋至"O"。

(3) 输入以 O 开头的程序名,如 O1010(O 后面只能跟 4 位数字),然后按下【INSERT】按键,则新程序"O1010"已经建立,在右上角出现程序号,然后依次编写程序内容。

2) 检索一个 NC 程序

存储器存入多个程序时,可以检索其中的任一个。

(1) 按程序名号检索。

按程序名号检索步骤:

① 将【方式选择】旋至【编辑】或【自动】(或按【编辑】或【自动】按键)。

② 按【PROG】按键。

③ 输入地址符"O"。

④ 键入要检索的四位数的程序号,如"1011"。

⑤ 按【O 检索】软键。

⑥ 检索结束时,在 CRT 画面的右上方,显示已检索出的程序号。

(2) 按程序段号检索。

按程序段号检索步骤:

① 将【方式选择】旋至【编辑】或【自动】(或按【编辑】或【自动】按键)。

② 按【PROG】按键。

③ 输入地址符"O"。

④ 按【检索↓】软键。在【编辑】方式时,连续按【检索↓】软键,被存储的程序会一个一个地被显示。

注意:被存储的程序全部显示后,返回开头。

3) 检索一个指定的代码

如果要检索 N100 这段 NC 代码,检索步骤为:

① 在编辑程序状态下,输入要检索的代码"N100"。

② 按【检索↓】软键。

③ 光标出现在 N100 代码上。

4) 编辑一个 NC 程序

(1) 删除一个 NC 代码。

删除一个 NC 代码步骤：

① 在编辑程序状态下，将光标放在要删除的 NC 代码上。

② 按【DELETE】按键。

③ 这个 NC 代码被删除。

(2) 删除一段 NC 代码。

如果要删除 N100 这段 NC 代码，步骤为：

① 在编辑程序状态下，输入“N100”。

② 按【DELETE】按键。

③ N100 这段 NC 代码被删除。

(3) 插入一个 NC 代码。

插入一个 NC 代码步骤：

① 在编辑程序状态下，将光标放在要插入 NC 代码的前一个代码上。

② 输入新的 NC 代码。

③ 按【INSERT】按键。

④ 新的 NC 代码插入在光标代码后。

(4) 替换一个 NC 代码。

替换一个 NC 代码步骤：

① 在编辑程序状态下，将光标放在要替换的 NC 代码上。

② 输入一个新的 NC 代码。

③ 按【ALTER】按键。

④ 光标处的 NC 代码被替换。

(5) 光标返回程序的开头。

按【RESET】按键，程序返回到程序开头。

5) 删除 NC 程序

(1) 删除一个存储器中的程序。

① 将【方式选择】旋至【编辑】或【自动】(或按【编辑】或【自动】按键)。

② 按【PROG】按键。

③ 输入地址符“O”。

④ 键入 4 位数的程序号，如“1011”。

⑤ 按【DELETE】按键，于是该程序被删除。

(2) 将存储器中存储的 NC 程序全部删除。

① 将【方式选择】旋至【编辑】或【自动】(或按【编辑】或【自动】按键)。

② 按【PROG】按键。

③ 输入地址符“O”。

④ 输入“－9999”。

⑤ 按【DELETE】按键，然后弹出：“此操作将删除所有登记程式，你确定吗？”。

⑥ 按【确定】，则全部程序被删除。

4. NC程序运行控制

1) 启动、暂停、中止

按【循环启动】绿色按钮,程序开始运行。

按【循环停止】红色按钮,程序暂停运行。

2) 空运行

对于一个首次运行的加工程序,在没有把握的情况下,可以试运行,检查程序的正确性。数控机床空运行是指在不装工件的情况下,自动运行加工程序。在机床空运行之前,操作者必须完成下面的准备工作。

(1) 各刀具装夹完毕。

(2) 各刀具的补偿值已经输入数控系统。

(3) 将进给速率修调值转到适当的位置,一般在100%。

(4) 按下【机床锁住】按键,锁住进给轴。

(5) 按下【空运行】按键。

(6) 按下【自动】工作方式按键。

(7) 按下【循环启动】按钮,执行程序。

注意:在"机床锁住"有效的情况下,程序运行、调试完成后,机床坐标零点会发生改变,在加工零件时,要注意重新定义机床相对坐标的零点。

3) 单段运行

若选择【单段】工作方式,执行一个程序段后,机床停止。其后,每按一次【循环启动】按钮,则CNC执行一个程序段的程序。

4) 自动运行

(1) 将【方式选择】旋至【自动】(或按【自动】按键)。

(2) 选择程序。

(3) 按机床操作面板上的【循环启动】按钮。

(4) 将依次执行程序中的每一个程序段,直到程序最后。

5) 运行时干预

(1) 进给速度修调:用进给速度倍率开关,选择程序指令的进给速度的百分比,以改变进给速度(速率)。

(2) 快移速度修调:可以将以下的快速进给速度由倍率开关变100%,50%,25%或F值:

① 由G00指令的快速进给。

② 固定循环中的快速进给。

③ 指令G27、G28时的快速进给。

④ 手动快速进给。

⑤ 手动返回参考点的快速进给。

(3) 主轴修调:在自动或手动工作方式下,主轴转速可以从10%~120%进行修调。按【主轴降速】或【主轴升速】按键进行修调,每按一次【主轴降速】或【主轴升速】,变化10%的

倍率。

(4) 机床锁住:按下【机床锁住】按键,自动运行加工程序时,机床刀架并不移动,只是在CRT上显示各轴的移动位置。该功能可用于加工程序的检查。

6) 回程序起点

按【RESET】按键,回到程序起点。

5. 当前位置的显示(功能按键【POS】)

(1) 按【POS】按键。

(2) 连续按【POS】按键,显示以下3种画面。(可由软键选择各种画面。)

第一次按【POS】按键,工件【绝对坐标】位置显示(按软键【绝对】)。

第二次按【POS】按键,工件【相对坐标】位置显示(按软键【相对】)。

第三次按【POS】按键,工件【综合】位置显示(按软键【综合】)。

【综合】位置显示下列坐标系的当前位置值:相对坐标系的位置(相对坐标)、工件坐标系的绝对位置(绝对坐标)、机床坐标系的位置(机床坐标)。

6. 常用参数设置

1) 自动生成程序段号设置

自动生成程序段号设置步骤:

(1) 将【选择方式】旋钮旋至【MDI】(或按【MDI】按键)。

(2) 按【OFS/SET】按键。

(3) 按【设定】软键。

(4) 按【向下移动光标】按键,将光标移动到【自动加顺序号】处,输入1,按【ON:1】软键。此时,自动生成程序段号设置完成。

2) 镜像功能启动设置

镜像功能启动设置步骤:

(1) 将【选择方式】旋钮旋至【MDI】(或按【MDI】按键)。

(2) 按【OFS/SET】按键。

(3) 按【设定】软键。

(4) 按【向下移动光标】按键,将光标移动到【镜像 X=0 [0:OFS 1:ON]】处,输入1,按【ON:1】软键。此时,X=1,X轴镜像设置完成。

(5) 设置Y轴镜像时,将光标移动到【镜像 Y=0 [0:OFS 1:ON]】处,设置方法跟X轴一样。

(6) 把G54里的X、Y的正负号改变,要镜向哪轴就改哪轴,这样就可以了。

(7) 加工完了记得改回来。

四、任务实施

实现手动进给的步骤如下:

(1) 将【方式选择】旋至【手动】(或按【手动】按键)。

(2) 调进给倍率修调开关,选择进给速率。

(3) 按【+X】、【-X】、【+Z】、【-Z】或【+Y】、【-Y】其中任一键,机床将向相应的方向移动。手动只能单轴运动。

(4) 需要快速手动进给时,需同时按住【快速】按键。

任务三　华中系统数控机床操作面板及功能

一、学习目标

了解华中系统数控机床的操作面板及各按钮的功能。

二、任务引入

方式选择中自动和单段的区别是什么?

三、相关知识

1. HNC 机床操作面板

HNC 机床操作面板位于窗口的右下侧,如图 5-6、图 5-7 所示,主要用于控制机床运行状态,由模式选择按钮、运行控制开关等多个部分组成。每一部分的详细说明如下:

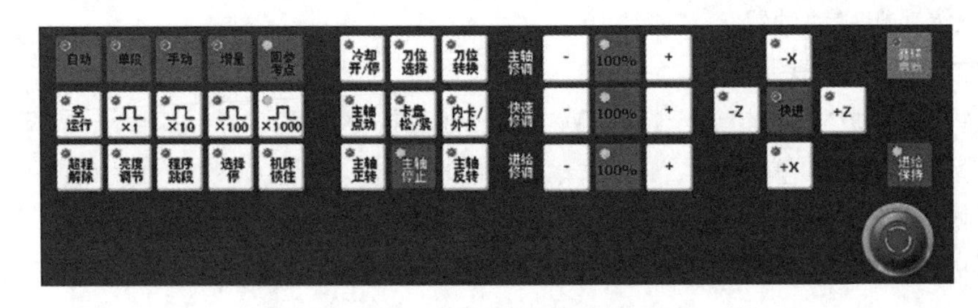

图 5-6　HNC-T(车床)面板

1)方式选择

:进入自动加工模式。

:按一下“循环启动”按键运行一程序段,机床运动轴减速停止,刀具、主轴电机停止运行;再按一下“循环启动”按键又执行下一程序段,执行完后又再次停止。

:手动方式,手动连续移动台面或者刀具。

:增量进给。

:回参考点。

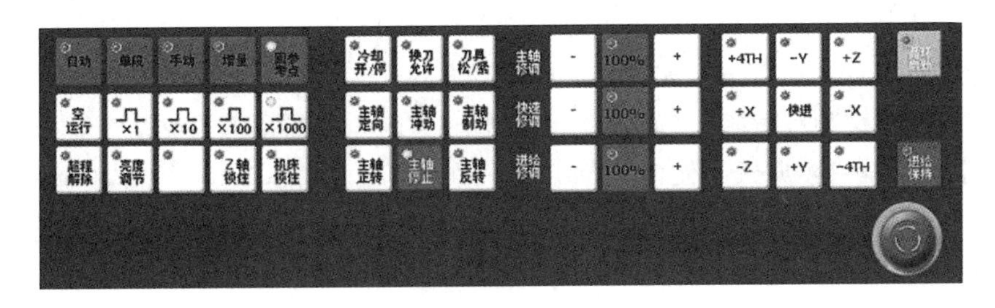

图 5-7　HNC-M(铣床)面板

2)主轴控制

:在手动方式下,当主轴制动无效时,指示灯灭,按一下“主轴定向”按键,主轴立即执行主轴定向功能。定向完成后,按键内指示灯亮,主轴准确停止在某一固定位置。

:在手动方式下,当“主轴制动”无效时,按一下“主轴冲动”按键,主电机以机床参数设定的转速和时间转动一定的角度。

:在手动方式下,主轴处于停止状态时,按一下“主轴制动”按键,主电机被锁定在当前位置。

:按一下“主轴正转”按键,指示灯亮,主电机以机床参数设定的转速正转。

:按一下“主轴停止”按键,指示灯亮,主电机停止运转。

:按一下“主轴反转”按键,指示灯亮,主电机以机床参数设定的转速反转。

3)增量倍率

:选择移动机床轴时,每一步的距离。×1 为 0.001 毫米,×10 为 0.01 毫米,×100 为 0.1 毫米,×1000 为 1 毫米。置光标于按钮上,点击鼠标左键选择。

4)数控程序运行控制开关

:程序运行开始;模式选择旋钮在“AUTO”和“MDI”位置时按下有效,其余时间按下无效。

:程序运行停止,在数控程序运行中,按下此按钮停止程序运行。

5)卡盘操作

:在手动方式下,按一下“卡盘松/紧”按键,松开工件(默认值为夹紧),可以进行更换工件操作;再按一下改为夹紧工件,可以进行加工工件操作,如此循环。

:卡盘夹紧方式选择。

6)空运行

:按下此键,各轴以固定的速度运动。

7)刀位操作

:选择刀位。

:在手动方式下按一下“刀位转换”按键,转塔刀架转动一个刀位。

8)超程解除

:在伺服轴行程的两端各有一个极限开关,作用是防止伺服机构碰撞而损坏,每当伺服机构碰到行程极限开关时,就会出现超程。当某轴出现超程,“超程解除”按键内指示灯亮

时,系统视其状况为紧急停止。要退出超程状态时必须:

①松开急停按钮,置工作方式为手动或手摇方式;

②一直按压着“超程解除”按键,控制器会暂时忽略超程的紧急情况;

③在手动(或手摇)方式下使该轴向相反方向退出超程状态;

④松开“超程解除”按键,若显示屏上运行状态栏中运行正常取代了出错,表示恢复正常,可以继续操作。

9)亮度调节

:机床液晶屏幕亮度调节。

10)选择停

:“选择停”按键有效(指示灯亮)时,在自动方式下,遇到 M01 程序停止。

11)程序跳段

:在自动方式下,按下“程序跳段”按键,会跳过程序段开头带有“/”的程序。

12)机床锁住

:禁止机床所有运动。在自动运行开始前,按一下“机床锁住”按键(指示灯亮),再按“循环启动”按键,系统继续执行程序,显示屏上的坐标轴位置信息变化但不输出伺服轴的移动指令,所以机床停止不动。这个功能用于校验程序。

13)冷却开/停

:默认为冷却液关。在手动方式下,按一下“冷却开/停”按键冷却液开,再按一下又为冷却液关,如此循环。

14)主轴修调、快速修调、进给修调

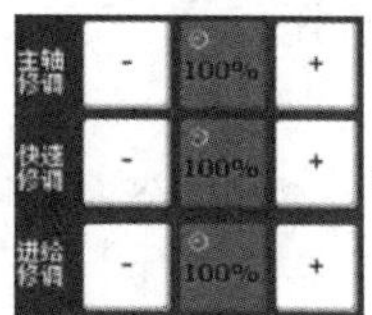

:主轴正转及反转的速度可通过主轴修调调节,按压主轴修调右侧的100%按键,指示灯亮。主轴修调倍率被置为 100%,按一下“+”按键,主轴修调倍率递增5%,按一下“-”按键,主轴修调倍率递减 5%。机械齿轮换挡时,主轴速度不能修调。

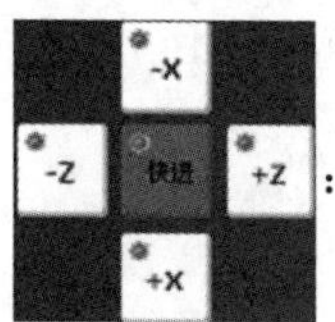

:手动移动机床主轴按钮。

15)急停

:机床运行过程中,在危险或紧急情况下按下急停按钮,CNC 即进入急停状态。伺服进给及主轴运转立即停止工作(控制柜内的进给驱动电源被切断)。松开急停按钮,左旋此按钮,自动跳起,CNC 进入复位状态。

2. HNC 数控系统操作

在“视图”下拉菜单或者浮动菜单中选择“控制面板切换”后,数控系统操作键盘会出现在视窗的右上角,其左侧为数控系统显示屏,如图 5-8 和图 5-9 所示。用操作键盘结合显示

屏，可以进行数控系统操作。

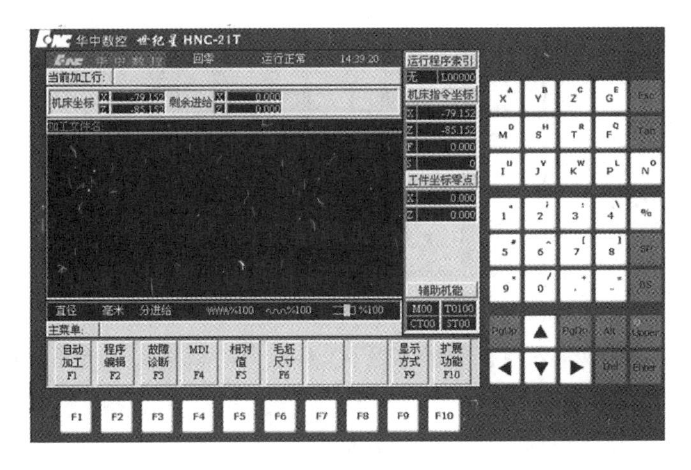

图 5-8　HNC21 车床面板

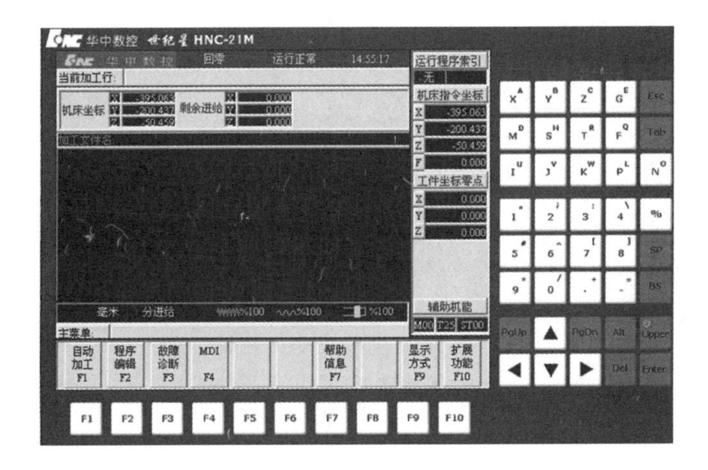

图 5-9　HNC21 铣床面板

(1)功能键：

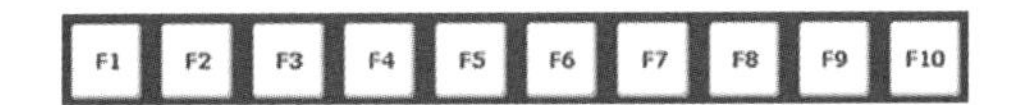

(2)数字键：

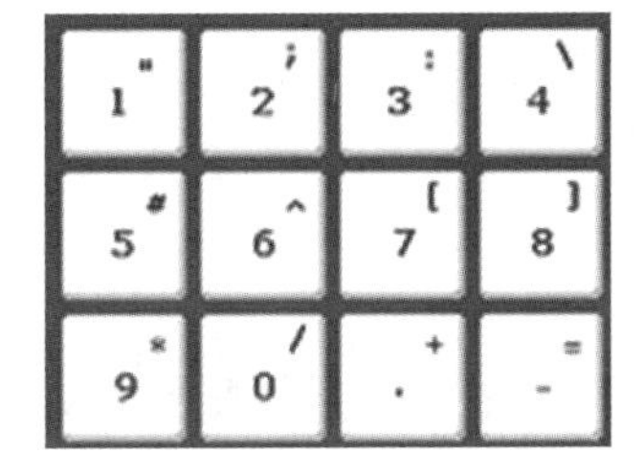

(3)字母键:

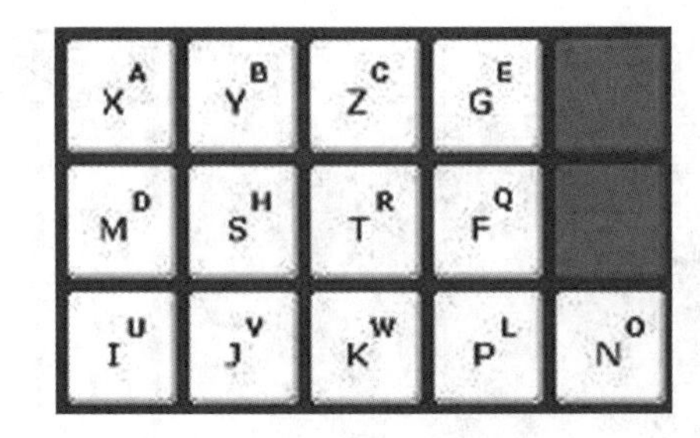

数字键和字母键用于输入数据到输入区域,系统自动判别取字母还是取数字。

(4)编辑键:

Alt:替换键,用输入的数据替换光标所在的数据。

Del:删除键,删除光标所在的数据,或者删除一段程序,或者删除全部程序。

Esc:取消键,取消当前操作。

Tab:跳挡键。

SP:空格键,空出一格。

BS:退格键,删除光标前的一个字符,光标向前移动一个字符位置,余下的字符左移一个字符位置。

Enter:确认键,确认当前操作,结束一行程序的输入并且换行。

Upper:上挡键。

(5)翻页按钮:

PgUp:向上翻页,使编辑程序向程序头滚动一屏,光标位置不变。如果到了程序头,则光标移到文件首行的第一个字符处。

PgDn:向下翻页,使编辑程序向程序尾滚动一屏,光标位置不变。如果到了程序尾,则光标移到文件末行的第一个字符处。

(6)光标移动:

▲:向上移动光标。

▼:向下移动光标。

◀:向左移动光标。

▶:向右移动光标。

四、任务实施

选择自动模式,运行一个完整的加工程序。选择单段和循环启动,仅运行一个加工程序段。

任务四　华中系统数控机床基本操作

一、学习目标

掌握华中系统数控机床的基本操作步骤。

二、任务引入

如何新建一个程序?

三、相关知识

1. 复位

系统上电进入软件操作界面时，系统的工作方式为急停。为控制系统运行，需左旋并拔起操作台右上角的急停按钮，使系统复位，并接通伺服电源。系统默认进入“回参考点”方式，软件操作界面的工作方式变为“回零”。

2. 回参考点

控制机床运动的前提是建立机床坐标系，为此，系统接通电源、复位后首先应进行机床各轴回参考点操作。方法如下：

(1)如果系统显示的当前工作方式不是“回零”方式，按一下控制面板上面的“回零”按键，确保系统处于“回零”方式；

(2)根据 X 轴机床参数“回参考点方向”，按一下 +X （“回参考点方向”为“＋”)或 -X （“回参考点方向”为“－”)按键，X 轴回到参考点。

(3)用同样的方法使用 +Y 、-Y 、+Z 、-Z 、+4TH 、-4TH 按键，可以使 Y 轴、Z 轴、4TH 轴回参考点。所有轴回参考点后，即建立了机床坐标系。

3. 坐标轴移动

手动移动机床坐标轴的操作由手持单元和机床控制面板上的方式选择、轴手动、增量倍率、进给修调、快速修调等按键共同完成。

(1) 点动进给。

按一下“手动”按键(指示灯亮)，系统处于点动运行方式，可点动移动机床坐标轴。下面以点动移动 X 轴为例来说明：

① 按压 +X 或 -X 按键(指示灯亮)，X 轴将产生正向或负向连续移动；

② 松开 +X 或 -X 按键(指示灯灭)，X 轴即减速停止。

用同样的操作方法使用 +Y 、-Y 、+Z 、-Z 、+X 按键可以使 Y 轴、Z 轴、4TH 轴产生正向或负向连续移动。

(2)点动快速移动。

在点动进给时,若同时按压“快进”按键,则产生相应轴的正向或负向快速移动。

(3)点动进给速度选择。

在点动进给时,进给速率为系统参数“最高快移速度”的 1/3 乘以进给修调选择的进给倍率。

点动快速移动的速率为系统参数“最高快移速度”乘以快速修调选择的快移倍率。

按压进给修调或快速修调右侧的“100%”按键(指示灯亮),进给或快速修调倍率被置为100%;按一下“+”按键,修调倍率递增 5%;按一下“-”按键,修调倍率递减 5%。

(4)增量进给。

当手持单元的坐标轴选择波段开关置于“Off”挡时,按一下控制面板上的“增量”按键(指示灯亮),系统处于增量进给方式,可增量移动机床坐标轴。下面以增量进给 *X* 轴为例来说明:

① 按一下+X 或-X 按键(指示灯亮),*X* 轴将向正向或负向移动一个增量值;

② 再按一下+X 或-X 按键,*X* 轴将向正向或负向继续移动一个增量值。

用同样的操作方法使用+Y、-Y、+Z、-Z、+4TH、-4TH按键可以使 *Y* 轴、*Z* 轴、4TH 轴向正向或负向移动一个增量值。同时按一下多个方向的轴,手动按键每次能增量进给多个坐标轴。

(5)增量值选择。

增量进给的增量值由×1、×10、×100、×1000四个增量倍率按键控制,表示的增量值分别为 0.001 mm、0.01 mm、0.1 mm、1 mm。

注意:这几个按键互锁,即按下其中一个(指示灯亮),其余几个会失效(指示灯灭)。

(6)手摇进给。

当手持单元的坐标轴选择波段开关置于“X”“Y”“Z”“4TH”挡时,按下控制面板上的“手摇”按键(指示灯亮),系统处于手摇进给方式,可手摇进给机床坐标轴。下面以手摇进给 *X* 轴为例来说明:

① 手持单元的坐标轴选择波段开关置于“X”挡;

② 旋转手摇脉冲发生器,可控制 *X* 轴向正向、负向运动;

③ 顺时针或逆时针旋转手摇脉冲发生器一格,*X* 轴将向正向或负向移动一个增量值。

用同样的操作方法使用手持单元可以使 *Y* 轴、*Z* 轴、4TH 轴向正向或负向移动一个增量值。手摇进给方式每次只能增量进给 1 个坐标轴。

(7)手摇倍率选择。

手摇进给的增量值(手摇脉冲发生器每转一格的移动量)由手持单元的增量倍率波段开关“×1”“×10”“×100”控制,表示的增量值分别为 0.001 mm、0.01 mm、0.1 mm。

4. 手动数据输入(MDI)运行

在主操作界面下按 F4 键进入 MDI 功能子菜单。

在 MDI 功能子菜单下按 F6 进入 MDI 运行方式,命令行的底色变成白色并且有光标在闪烁。这时可以从 NC 键盘输入并执行一个 G 代码指令段即“MDI 运行”。

(1)输入 MDI 指令段。

MDI 输入的最小单位是一个有效指令字。输入一个 MDI 运行指令段有下述两种方法：

①一次输入,即一次输入多个指令字的信息；

②多次输入,即每次输入一个指令字信息。

例如:要输入“G00 X100 Y1000”MDI 运行指令段,可以：

a. 直接输入“G00 X100 Y1000”并按 Enter 键；

b. 先输入“G00”并按 Enter 键,再输入“X100”并按 Enter 键,然后输“Y1000”并按 Enter 键。

显示窗口内将依次显示大字符“X100”“Y1000”。在输入命令时,可以在命令行看见输入的内容,在按 Enter 键之前,发现输入错误,可用 BS 、◀ 、▶ 键进行编辑,按 Enter 键后,系统发现输入错误,会提示相应的错误信息。

(2)运行 MDI 指令段。

在输入完一个 MDI 指令段后,按一下操作面板上的“循环启动”按键,系统即开始运行所输入的 MDI 指令。如果输入的 MDI 指令信息不完整或存在语法错误,系统会提示相应的错误信息,此时不能运行 MDI 指令。

(3)修改某一字段的值。

在运行 MDI 指令段之前,如果要修改输入的某一指令字,可直接在命令行上输入相应的指令字符及数值。

例如:在输入“X100”并按 Enter 键后希望 *X* 值变为 109,可在命令行上输入“X109”并按 Enter 键。

(4)清除当前输入的所有尺寸字数据。

在输入 MDI 数据后,按 F7 键可清除当前输入的所有尺寸字数据(其他指令字依然有效),显示窗口内 X、Y、Z、I、J、K、R 等字符后面的数据全部消失,此时可重新输入新的数据。

(5)停止当前正在运行的 MDI 指令。

在系统正在运行 MDI 指令时,按 F7 键可停止 MDI 运行。

5. 自动加工程序选择

(1) 选择磁盘程序。

① 选择“自动加工”菜单中的“程序选择”,如图 5-10 所示。

②按 F1 键打开磁盘程序窗口,如图 5-11 所示。

③ 按 ▲、▼ 选择其中的程序,按 Enter 键,选中的程序被打开,如图 5-12 所示。

(2)选择编辑程序。

编写完程序,保存好后若又要进行加工,步骤如下：

① 选择“自动加工”菜单中的“程序选择”,如图 5-13 所示。

② 按 F2 键,所编辑的程序被调出,按“循环启动”按键,程序可运行。

(3)保存程序。编辑好程序后,按 F4 键保存文件。

(4)更改程序名。

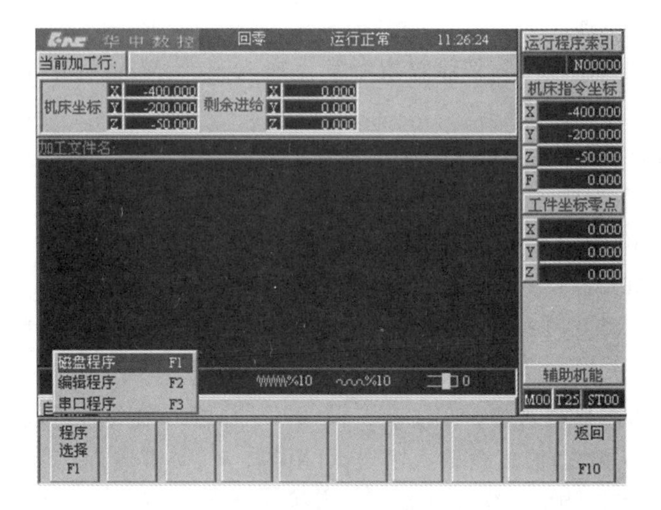

图 5-10 程序选择界面

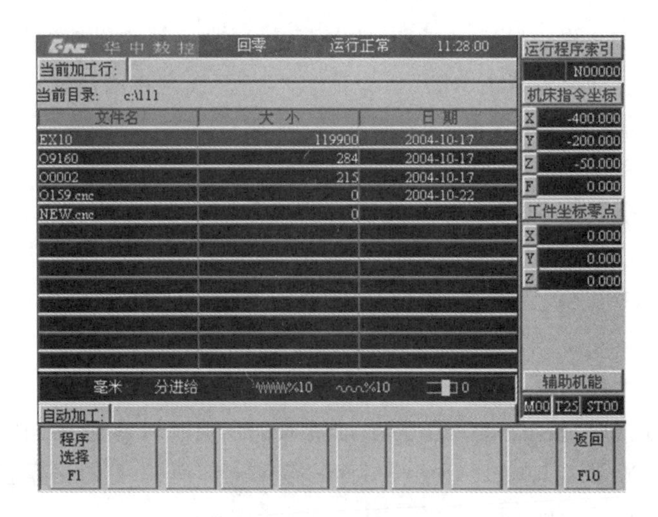

图 5-11 打开磁盘程序窗口

①按“程序编辑”菜单中的“文件管理”。

②按 F1 键,用上、下光标键选择所要更改文件名的程序。

③按 Enter 键,用◄、►、BS、Del键进行编辑修改。

④修改好后,按 Enter 键。

⑤如确实要更改选中的程序名按“Y”,否则按“N”。

6. 程序编辑

(1)编辑当前程序。

当编辑器获得一个零件程序后,就可以编辑当前程序了,编辑过程中用到的主要快捷键如下:

Del:删除光标后的一个字符,光标位置不变,余下的字符左移一个字符位置。

PgUp:使编辑程序向程序头滚动一屏,光标位置不变,如果到了程序头则光标移到文件首

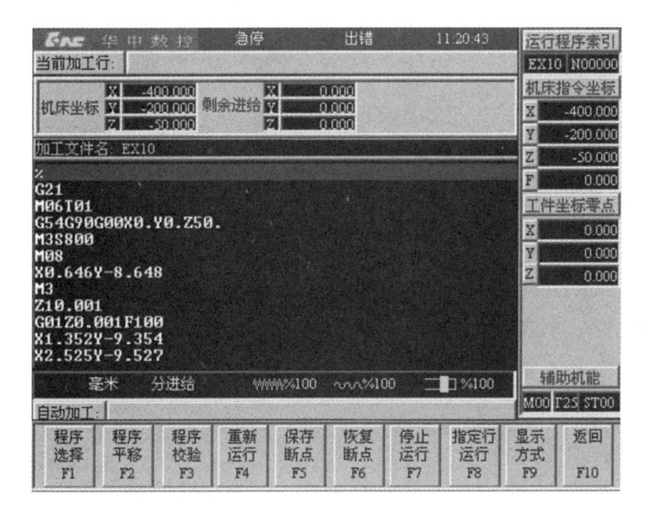

图 5-12　打开程序窗口

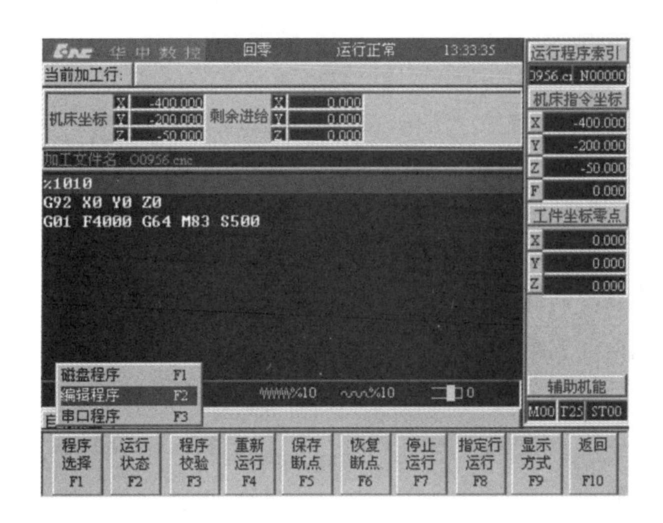

图 5-13　打开编辑程序界面

行的第一个字符处。

PgDn:使编辑程序向程序尾滚动一屏,光标位置不变,如果到了程序尾则光标移到文件末行的第一个字符处 。

BS:删除光标前的一个字符,光标向前移动一个字符位置,余下的字符左移一个字符位置。

(2)删除一行。

在编辑状态下按 F8 键将删除光标所在的程序行。

(3)查找。

在编辑状态下查找字符串的操作步骤如下:

①在编辑功能子菜单下按 F6 键;

②在查找栏中输入要查找的字符串;

③按 Enter 键从光标处开始向程序结尾搜索;

④如果当前编辑程序不存在要查找的字符串,将弹出相应提示框;

⑤如果当前编辑程序存在要查找的字符串,光标将停在找到的字符串后,且被查找到的字符串颜色和背景都将改变;

⑥若要继续查找,按 F8 键即可。

注意:查找总是从光标处向程序尾进行,到文件尾后再从文件头继续往下查找。

(4)替换。

在编辑状态下替换字符串的操作步骤如下:

①在编辑功能子菜单下按 F6 键;

②在被替换的字符串栏中输入被替换的字符串;

③按 Enter 键;

④在用来替换的字符串栏中输入用来替换的字符串;

⑤按 Enter 键从光标处开始向程序尾搜索;

⑥按 Y 键则替换所有字符串,按 N 键则光标停在找到的被替换字符串后;

⑦按 Y 键则替换当前光标处的字符串,按 N 键则取消操作;

⑧若要继续替换,按 F8 键即可。

注意:替换也是从光标处向程序结尾进行,到文件尾后再从文件头继续往下替换。

(5)删除程序。

①按“程序编辑”菜单中的“文件管理”。

②按 Enter 键。

③如确实要删除选中的程序按“Y”,否则按“N”。

7.启动、暂停、中止、再启动

(1)启动自动运行。

系统调入零件加工程序经校验无误后可正式启动运行。

①按一下机床控制面板上的“自动”按键(指示灯亮),进入程序运行方式;

②按一下机床控制面板上的“循环启动”按键(指示灯亮),机床开始自动运行调入的零件加工程序。

(2)暂停运行。

在程序运行的过程中如需要暂停运行,可按下述步骤操作:

①在程序运行子菜单下按 F7 键;

②按 N 键则暂停程序运行并保留当前运行程序的模态信息。

(3)中止运行。

在程序运行的过程中如需要中止运行,可按下述步骤操作:

①在程序运行子菜单下按 F7 键;

②按 Y 键则中止程序运行并卸载当前运行程序的模态信息。

(4)暂停后再启动。

在自动运行暂停状态下,按一下机床控制面板上的“循环启动”按键,系统将从暂停前的状态重新启动,继续运行。

(5)重新运行。

在当前加工程序中止自动运行后希望从程序头重新开始运行时,可按下述步骤操作:

①在程序运行子菜单下按 F4 键;

②按 Y 键则光标将返回到程序头,按 N 键则取消重新运行;

③按机床控制面板上的“循环启动”按键,从程序首行开始,重新运行当前加工程序。

(6)空运行。

在自动方式下按一下机床控制面板上的“空运行”按键(指示灯亮),CNC 处于空运行状态,程序中编制的进给速率被忽略,坐标轴以最大快移速度移动。空运行不做实际切削,目的在于确认切削路径及程序,在实际切削时,应关闭此功能,否则可能会带来危险。此功能对螺纹切削无效。

(7)单段运行。

按一下机床控制面板上的“单段”按键(指示灯亮),系统处于单段自动运行方式,程序控制将逐段执行。

①按一下“循环启动”按键运行一程序段,机床运动轴减速停止,刀具、主轴电机停止运行;

②再按一下“循环启动”按键又执行下一程序段,执行完后又再次停止。

8. 运行时干预

(1)进给速度修调。

在自动方式或 MDI 运行方式下,当 F 代码编程的进给速度偏高或偏低时,可用进给修调右侧的“100%”和“+”、“-”按键修调程序中编制的进给速度。按压“100%”按键(指示灯亮),进给修调倍率被置为 100%;按一下“+”按键进给修调倍率递增 5%;按一下“-”按键,进给修调倍率递减 5%。

(2)快移速度修调。

在自动方式或 MDI 运行方式下,可用快速修调右侧的“100%”和“+”、“-”按键修调 G00 快速移动时系统参数最高快移速度设置的速度。按压“100%”按键(指示灯亮),快速修调倍率被置为 100%;按一下“+”按键快速修调倍率递增 5%;按一下“-”按键,快速修调倍率递减 5%。

(3)主轴修调。

在自动方式或 MDI 运行方式下,当 S 代码编程的主轴速度偏高或偏低时,可用主轴修调右侧的“100%”和“+”、“-”按键修调程序中编制的主轴速度。按压“100%”按键(指示灯亮),主轴修调倍率被置为 100%;按一下“+”按键,主轴修调倍率递增 5%;按一下“-”按键,主轴修调倍率递减 5%。机械齿轮换挡时主轴速度不能修调。

注意:以上操作车床和铣床相同。

四、任务实施

选择“程序编辑”中的“文件管理”,然后在下级菜单中选择“新建文件”,在打开的对话框中输入文件名,最后确认可新建一个文件。

练　习　题

1. 机床的开启、运行、停止有哪些注意事项?
2. 急停机床主要有哪些方法?
3. 机床回零的主要作用是什么?
4. MDI 运行的作用主要有哪些?怎么样操作?

附　录

1. FANUC 系统车床编程指令

(1) G 代码功能及编程格式如附表 1 所示。

附表 1　G 代码功能及编程格式(车床)

G 代码	分　组	功　能	格　式
G00	01	快速定位	G00 X(U)_ Z(W)_; X,Z:绝对编程时,快速定位终点在工件坐标系中的坐标。 U,W:增量编程时,快速定位终点相对于起点的位移量
G01	01	直线插补	G01 X(U)_ Z(W)_ F_; X,Z:绝对编程时,终点在工件坐标系中的坐标。 U,W:增量编程时,终点相对于起点的位移量。 F:合成进给速度
G02	01	顺圆插补	G02 X(U)_ Z(W)_ $\begin{Bmatrix} I\_K\_ \\ R\_ \end{Bmatrix}$ F_; X,Z:圆弧终点在工件坐标系中的坐标。 U,W:圆弧终点相对于圆弧起点的位移量。 I,K:圆心相对于圆弧起点的增加量,在绝对、增量编程时都以增量方式指定,直径编程时 I 值为圆心相对于圆弧起点的增量值的 2 倍。 R:圆弧半径。 F:被编程的两个轴的合成进给速度
G03	01	逆圆插补	G03 X(U)_ Z(W)_ $\begin{Bmatrix} I\_K\_ \\ R\_ \end{Bmatrix}$ F_; 参数含义同上
G04	00	暂停	G04 P_; G04 X_; P:暂停时间,单位为 ms。 X:暂停时间,单位为 s
G20 G21	06	英寸输入 毫米输入	G20 X(U)_ Z(W)_; G21 X(U)_ Z(W)_;

续表

G 代码	分　组	功　　能	格　　式
G28 G29	00	返回参考点 由参考点返回	G28 X(U)_ Z(W)_; X(U),Z(W):回参考点时经过的中间点。 G29 X(U)_ Z(W)_; X,Z:返回的定位终点
G32	01	螺纹切削	G32 X(U)_ Z(W)_ F_; X,Z:有效螺纹终点在工件坐标系中的坐标。 U,W:有效螺纹终点相对于螺纹切削起点的位移量。 F:螺纹导程,即主轴每转一圈,刀具相对于工件的进给量
G36 G37	17	直径编程 半径编程	
G40 G41 G42	07	刀尖半径补偿取消 刀尖半径左补偿 刀尖半径右补偿	G40 G00(G01)X_ Z_; G41 G00(G01)X_ Z_; G42 G00(G01)X_ Z_; X,Z 为建立刀补或取消刀补的终点,G41/G42 的参数由 T 代码指定
G54 G55 G56 G57 G58 G59	14	坐标系选择	
G70	00	精车固定循环	G70 P(ns) Q(nf); ns:精加工路径第一程序段的顺序号。 nf:精加工路径最后程序段的顺序号
G71	00	内(外)径粗车复合循环	G71 U(Δd) R(e); G71 P(ns) Q(nf) U(Δu) Z(Δw) F(f) S(s) T(t); Δd:切削深度(每次切削量),指定时不加符号。 e:每次退刀量。 ns:精加工路径第一程序段的顺序号。 nf:精加工路径最后程序段的顺序号。 Δu:*X* 方向精加工余量。 Δw:*Z* 方向精加工余量。 f,s,t:粗加工时 G71 中编程的 F,S,T 有效,而精加工时处于 ns 到 nf 程序段之间的 F,S,T 有效
G72	00	端面粗车复合循环	G72 W(Δd) R(e); G72P(ns) Q(nf) X(Δx) Z(Δz) F(f) S(s) T(t); 参数含义同上

续表

G代码	分　组	功　　能	格　　式
G73	00	闭环车削 复合循环	G73 U(Δi) W(Δk) R(d); G73 P(ns) Q(nf) U(Δu) W(Δw) F(f) S(s) T(t); Δi:X 方向的粗加工总余量。 Δk:Z 方向的粗加工总余量。 d:粗切削次数。 ns:精加工路径第一程序段的顺序号。 nf:精加工路径最后程序段的顺序号。 Δu:X 方向精加工余量。 Δw:Z 方向精加工余量。 f,s,t:粗加工时 G71 中编程的 F,S,T 有效,而精加工时处于 ns 到 nf 程序段之间的 F,S,T 有效
G76	00	螺纹切削 复合循环	G76 P(m)(r)(α) Q(Δd_{min}) R(d); G76 X(U) Z(W) R(i) P(k) Q(Δd) F(f); m:精加工重复次数(1～99)。 r:倒角值(0.1F～9.9F,系数应为 0.1 的整数倍,用 00～99 间的两位整数表示,F 为导程)。 α:刀尖角度,可选择 80°、60°、55°、30°、29°、0°,用 2 位数指定。 a:刀尖角度(二位数字)为模态值;在 80,60,55,30,29,0 六个角度中选一个。 Δd_{min}:最小切削深度。 d:精加工余量。 X(U),Z(W):终点坐标。 i:螺纹部分的半径差。 k:螺牙高度。 Δd:第一次切削深度(半径值)。 f:螺纹导程
G90	01	圆柱面内(外)径切削循环 圆锥面内(外)径切削循环	G90 X(U)_ Z(W)_ F_; G90 X(U)_ Z(W)_ R_ F_; X(U)、Z(W):外径、内径切削终点坐标。 R:切削起点与切削终点的半径差
G92	01	直螺纹切削循环 锥螺纹切削循环	G92 X(U)_ Z(W)_ F_; G92 X(U)_ Z(W)_ R_ F_; X,Z:有效螺纹终点在工件坐标系中的坐标。 U,W:有效螺纹终点相对于螺纹切削起点的位移量。 F:螺纹导程,即主轴每转一圈,刀具相对于工件的进给量。 R:圆锥螺纹切削起点与切削终点的半径差

续表

G 代码	分组	功能	格式
G94	01	端面车削循环 锥面车削循环	G94 X(U)_ Z(W)_ F_; G94 X(U)_ Z(W)_ R_ F_; X(U)、Z(W):外径、内径切削终点坐标。 R:锥面切削起点与切削终点的 Z 坐标差值
G96 G97	05	恒线速度切削有效 恒线速度切削取消	G96 S_; G97 S_; S:G96 后面 S 值单位为 m/min;G97 后面 S 值单位为 r/min;如缺省,则为执行 G97
G98 G99	02	每分钟进给速率 每转进给	G98 F_; G99 F_; F:G98 后面 F 值单位为 mm/min;G99 后面 F 值单位为 mm/r;如缺省,则执行 G99

(2) M 代码功能及编程格式如附表 2 所示。

附表 2　M 代码功能及编程格式(车床)

M 代码	功能	格式
M00	程序停止	
M02	程序结束	
M03	主轴正转起动	
M04	主轴反转起动	
M05	主轴停止转动	
M08	切削液开启(车)	
M09	切削液关闭	
M30	结束程序运行且返回程序开头	
M98	子程序调用	M98 L_ P_; P:要调用的子程序号。 L:重复子程序的次数,若省略,则表示只调用一次子程序
M99	子程序结束	子程序格式: O××××; … … … … M99;

2. FANUC 系统铣床和加工中心编程指令

(1) G 代码功能及编程格式如附表 3 所示。

附表 3　G 代码功能及编程格式(铣床和加工中心)

G 代 码	分　组	功　能	格　式
G00	01	快速定位	G00 X_ Y_ Z_; X,Y,Z:在 G90 时为终点在工件坐标系中的坐标;在 G91 时为终点相对于起点的位移量
G01	01	直线插补	G01 X_ Y_ Z_ F_; X,Y,Z:终点坐标。 F:合成进给速度
G02	01	顺圆插补	XY 平面内的圆弧: G17 G02 X_ Y_ $\begin{Bmatrix} I\_J\_ \\ R\_ \end{Bmatrix}$ F_; ZX 平面内的圆弧: G18 G02 X_ Z_ $\begin{Bmatrix} I\_K\_ \\ R\_ \end{Bmatrix}$ F_; YZ 平面内的圆弧: G19 G02 Y_ Z_ $\begin{Bmatrix} J\_K\_ \\ R\_ \end{Bmatrix}$ F_; X,Y,Z:圆弧终点。 I,J,K:圆心相对于圆弧起点的偏移量。 R:圆弧半径,当圆弧圆心角小于 180 度时 R 为正值,否则 R 为负值。 F:被编程的两个轴的合成进给速度
G03	01	逆圆插补	XY 平面内的圆弧: G17 G03 X_ Y_ $\begin{Bmatrix} I\_J\_ \\ R\_ \end{Bmatrix}$ F_; ZX 平面内的圆弧: G18 G03 X_ Z_ $\begin{Bmatrix} I\_K\_ \\ R\_ \end{Bmatrix}$ F_; YZ 平面内的圆弧: G19 G03 Y_ Z_ $\begin{Bmatrix} J\_K\_ \\ R\_ \end{Bmatrix}$ F_; 参数含义同上
G02/G03	01	螺旋线进给	G17 G02(G03)X_ Y_ R(I_ J_) Z_ F_; G18 G02(G03)X_ Z_ R(I_ K_) Y_ F_; G19 G02(G03)Y_ Z_ R(J_ K_) X_ F_; X,Y,Z:由 G17/G18/G19 平面选定的两个坐标为螺旋线投影圆弧的终点,第三个坐标是与选定平面相垂直的轴终点。 其余参数的意义同圆弧进给

续表

G代码	分　组	功　能	格　式
G04	00	暂停	G04 P_; G04 X_; P:暂停时间,单位为 ms。 X:暂停时间,单位为 s
G17 G18 G19	02	XY 平面 XZ 平面 YZ 平面	
G20 G21	06	英寸输入 毫米输入	
G28 G29	00	回参考点 由参考点返回	G28 X_ Z_; X,Y,Z:回参考点时经过的中间点。 G29 X_ Z_; X,Y,Z:返回的定位终点
G40 G41 G42	07	刀具半径补偿取消 刀具半径左补偿 刀具半径右补偿	G40 G00(G01) X_ Y_; G41(G42) G00(G01) X_ Y_ D_; X,Y:刀具半径补偿建立或取消的终点。 D:刀具半径补偿存储器号码(D00～D99),代表刀补表中对应的半径补偿值
G43 G44 G49	08	刀具长度正向补偿 刀具长度负向补偿 刀具长度补偿取消	G49 G00(G01) Z_; G43(G44) G00(G01) Z_ H_; Z:刀具长度补偿建立或取消的终点。 H:刀具长度补偿存储器号码(H00～H99),代表刀补表中对应的长度补偿值
G50 G51	11	缩放关 缩放开	格式一:G51 X_ Y_ Z_ P_; G50; X,Y,Z:缩放中心的坐标值。 P:缩放倍数,不能用小数指定,P2000 表示缩放比例为 2 倍。 格式二:G51 X_ Y_ Z_ I_ J_ K_; G50; X,Y,Z:缩放中心的坐标值。 I,J,K:*X*、*Y*、*Z* 轴方向缩放倍数
G50 G51 或 G50.1 G51.1	03	镜像关 镜像开	格式一:G51 X_ Y_ I_ J_; G50; X,Y:镜像中心坐标。 I,J 分别为 1、−1,以 *X* 方向为对称轴镜像。 I,J 分别为 −1、1,以 *Y* 方向为对称轴镜像。 I,J 分别为 −1、−1,以镜像中心镜像。 格式二:G51.1 X_ Y_; G50.1X_ Y_; X,Y:镜像中心坐标

续表

G代码	分组	功能	格式
G54 G55 G56 G57 G58 G59	14	选择工作坐标系1 选择工作坐标系2 选择工作坐标系3 选择工作坐标系4 选择工作坐标系5 选择工作坐标系6	
G68 G69	05	旋转变换 旋转取消	G17 G68 X_ Y_ P_; G18 G68 X_ Z_ P_; G19 G68 Y_ Z_ P_; G69; X,Y,Z:旋转中心的坐标值。 P:旋转角度,单位为°
G73 G74 G76 G80 G81 G82 G83 G84 G85 G86 G87 G88 G89	09	高速深孔加工循环 反攻丝循环 精镗循环 固定循环取消 钻孔循环 带停顿的单孔循环 深孔加工循环 攻丝循环 镗孔循环 镗孔循环 反镗循环 镗孔循环 镗孔循环	G98(G99)G73 X_ Y_ Z_ R_ Q_ F_ K_; G98(G99)G74 X_ Y_ Z_ R_ P_ F_K_; G98(G99)G76 X_ Y_ Z_ R_ Q_ P_ F_ K_; G80 G98(G99)G81 X_ Y_ Z_ R_ F_ K_; G98(G99)G82 X_ Y_ Z_ R_ P_ F_ K_; G98(G99)G83 X_ Y_ Z_ R_ Q_ F_ K_; G98(G99)G84 X_ Y_ Z_ R_ P_ F_ K_; G98(G99)G85 X_ Y_ Z_ R_ F_ K_; G98(G99)G86 X_ Y_ Z_ R_ F_ K_; G98(G99)G87 X_ Y_ Z_ R_ Q_ F_ K_; G98(G99)G88 X_ Y_ Z_ R_ P_ F_ K_; G98(G99)G89 X_ Y_ Z_ R_ P_ F_ K_; G98:加工完毕后返回初始点。 G99:加工完毕后返回*R*点。 X,Y:加工起点到孔位的距离。 R:增量方式中是*R*点相对初始点的坐标值;绝对值方式是*R*点的*Z*坐标值。 Z:孔底坐标值。增量方式是孔底相对*R*点的坐标值;绝对值方式是孔底的*Z*坐标值。 Q:G73/G83中用来指定每次进给深度,G76/G87中用来指定孔底移动的距离。 P:刀具在孔底的暂停时间。 F:切削进给速度。 K:固定循环次数

续表

G代码	分组	功能	格式
G90 G91	03	绝对值编程 增量值编程	
G92	00	工作坐标系设定	G92 X_ Y_ Z_; X,Y,Z:设定的工件坐标系原点到刀具起点的有向距离
G94 G95	05	每分钟进给 每转进给	G94 S_; G95 S_; S:G94 后面 S 值单位为 m/min;G95 后面 S 值单位为r/min;如缺省,则为执行 G95
G98 G99	10	固定循环返回起始点 固定循环返回到 *R* 点	G98:返回初始平面。 G99:返回 *R* 点平面

(2) M 代码功能及编程格式如附表 4 所示。

附表 4　M 代码功能及编程格式(铣床和加工中心)

M代码	功能	格式
M00	程序停止	
M02	程序结束	
M03	主轴正转起动	
M04	主轴反转起动	
M05	主轴停止转动	
M06	换刀指令(铣)	M06 T_;
M07	切削液开启(铣)	
M09	切削液关闭	
M30	结束程序运行且返回程序开头	
M98	子程序调用	M98 L_ P_; P:要调用的子程序号。 L:重复子程序的次数,若省略,则表示只调用一次子程序
M99	子程序结束	子程序格式: O××××; … … … … M99;

参考文献

[1] 韩鸿鸾.数控机床的应用[M].北京:机械工业出版社,2008.
[2]石从继.数控加工工艺与编程[M].武汉:华中科技大学出版社,2012.
[3]尹明.数控编程及加工实践[M].北京:清华大学出版社,2013.
[4]詹华西.数控加工与编程[M].西安:西安电子科技大学出版社,2007.
[5] 王雷.数控铣床加工中心操作与加工实训[M].北京:电子工业出版社,2008.
[6] 叶桂容,彭心恒.数控车床操作技能训练[M].广州:广东科技出版社,2007.
[7] 徐衡.FANUC 系统数控铣床和加工中心培训教程[M]. 北京:化学工业出版社,2007.
[8]夏端武,李茂才.FANUC 数控车编程加工技术[M].北京:化学工业出版社,2010.
[9] 桂伟,常虹.数控加工编程与操作综合实训教程[M].武汉:华中科技大学出版社,2011.
[10] 李正峰.数控加工工艺[M].上海:上海交通大学出版社,2004.
[11] 陈俊龙.数控技术与数控机床[M].杭州:浙江大学出版社,2007.
[12] 胡相斌.数控加工实训教程[M].西安:西安电子科技大学出版社,2007.
[13] 邓奕.数控加工技术实践[M].北京:机械工业出版社,2009.
[14] 冯文杰.数控加工实训教程[M].重庆:重庆大学出版社,2008.
[15] 周虹.数控编程与操作[M].西安:西安电子科技大学出版社,2011.
[16] 赵军华,肖珑.数控铣削(加工中心)加工操作实训[M].北京:机械工业出版社,2008.
[17] 刘长伟.数控加工工艺[M].西安:西安电子科技大学出版社,2007.
[18] 荣瑞芳.数控加工工艺与编程[M].西安:西安电子科技大学出版社,2006.
[19] 崔元刚.数控机床技术应用[M].北京:北京理工大学出版社,2006.